高等院校信息技术规划教材

Visual Basic.NET 程序设计教程（第二版）

朱志良　李丹程　主编
吴辰铌　张艳升　参编

清华大学出版社
北京

内 容 简 介

本书涵盖了 Visual Basic.NET 的重要基础知识,以 Visual Studio 2017 作为开发环境讲解示范,重点放在 Visual Basic.NET 的综合运用上。本书通过详细的实例,结合具体的应用需求,使读者逐步入门并得到提高。本书可以快速带领新手了解微软.NET 开发平台的应用,搭建基于 Visual Basic.NET 的应用系统。

本书可作为计算机及相关专业的 Visual Basic.NET 课程教材,也可作为学习 Visual Basic.NET 的参考书,还可作为高校各专业 Visual Basic.NET 课程的教辅教材。

本书封面贴有清华大学出版社防伪标签,无标签者不得销售。
版权所有,侵权必究。侵权举报电话: 010-62782989　13701121933

图书在版编目(CIP)数据

Visual Basic.NET 程序设计教程/朱志良等主编. —2 版. —北京:清华大学出版社,2019
(高等院校信息技术规划教材)
ISBN 978-7-302-53046-6

Ⅰ. ①V… Ⅱ. ①朱… Ⅲ. ①BASIC 语言-程序设计-高等学校-教材 Ⅳ. ①TP312.8

中国版本图书馆 CIP 数据核字(2019)第 094667 号

责任编辑:白立军　常建丽
封面设计:常雪影
责任校对:梁　毅
责任印制:杨　艳

出版发行:清华大学出版社
　　　网　　址: http://www.tup.com.cn, http://www.wqbook.com
　　　地　　址: 北京清华大学学研大厦 A 座　　　邮　编: 100084
　　　社 总 机: 010-62770175　　　邮　购: 010-62786544
　　　投稿与读者服务: 010-62776969, c-service@tup.tsinghua.edu.cn
　　　质量反馈: 010-62772015, zhiliang@tup.tsinghua.edu.cn
　　　课件下载: http://www.tup.com.cn,010-62795954
印　装　者:清华大学印刷厂
经　　　销:全国新华书店
开　　　本: 185mm×260mm　　　印　张: 24.25　　　字　数: 578 千字
版　　　次: 2009 年 5 月第 1 版　　　2019 年 11 月第 2 版　　　印　次: 2019 年 11 月第 1 次印刷
定　　　价: 59.00 元

产品编号: 083933-01

前言 foreword

学习程序设计是对编程设计能力的综合训练,是培养具有创新意识、创新能力的高素质软件人才的基础。通过采用实例进行 Visual Basic.NET 编程的综合训练,可以提高学生实际分析问题、解决问题、编程实践、自主创新的能力,同时还可以培养学生勇于探索的科学精神。本书中程序设计题目都基于日常生活中常见的应用领域,可以提高学生的编程乐趣,切身体会 Visual Basic.NET 编程在现实生活中发挥的作用。

本书的特点如下。

(1) 涵盖了 Visual Basic.NET 的重要基础知识,包括 Visual Basic.NET 程序设计基础、窗体与控件、面向对象技术、文件的使用、数据库技术、程序调试与异常处理及实验等内容,重点放在数据库的处理方面。

(2) 每章的内容均结合实际应用的需求,激发学生的兴趣,调动学生主动学习的积极性,引导学生按照实际需要进行编程实践。

(3) 采用引导式学习的方式,通过详细实例介绍 Visual Studio 2017 开发环境下工程建立、调试、测试的方法,将要求、算法和源程序分开,便于学生独立思考。学生可以在理解要求的基础上,脱离书中提供的代码独立完成任务。

(4) 提供练习题引导学生拓展自己的思维,对学习过程进行总结和归纳。

(5) 全书的代码按照规范编写,给学生提供良好的范例,培养学生严谨的编程态度和良好的编程风格。

本书共分 7 章,书后附有 7 个实验练习题目。第 1～7 章为 Visual Basic.NET 编程语言的核心内容,书后的 7 个实验练习包括 Visual Studio 2017 开发环境使用的介绍及其他有针对性的练习题目,用于锻炼学生运用知识解决实际问题的能力。

除封面署名作者外,参与本书编写的还有高媛、黄守凯、赵廷磊、王一德、刘恒博、胡弘炎,他们参与了部分章节的编写、程序调试和校对等工作,为本书出版花费了大量的心血,在此向他们表示衷心的感谢。

由于时间仓促及作者水平有限,书中不足之处在所难免,敬请读者批评指正。

作 者

2019 年 2 月

目录

第1章 Visual Basic.NET 概述 … 1

- 1.1 .NET 框架概述 … 1
- 1.2 Visual Basic 历史 … 2
- 1.3 .NET 安装 … 4
- 1.4 .NET 集成开发环境 … 7
  - 1.4.1 启动 Visual Studio 2017 … 7
  - 1.4.2 Visual Studio 2017 的项目编辑界面 … 9
  - 1.4.3 菜单 … 12
  - 1.4.4 工具栏 … 19
- 1.5 创建 Visual Basic.NET 应用程序的基本步骤 … 21
- 1.6 综合应用实例 … 21
- 1.7 小结 … 24
- 练习题 … 25

第2章 Visual Basic.NET 程序设计基础 … 26

- 2.1 数据类型 … 26
  - 2.1.1 字符数据类型 … 26
  - 2.1.2 数值数据类型 … 27
  - 2.1.3 其他基本数据类型 … 30
  - 2.1.4 自定义数据类型 … 31
- 2.2 常量与变量 … 34
  - 2.2.1 常量 … 34
  - 2.2.2 变量 … 35
- 2.3 数组 … 36
  - 2.3.1 数组的声明 … 36
  - 2.3.2 数组的初始化及引用 … 37
  - 2.3.3 动态数组 … 39

2.4 运算符与表达式 …………………………………………………………… 40
2.5 Visual Basic.NET 基本语句及语法 ……………………………………… 44
　　2.5.1 赋值语句 …………………………………………………………… 44
　　2.5.2 条件语句 …………………………………………………………… 45
　　2.5.3 循环语句 …………………………………………………………… 49
2.6 Visual Basic.NET 的过程与函数 ………………………………………… 53
　　2.6.1 过程与函数的建立 ………………………………………………… 54
　　2.6.2 过程与函数的调用 ………………………………………………… 55
　　2.6.3 参数传递 …………………………………………………………… 57
　　2.6.4 变量的作用域 ……………………………………………………… 60
2.7 Visual Basic.NET 的常用函数 …………………………………………… 62
2.8 综合应用实例 ……………………………………………………………… 66
2.9 小结 ………………………………………………………………………… 71
练习题 …………………………………………………………………………… 73

第 3 章　Visual Basic.NET 窗体与控件 …………………………………… 75

3.1 窗体的基本属性、方法和事件 …………………………………………… 75
　　3.1.1 窗体的属性与方法 ………………………………………………… 76
　　3.1.2 窗体的事件 ………………………………………………………… 80
　　3.1.3 窗体的启动 ………………………………………………………… 81
　　3.1.4 鼠标与键盘事件 …………………………………………………… 81
3.2 MDI 窗体 …………………………………………………………………… 86
　　3.2.1 界面样式 …………………………………………………………… 86
　　3.2.2 多文档界面 ………………………………………………………… 86
3.3 常用控件 …………………………………………………………………… 89
　　3.3.1 Button、Label 和 TextBox 控件 …………………………………… 89
　　3.3.2 CheckBox、RadioButton、ListBox 和 ComboBox 控件 ………… 93
　　3.3.3 其他常用控件的基本使用方法 …………………………………… 100
3.4 菜单 ………………………………………………………………………… 109
　　3.4.1 菜单的基本概念 …………………………………………………… 109
　　3.4.2 下拉式菜单 ………………………………………………………… 110
　　3.4.3 菜单的代码设计 …………………………………………………… 112
　　3.4.4 弹出式菜单 ………………………………………………………… 114
3.5 工具栏与状态栏 …………………………………………………………… 115
3.6 通用对话框 ………………………………………………………………… 121
　　3.6.1 创建通用对话框控件 ……………………………………………… 122
　　3.6.2 文件对话框 ………………………………………………………… 122
　　3.6.3 颜色与字体对话框 ………………………………………………… 128

3.7 综合应用实例 ………………………………………………………… 133
3.8 小结 …………………………………………………………………… 138
练习题 ……………………………………………………………………… 138

第 4 章 Visual Basic.NET 面向对象技术 …………………………… 140

4.1 类和对象 ……………………………………………………………… 140
 4.1.1 类的基本概念及其主要特性 ……………………………………… 140
 4.1.2 对象的基本概念及使用 …………………………………………… 140
 4.1.3 类的创建 …………………………………………………………… 142
 4.1.4 类中变量的声明 …………………………………………………… 143
4.2 属性、方法和事件 …………………………………………………… 143
 4.2.1 使用 Property 语句定义属性 ……………………………………… 143
 4.2.2 用 Sub 和 Function 创建方法 ……………………………………… 145
 4.2.3 用 Event 语句声明事件 …………………………………………… 146
4.3 封装、继承、多态 …………………………………………………… 150
 4.3.1 封装 ………………………………………………………………… 150
 4.3.2 继承的实现与范围 ………………………………………………… 150
 4.3.3 窗体的继承和应用 ………………………………………………… 152
 4.3.4 多态 ………………………………………………………………… 155
4.4 接口 …………………………………………………………………… 159
 4.4.1 接口的定义 ………………………………………………………… 160
 4.4.2 接口的实现 ………………………………………………………… 160
4.5 综合应用实例 ………………………………………………………… 165
4.6 小结 …………………………………………………………………… 169
练习题 ……………………………………………………………………… 169

第 5 章 Visual Basic.NET 文件 ……………………………………… 170

5.1 Visual Basic.NET 文件概述 ………………………………………… 170
 5.1.1 文件的结构 ………………………………………………………… 170
 5.1.2 文件的类型 ………………………………………………………… 171
 5.1.3 Visual Basic.NET 文件访问方法 ………………………………… 172
5.2 System.IO 模型 ……………………………………………………… 173
 5.2.1 文件的打开与关闭 ………………………………………………… 174
 5.2.2 文本文件的读写操作 ……………………………………………… 176
 5.2.3 二进制文件的读写操作 …………………………………………… 183
5.3 My.Computer.System 对象 ………………………………………… 189
 5.3.1 文件的读写操作 …………………………………………………… 190

5.3.2　其他文件/目录操作 ··· 197
　5.4　处理文件系统事件 ··· 201
　　　5.4.1　创建 FileSystemWatcher 实例 ······································· 202
　　　5.4.2　设置 FileStreamWatcher ·· 202
　5.5　综合应用举例 ··· 207
　5.6　小结 ··· 214
　练习题 ··· 214

第6章　Visual Basic.NET 数据库技术 ··· 216

　6.1　数据库简介 ··· 216
　　　6.1.1　数据库基本概念 ··· 216
　　　6.1.2　SQL ··· 218
　6.2　ADO.NET ··· 221
　6.3　使用 ADO.NET 访问数据库 ··· 224
　　　6.3.1　Connection 对象 ··· 224
　　　6.3.2　Command 对象 ··· 231
　　　6.3.3　DataReader 对象 ··· 241
　　　6.3.4　DataAdapter 对象 ··· 244
　　　6.3.5　DataSet 对象 ··· 252
　　　6.3.6　使用 Visual Studio 2017 数据库应用开发工具 ···························· 267
　6.4　综合应用举例 ··· 273
　6.5　小结 ··· 293
　练习题 ··· 294

第7章　Visual Basic.NET 程序调试与异常处理 ······································· 295

　7.1　程序代码错误的种类 ··· 295
　　　7.1.1　语法错误 ··· 295
　　　7.1.2　逻辑错误 ··· 297
　　　7.1.3　执行错误 ··· 298
　7.2　代码的调试 ··· 299
　　　7.2.1　逐行执行 ··· 299
　　　7.2.2　设置断点 ··· 302
　　　7.2.3　即时与监视窗口 ··· 303
　7.3　异常处理 ··· 305
　7.4　综合应用实例 ··· 311
　7.5　小结 ··· 314
　练习题 ··· 315

实验 1 熟悉 Visual Basic.NET 开发环境 ······ 316

    1. 实验目的 ······ 316
    2. 实验任务 ······ 316
    3. 实验内容 ······ 316
    4. 思考题 ······ 320

实验 2 窗体与基本控件 ······ 321

    1. 实验目的 ······ 321
    2. 实验任务 ······ 321
    3. 实验内容 ······ 322
    4. 思考题 ······ 327

实验 3 多窗体编程 ······ 328

    1. 实验目的 ······ 328
    2. 实验任务 ······ 328
    3. 实验内容 ······ 329
    4. 思考题 ······ 335

实验 4 文件操作 ······ 336

    1. 实验目的 ······ 336
    2. 实验任务 ······ 336
    3. 实验内容 ······ 337
    4. 思考题 ······ 343

实验 5 通用对话框及菜单应用 ······ 344

    1. 实验目的 ······ 344
    2. 实验任务 ······ 344
    3. 实验内容 ······ 345
    4. 思考题 ······ 353

实验 6 数据库综合应用 ······ 354

    1. 实验目的 ······ 354
    2. 实验任务 ······ 354
    3. 实验内容 ······ 354
    4. 思考题 ······ 365

实验 7 Web 编程 ·· 366

    1. 实验目的 ·· 366
    2. 实验任务 ·· 366
    3. 实验内容 ·· 366
    4. 思考题 ··· 378

第1章

Visual Basic.NET 概述

1.1 .NET 框架概述

.NET 到底是什么？对于这个问题，有不同的说法。微软曾经的首席执行官鲍尔默的说法最能代表微软公司的观点，他说："Microsoft.NET 代表了一个集合、一个环境、一个可以作为平台支持下一代 Internet 的可编程结构"，这句话基本上简明扼要地表述了.NET 的外特性。

.NET 首先是一个环境，这是一个理想化的未来互联网环境，微软的构想是一个"不再关注单个网站、单个设备与因特网相连的互联网络环境，而是要让所有的计算机群、相关设备和服务商协同工作"的网络计算机环境。简言之，互联网提供的服务要能完成更高程度的自动化处理。未来的互联网应该以一个整体服务的形式展现在最终用户面前，用户只需要知道自己想要什么，而不需要每一步都在网上搜索、操作达到自己的目的。譬如，用户可以用语音的方式查询某个歌星的演唱会行程，并且可以通过 Web 服务和订票系统关联直接订票。

.NET 谋求的是一种理想的互联网环境。要搭建这样一种互联网环境，首先需要解决的问题是针对现有因特网的缺陷设计和构造一种下一代 Internet 结构。这种结构不是物理网络层次上的拓扑结构，而是面向软件和应用层次的一种有别于浏览器只能静态浏览的可编程 Internet 软件结构。因此,.NET 把自己定位为可以作为平台支持下一代 Internet 的可编程结构。

.NET 的最终目的是让用户在任何地方、任何时间，以及利用任何设备都能访问他们所需要的信息、文件和程序。用户不需要知道这些东西在什么地方，甚至不需要知道如何获得等具体细节，他们只需发出请求，而所有后台的复杂操作是完全屏蔽起来的，因此对于企业的 IT 人员来说，他们也不需要处理复杂的平台以及各种分布应用之间如何协调工作的问题。

简单地说,.NET 就是 Microsoft 的 XML Web 服务平台。不论操作系统或编程语言有何差别，XML Web 服务都能使应用程序在 Internet 上传输和共享数据。

Microsoft.NET 平台包含广泛的产品系列，它们都是基于 XML 和 Internet 行业标准构建的，提供从开发、管理、使用到体验 XML Web 服务的每一个方面。XML Web 服务将成为今天正在使用的 Microsoft 应用程序、工具和服务器的一部分，并且将要打造出全新的产品，以满足所有的业务需求。

更具体地说，Microsoft 正在 5 个方面创建 .NET 平台，即工具、服务器、XML Web 服务、客户端和 .NET 体验。

1.2 Visual Basic 历史

Visual Basic 从 1991 年诞生以来，现在已经 20 多年了。BASIC 是微软的起家产品，微软当然忘不了这位功臣。随着每一次微软技术的浪潮，Visual Basic 都会随之获得新生。可以预见，将来无论微软又发明了什么技术或平台，Visual Basic 一定会首先以新的姿态出现。如果用户想紧跟微软，永远在最新的技术上快速开发，用户就应该选择 Visual Basic。

1991 年 Windows 3.0 的推出，越来越多的开发商对这个图形界面的操作系统产生了兴趣，大量的 Windows 应用程序开始涌现。但是，Windows 程序的开发相对于传统的 DOS 程序开发有很大的不同，开发者必须将很多精力放在开发 GUI 上，这让很多希望学习 Windows 开发的人员望而却步。

1991 年，微软公司展示了一个叫 Thunder 的产品，所有的开发者都惊呆了，它竟然可以用鼠标"画"出所需的用户界面，然后用简单的 BASIC 语言编写业务逻辑，生成一个完整的应用程序。这种全新的"Visual"的开发就像雷电（Thunder）一样，给 Windows 开发人员开辟了新的天地。这个产品最终被定名为 Visual Basic，简称 VB，采用事件驱动，Quick BASIC 的语法和可视化的 IDE。Visual Basic 1.0 带来的最新开发体验就是事件驱动，它不同于传统的过程式开发。同时，VBX 控件让可视化组件的概念进入 Visual Basic。Visual Basic 1.0 是革命性的 BASIC，它的诞生也是 VB 史上的一段佳话，但是刚推出的 Visual Basic 也有缺陷，功能也相对少一些。经过 Microsoft 公司的不断努力，1993 年推出的 Visual Basic 3.0 已经初具规模，进入实用阶段，利用 Visual Basic 可以快速地创建多媒体、图形界面等应用程序。

由于 Windows 3.1 的推出，Windows 已经充分获得了用户的认可，Windows 开发也进入一个新的时代。Visual Basic 1.0 的功能过于简单，没有发挥出 Windows 3.1 平台的强大功能。所以，微软在 1992 年推出了新版本 Visual Basic 2.0。这个版本最大的改进之处就是加入了对象型变量，而且有了最原始的"继承"概念。对象型变量分为一般类型（Control 和 Form）和专有类型（CommandButton 和 Form1）等。一般类型的变量可以引用专有类型的实例，甚至通过后期绑定访问专有类型的属性和方法。还可以通过 TypeOf…Is 运算符获取对象实例的运行时类型信息（这个功能就是当今 C# 的 is 运算符或 Java 的 instanceof 运算符）。除了对语言的改进和扩充，Visual Basic 2.0 对 VBX 有了很好的支持，许多第三方控件涌现出来，极大地丰富了 Visual Basic 的功能。微软还为 Visual Basic 2.0 增加了 OLE 和简单的数据访问功能。

Visual Basic 2.0 推出没几个月，微软就发布了新版本的 Visual Basic 3.0，可以看出 VB 这时候的生命力旺盛。乍一看，Visual Basic 3.0 的界面没有太大的变化，但其实这个版本是非常及时的,它增加了最新的ODBC 2.0的支持、Jet 数据引擎的支持和新版本OLE的支持。最吸引人的地方是它对数据库的支持大大增强了,Grid控件和数据控件能够创建出色的数据窗口应用程序,而Jet引擎让Visual Basic能对最新的Access数据库快速地访问。Visual Basic 3.0还增加了许多新的金融函数。此外,还增加了相当多的专业级控件,可以开发出相当水平的Windows应用程序。Visual Basic 3.0是1998年以前中国最流行的Visual Basic版本,因为它开发出来的可执行文件非常小,所以通常使用一张软盘即可保存。

  1995年,Visual Basic 4.0的版本为Visual Basic成为一种COM语言奠定了基础。用Visual Basic 4.0开发基于COM的DLL比任何一种开发工具都方便。但是,Visual Basic 4.0的性能问题变得更加严重了,P-代码的组件成为Visual Basic 4.0严重的性能瓶颈,而且巨大的运行库也让用户感到不满。Visual Basic 4.0对以前版本的支持也不够好,使用了大量VBX的项目很难移植到Visual Basic 4.0中。因此,Visual Basic 4.0在中国的普及程度不高。

  1997年,微软推出了Visual Basic 5.0,这个版本的重要性几乎和Visual Basic 4.0一样高。COM(这时候叫ActiveX)已经相当成熟,Visual Basic 5.0当然对它提供了最强的支持。不过,国内还没有意识到COM的重要性之前主要对这个版本的另一个最大亮点十分关注,即本地代码编译器。Visual Basic 5.0终于在用户的呼声中加入了一个本地代码编译器,它可以让应用程序的效率大大提升。除了这个大家都知道的改进以外,Visual Basic 5.0对Visual Basic For Application语言有重大的完善和丰富。

  Visual Basic 5.0的IDE支持"智能感知",这是一项非常方便开发者的功能,可以不必记住很长的成员名称和关键字,只要按"."即可找到相关的内容。

  Visual Basic 5.0还支持开发自己的ActiveX控件、进程内的COM DLL组件、进程外的COM EXE组件以及在浏览器中运行的ActiveX文档。这极大地丰富了Visual Basic的开发能力,在Internet开发上,Visual Basic 5.0也有所建树。

  1998年,Visual Basic 6.0作为Visual Studio 6.0的一员发布,证明微软正在改变Visual Basic的产品定位,想让Visual Basic成为企业级快速开发的利器。Visual Basic 6.0在数据访问方面有了很大的改进,新的ADO组件使得对大量数据快速访问成为可能。新的报表功能也让数据应用处理开发有了全新的体验。同时,Visual Basic借助COM/COM+强大的功能,可以开发具有N层结构的分布式应用程序。此外,Visual Basic还可以在IIS上开发性能超群的Web应用程序。Visual Basic 6.0在语言方面和IDE方面的改进都不大,但是许多新增的组件成为Visual Basic开发人员手中的利器,如File System Object、新的字符串函数Split和Replace都给Visual Basic的程序员带来很大方便。总之,Visual Basic 6.0已经是非常成熟稳定的开发系统,能让企业快速建立多层应用系统以及Web应用程序,成为当时Windows环境下最流行的Visual Basic版本。

  2001年,Visual Studio.NET的第一个BETA版问世的时候,所有人都惊呆了——这是Visual Basic吗?And语句变成了BitAnd,数组只能从0下标开始,而且连Dim语句的意义都变了,几乎所有的窗体控件都变了,Long变成了Integer,而Integer变成了Short,Variant不见了,Static不能用了……简直是翻天覆地,人们已经无暇关注这个版本有什么改进，转而担心自己怎么才能接受这个版本了。其实，Visual Basic．NET 是完全为了．NET Framework 这一全新的平台而设计的，Visual Basic．NET 的设计者一开始没有掌握好新平台和旧语言的平衡。到了 BETA2 中，很多东西回归了 6.0，如 BitAnd 又变回了 And，数组的定义语句也变回了原有的意义，Static 也回到了 Visual Basic 中。但是，BETA1 惊人的变化让所有的 VB 开发者害怕了，他们觉得这种语言被改得千疮百孔，有些人干脆转去研究传说中的新语言 C♯。但是，Visual Basic．NET 经过几个 BETA 版本之后，还是找到了正确的定位。Visual Basic．NET 有对 CLR 最完善的支持，同时尽量保留着 BASIC 易懂的语法风格和易用性。

Visual Basic．NET 2003 是一个相当稳重的版本，许多 Visual Basic 爱好者开始重新了解 Visual Basic．NET，为了让 Visual Basic 有最佳的开发体验，Visual Basic 2005 又增加了许多新功能。Visual Basic 2005 只要一行代码，就可以读写注册表、访问文件、读写串口和获取应用程序信息等，这大大简化了开发人员的工作难度。随着 Visual Basic 2008、Visual Basic 2010、Visual Basic 2012、Visual Basic 2015 及 Visual Basic 2017 的发布，继续保持了这一优势，可以让 Visual Basic 的开发人员充分使用．NET Framework 的全部功能，开发出优秀的应用程序。

1.3 .NET 安装

.NET 的安装可以根据不同的需要分别安装．NET 框架或 Visual Studio．NET。如果只想在计算机上运行已有的．NET 应用程序，那么只安装．NET 框架即可。它的安装方法跟其他 Windows 组件的安装一样，非常简单。但是，如果想要开发．NET 应用程序，那么就需要安装 Visual Studio．NET，它是一个集成开发环境，可以为开发人员进行编码和调试提供很大的方便。下面以 Visual Studio 2017 社区版为例，说明安装 Visual Studio 2017 所需的软硬件环境及安装步骤。

为了能够顺利安装 Visual Studio 2017，至少需要具有表 1-1 所示的硬件配置。

表 1-1 硬件配置要求

硬件类别	要 求
微处理器	1.8 GHz 或更快的微处理器。推荐使用双核或更好的内核
内存	2 GB 的 RAM；建议 4 GB 的 RAM（如果在虚拟机上运行，则最低为 2.5 GB）
硬盘空间	高达 130 GB 的可用空间，具体取决于安装的功能；典型安装需要 20~50 GB 的可用空间
硬盘速度	要提高性能，请在固态驱动器（SSD）上安装 Windows 和 Visual Studio
视频卡支持	最小显示分辨率为 720p (1280×720)；Visual Studio 最适宜的分辨率为 WXGA (1366×768) 或更高

下面具体讲解安装 Visual Studio 2017 的方法。

总体来说，安装 Visual Studio 2017 的步骤非常简单。首先，在 Visual Studio 的官网

https://visualstudio.microsoft.com/zh-hans/中选择 Visual Studio IDE 的 Windows 版本,下载 Community 2017 在线安装包,如图 1-1 所示。

图 1-1　Visual Studio 2017 社区版本下载界面

下载完成后双击 vs_community.exe,运行在线安装程序,这时会弹出如图 1-2 所示的界面,单击"继续"按钮,将会进入如图 1-3 所示的界面。

图 1-2　Visual Studio 2017 安装程序界面之一

随后就会弹出如图 1-4 所示的界面。

从图 1-4 所示的界面中可以选择要安装的功能,它包括 3 个选项。

(1) .NET 桌面开发。选择此项,可以使用 C♯、Visual Basic 和 F♯生成 WPF、Windows 窗体和控制台应用程序。

(2) ASP.NET 和 Web 开发。选择此项,可以使用 ASP.NET、ASP.NET Core、HTML/JavaScript 和包括 Docker 支持的容器生成 Web 应用程序。

(3) 数据存储和处理。选择此项,可以使用 SQL Server、Azure Data Lake 或

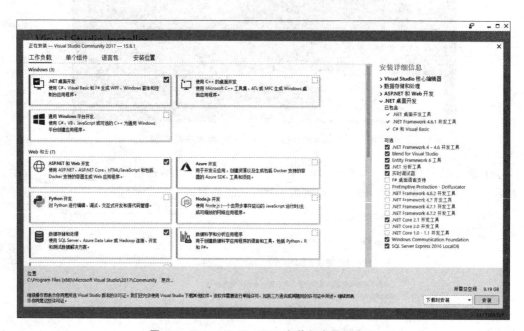

图 1-3 Visual Studio 2017 安装程序界面之二

图 1-4 Visual Studio 2017 安装程序界面之三

Hadoop 链接、开发和测试数据解决方案。

选择完安装的功能,就需要确定安装的位置。默认的位置是 C:\Program Files (x86)\Microsoft Visual Studio\2017\Community\(这里选择默认设置)。当然也可以通过单击"更改"按钮把程序安装在自己喜欢的位置,然后单击"安装"按钮,安装程序会进入安装过程,依次安装需要安装的内容,这会花一些时间,需要耐心等待。

当 Visual Studio 2017 安装完毕时,会显示如图 1-5 所示的界面并弹出"欢迎使用"界面,此时安装已经完成,可以关闭安装程序"Visual Studio Installer"以及所有弹出的界面,后续再进行相应的设置。

对于"欢迎使用"界面,在本次及后续出现时,可以选择"登录"连接到微软的开发人员服务。如没有账户,选择"创建一个",也可以选择"详细了解"了解更多的信息。这里不详细描述,统一选择"以后再说"。

图 1-5　Visual Studio 2017 安装程序界面之四

1.4　.NET 集成开发环境

Visual Studio 2017 为 Visual Basic、Visual C++、Visual C♯和 Visual J♯等提供了统一的集成开发环境，为开发者提供了极大的方便。下面介绍 Visual Studio 2017 的开发环境。

1.4.1　启动 Visual Studio 2017

Visual Studio 2017 的启动与其他 Windows 软件一样，有多种方式，但一般都会采用单击"开始"→"程序"→Visual Studio 2017 的方式启动。如果是第一次启动 Visual Studio 2017，会出现如图 1-6 所示的界面。

这里选中"开发设置"为 Visual Basic，然后单击"启动 Visual Studio"按钮，由于是第一次启动 Visual Studio 2017，启动过程会慢一些。如果不是第一次启动，那么启动过程会相对快一些，也不会弹出图 1-6 所示的界面，而直接进入图 1-7 所示的界面。

在 Visual Studio 2017 的起始界面中可以打开项目、新建项目；在"最近"部分可以显示最近更新过的项目列表，以供选择并打开。起始界面左上角的"入门"包含了一些教程，右侧的"开发人员新闻"可以使开发人员了解相关的资讯、新闻和资源等内容。

为了进入 Visual Studio 2017 的具体开发环境，需要创建项目。单击"新建项目"链接，会弹出如图 1-8 所示的界面。

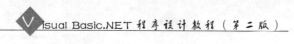

图 1-6　选择默认环境设置

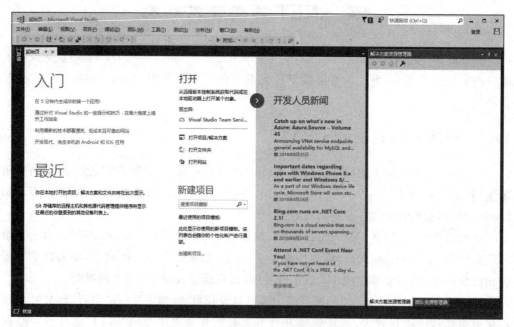

图 1-7　Visual Studio 2017 起始界面

在这个界面的左侧可以选择最近的模板，默认情况下选中 Visual Basic 下面的"WPF 应用(.Net Framework)"。这里需要说明的是,如果当打开这个新建项目界面时,没有显

图 1-8　新建项目界面

示如图 1-8 所示这个界面这样，显示了 Visual Basic，那么怎样做才能创建 Visual Basic.NET 语言的项目呢？方法很简单，只要展开"其他语言"，然后在里面选中 Visual Basic 即可。

这个界面的右侧是对应左侧选项而显示出的可用模板。对于初学者来说，最常用的是"Windows 窗体应用（.NET Framework）"和"控制台应用（.NET Framework）"。默认情况下选中的模板是"WPF 应用（.NET Framework）"，这里选择"Windows 窗体应用（.NET Framework）"。

这个界面的下方是用来输入项目名称的地方，它会根据选择的模板不同有不同的默认名称，前面的英文表示项目的类型，后面的数字表示创建的是第几个默认名称的项目。这里采用默认名称，然后单击"确定"按钮，就会进入如图 1-9 所示的项目编辑界面。

1.4.2　Visual Studio 2017 的项目编辑界面

Visual Studio 2017 的项目编辑界面主要由 7 个部分组成：标题栏、菜单栏、工具栏、工具箱、代码编辑器和视图设计器、解决方案资源管理器和属性窗口，如图 1-9 所示。

1. 标题栏

标题栏中显示了正在编辑的项目名称和状态。状态主要分为 3 种：设计、运行和调试。标题栏的 3 种状态如图 1-10 所示。

可以通过标题栏判断当前项目的状态。如果是运行状态，那么是不能对代码进行修改的，只能在设计状态或调试状态下对代码进行修改，如果是中断状态，则不能对界面进

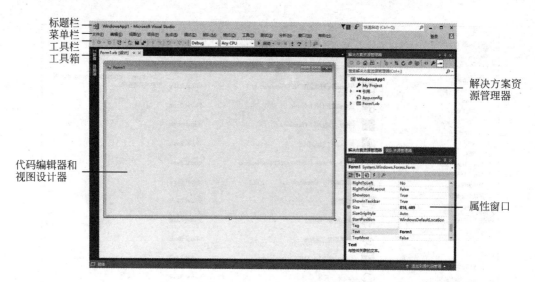

图 1-9　Visual Studio 2017 的项目编辑界面

行修改。

2．菜单栏

菜单栏显示了 Visual Studio 2017 提供的各种命令，具体将在 1.4.3 小节中详细介绍。

3．工具栏

工具栏用图标按钮的方式显示常用的 Visual Studio 2017 命令，具体将在 1.4.4 小节详细介绍。

4．工具箱

工具箱提供了开发 Visual Studio 2017 项目所用的标准控件，只有在设计状态可见。图 1-11 中显示的工具箱是没有展开时的状态，只要把鼠标指针放在它上面停留一会儿，就会弹出整个工具箱，如图 1-11 所示。

图 1-10　标题栏的 3 种状态

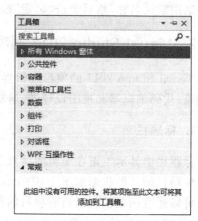

图 1-11　工具箱

默认情况下,"公共控件"处于关闭状态,单击展开,可以把需要的控件拖动到窗体上。

5. 代码编辑器和视图设计器

可以在这个窗口内设计界面或编辑代码、HTML 页、CSS 表单。代码编辑器和视图设计器是两个页面,可以在视图设计页面内单击鼠标右键,从弹出的快捷菜单中选择"查看代码"命令切换到代码编辑页面。同样也可以在代码编辑页面内单击鼠标右键,从弹出的菜单中选择"视图设计器"命令切换到视图设计页面。此外,也可以单击该窗口上面的 Tab 标签进行切换,如图 1-12 所示。

图 1-12 Tab 标签

从图 1-12 中可以看到两个 Tab 标签,其中第一个和第二个 Tab 标签对应的分别是代码编辑页面和视图设计页面。

那么,怎样区分它们呢?方法很简单,如果在 Tab 标签中包含"[设计]"字样,那么就说明这个界面是视图设计页面,可以在这个页面中设计界面,如果没有"[设计]"字样,那么就是代码编辑页面。可能读者会注意到在图 1-21 中,两个 Tab 页面中都包含"*"。这个"*"代表什么呢?如果 Tab 标签上有"*",就表示为当前项目设计的界面或者编写的代码还没有被保存,如果已经对设计的界面或编写的代码进行了保存,那么在 Tab 标签上就不会出现"*"了。

6. 解决方案资源管理器

解决方案资源管理器用于显示解决方案、解决方案的项目以及项目中的文件资源。解决方案是创建一个应用程序所需的一组项目。它包括项目所需的各种文件、文件夹、引用以及数据连接等。解决方案资源管理器中包含一个工具栏,其具体的用途见表 1-2。

表 1-2 解决方案资源管理工具栏说明

图标	说　　明
🔧	如果没有显示属性窗口时,单击此图标就会显示属性窗口。如果显示了属性窗口,那么单击此图标就会把焦点切换到属性窗口
📄	是否显示解决方案中的所有文件,默认状态下不会显示所有文件。单击此图标会显示已经被排除的项和正常情况下隐藏的项。在此状态下再单击此图标,就恢复到了默认状态
C	刷新所选项目或解决方案中的项的状态
<>	打开选定文件,以便在代码编辑器中进行编辑

7. 属性窗口

属性窗口用于显示和设置窗体、控件对象的相关属性。只有在视图设计器处于活动状态时,才能对窗体或控件对象的属性进行设置。属性窗口可分为 4 个组成部分,由上至下依次为组合框、工具栏、属性列表和属性说明,如图 1-13 所示。

图 1-13 属性窗口的组成部分

下面对每个部分进行简单的说明。

（1）组合框。显示当前所选中的对象,可以通过它选择要设置属性的对象。

（2）工具栏。这里有一组图标,主要用来选择要显示的属性列表的排列方式是分类显示,还是按字母顺序显示。

（3）属性列表。属性列表的左侧是选中对象可以在设计状态下编辑的属性。右侧是每个属性的具体值,可以根据需要进行设置。

（4）属性说明。显示被选中属性的简短描述。它可以帮助我们理解该属性的含义。

1.4.3 菜单

Visual Basic 2017 菜单提供了执行各种任务的命令,如文件的打开、保存等。Visual Basic 2017 的菜单会根据任务执行情况的不同显示出不同的菜单或菜单项。例如,一个项目在编辑状态和运行状态下就有不同的"调试"→"窗口"子菜单,如图 1-14 所示。

下面介绍一些常用的菜单。

1. "文件"菜单

"文件"菜单提供了新建、打开、关闭和保存命令,可以对项目、网站或文件进行新建、打开、关闭和保存操作。此外还提供了将当前的项目导出为模版的命令以及对当前文件进行页面设置和打印命令。具体的"文件"菜单如图 1-15 所示。

2. "编辑"菜单

"编辑"菜单提供的命令可以对文件或组件进行剪切、复制、粘贴和删除操作;撤销当前的状态,退回到最后一个操作之前的状态或者重复最后一个操作;并且可以通过"查找

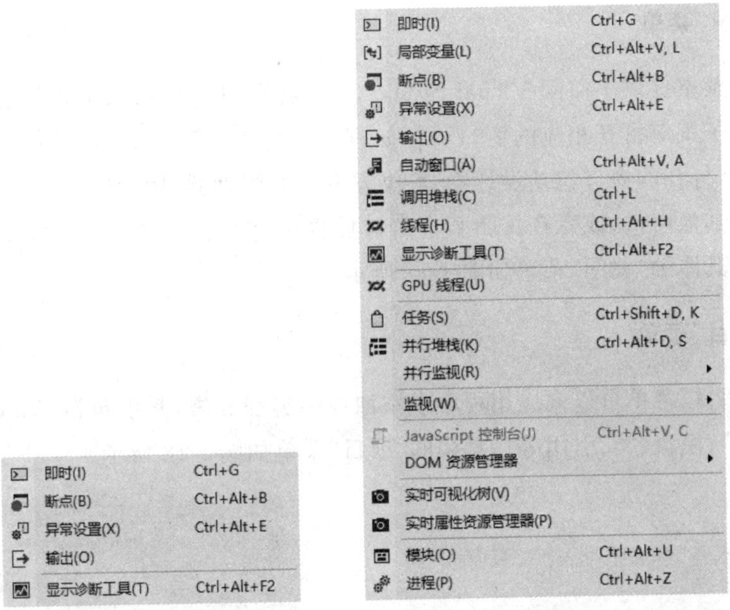

(a) 编辑状态下的"调试"→"窗口"子菜单　　(b) 运行状态下的"调试"→"窗口"子菜单

图 1-14　不同状态下的"调试"→"窗口"子菜单

符号""快速查找""快速替换""转到""定位到"和"书签"命令实现快速查找、替换和定位。"编辑"菜单如图 1-16 所示。

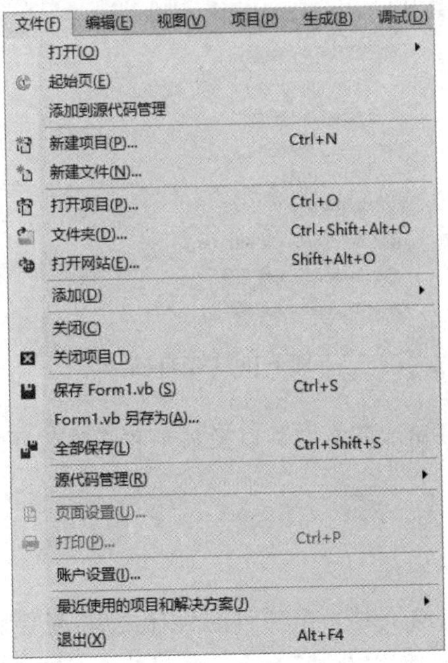

图 1-15　"文件"菜单

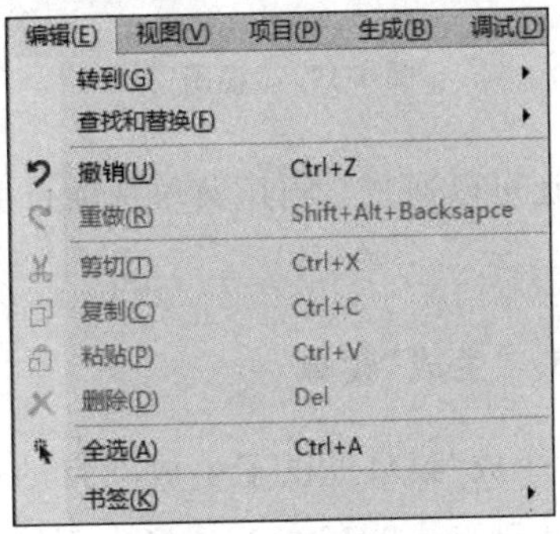

图 1-16　"编辑"菜单

3. "视图"菜单

"视图"菜单提供了访问 Visual Studio 2017 各种可用窗口和工具的命令，可以通过单击相应的子菜单打开相应的窗口。例如，单击"代码"子菜单就可以打开代码编辑器。默认情况下，打开的窗口包括设计器、解决方案资源管理器、属性窗口、工具箱和工具栏。如果想打开其他窗口，或者在关闭某个窗口后再次打开它，可以使用"视图"菜单中相应的子菜单。具体的"视图"菜单如图 1-17 所示。

4. "项目"菜单

利用"项目"菜单可以向应用程序中添加各种编程元素，其中包括 Windows 窗体、用户控件、组件、模块、类、引用等。具体的"项目"菜单如图 1-18 所示。

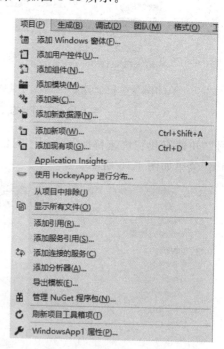

图 1-17 "视图"菜单　　　　　图 1-18 "项目"菜单

还可以通过"项目"菜单从项目中排除文件、显示所有文件以及显示和修改项目的属性等。

5. "生成"菜单

"生成"菜单提供了生成项目的命令。当完成了对一个项目的设计之后，想要脱离 Visual Studio 2017 的集成开发环境运行，就需要使用"生成"命令。如果对一个已经生成的项目进行了修改，那么就需要对其重新生成。除此之外，还可以对项目进行"清理"和"发布"以及对项目的运行进行代码分析。具体的"生成"菜单如图 1-19 所示。

6. "调试"菜单

"调试"菜单提供了一系列在 Visual Studio 2017 集成开发环境下对应用程序进行调试、定义以及纠错的命令。该菜单可以启动或停止应用程序的运行,设置断点和异常以及启动 Visual Studio 2017 的编译器对代码进行逐语句或逐过程的调试。具体的"调试"菜单如图 1-20 所示。

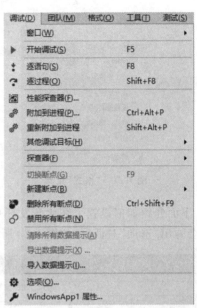

图 1-19 "生成"菜单　　　　图 1-20 "调试"菜单

7. "格式"菜单

"格式"菜单提供了对视图设计器中的控件进行排列以及对它们进行格式化的命令。可以通过该菜单设置控件的对齐方式、大小、水平及垂直间距,在窗体中的位置及顺序,以及对某个控件进行锁定,防止在设计过程中位置被不小心改变。具体的"格式"菜单如图 1-21 所示。

8. "工具"菜单

"工具"菜单提供了一些配置 Visual Studio 2017 集成开发环境的命令以及连接到已安装的外部应用程序的命令,可以对宏进行管理。"导入和导出设置"命令可以保存或恢复以往的配置。"自定义"命令可以自定义工具栏。"选项"命令可以配置当前的集成开发环境。具体的"工具"菜单如图 1-22 所示。

图 1-21 "格式"菜单

图 1-22 "工具"菜单

下面介绍如何设置个性化开发环境的外观和行为。单击"工具"菜单中的"选项"命令,会弹出"选项"对话框,如图 1-23 所示。

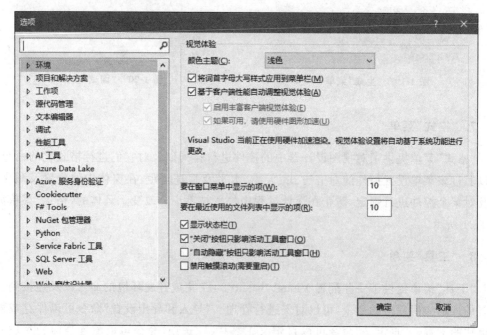

图 1-23 "选项"对话框

从图 1-23 中可以看到,整个对话框分为两个部分:设置项目的树形列表(左侧)和当前项目的设置内容(右侧)。其中,每个设置项目都由若干项组成。常用的项目有"环境""项目和解决方案"和"文本编辑器"。

1)"环境"

"环境"选项主要用来设置集成开发环境的外观。从图 1-24 中可以看到,通过"环境"选项中的"常规"设置,可以设置窗口的布局、显示的最近文件数目以及是否显示状态栏等。

2)"项目和解决方案"

"项目和解决方案"选项主要用于设置 Visual Studio 2017 的项目和解决方案。在进行 Visual Basic 开发时,有时会用到其中的"常规"和"VB 默认值"选项。

"常规"选项可以用来设置项目的保存位置、用户项目模板位置和用户项模板位置等,具体设置内容如图 1-24 所示。

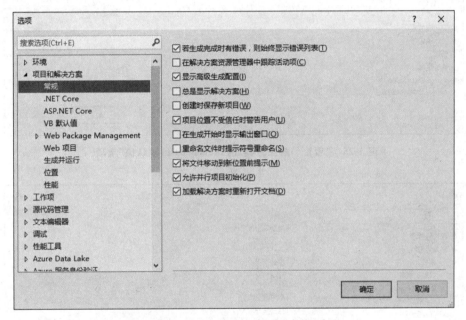

图 1-24 "项目和解决方案"的"常规"选项

"VB 默认值"选项包含 4 个编译器的设置(Option Explicit、Option Strict、Option Compare 和 Option Infer),如图 1-25 所示。

其中,Option Explicit 默认设置为 On,表示在程序中使用变量前必须先声明此变量,这也是编程时需要养成的良好习惯,如果设置为 Off,则可以不必事先声明变量;Option Strict 默认设置为 Off,表示不仅允许放宽的类型转换,而且允许缩窄的类型转换,而不引起编译器错误。例如,可以将数字分配给文本框对象,或从长整型向整型变量的转换,而不会产生错误。

3)"文本编辑器"

一般来说,用户会保持"文本编辑器"的默认设置,但是,如果希望显示编辑代码的行号时,就需要选中"行号"复选框。具体做法是,展开左侧的"文本编辑器",选择"Basic"下面的"常规",这时右侧会显示出"行号"复选框,勾选该复选框即可,如图 1-26 所示。

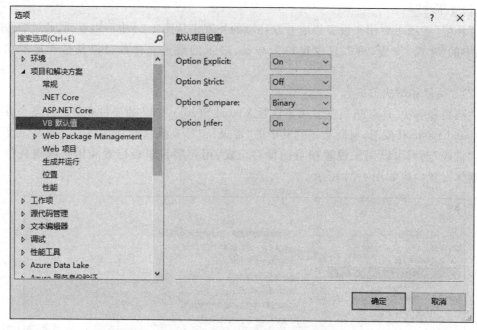

图 1-25 "项目和解决方案"的"Visual Basic 默认值"选项

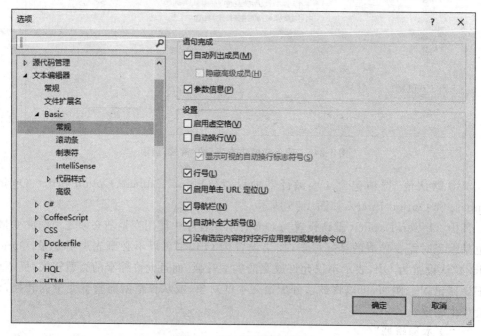

图 1-26 "文本编辑器"菜单

9. "窗口"菜单

"窗口"菜单提供了如何处理集成开发环境中的窗口命令,可以使用该菜单对窗口进行新建或拆分；可以设置窗口的属性，包括浮动、停靠、选项卡式文档、自动隐藏和隐藏，以及设置整个界面的布局、窗口的切换和关闭。具体的"窗口"菜单如图 1-27 所示。

10．"帮助"菜单

"帮助"菜单提供了访问 Visual Studio 2017 文档的方式，可以查看帮助或是对帮助信息来源的选择进行设置，并且可以链接到 Microsoft 网站注册产品、检查更新等。具体的"帮助"菜单如图 1-28 所示。

图 1-27 "窗口"菜单

图 1-28 "帮助"菜单

这里还要对 Visual Studio 2017 的帮助文档进行一下说明。Visual Studio 2017 的帮助文档是以网页的形式呈现的。

Visual Studio 2017 的帮助信息是上下文敏感的。例如，在开发环境中选中某一控件或是代码中的某个属性或方法，都会打开与之相关的帮助信息。用户在使用 Visual Studio 2017 过程中，只要按 F1 键就会弹出帮助信息的网页，然后根据具体的情况在帮助网页上进行搜索，找出自己感兴趣的帮助内容。

1.4.4 工具栏

工具栏在菜单栏下面，由图标组成，它为快速应用菜单命令提供了便利。Visual Studio 2017 的工具栏可以分为 3 种：标准工具栏、其他工具栏和自定义工具栏。

1．标准工具栏

标准工具栏就是默认情况下显示的工具栏，它们都对应于某个菜单命令。具体的标准工具栏见表 1-3。

表 1-3 标准工具栏

序号	图标	说明	序号	图标	说明
1		向后导航	15		重新启动
2		向前导航	16		显示下一语句
3		新建项目	17		逐语句
4		打开文件	18		逐过程
5		保存	19		跳出
6		全部保存	20		在源中显示线程
7		撤销	21		显示快速信息
8		重复	22		在完成模式之间切换
9	Debug	解决方案配置	23		注释选中行
10	Any CPU	解决方案平台	24		取消对选中行的注释
11	example5_1	启动项目	25		在当前行切换书签
12		启动调试	26		移动到上一书签
13		全部中断	27		移动到下一书签
14		停止调试	28		消除所有书签

2．其他工具栏

Visual Studio 2017 社区版提供的工具栏共 33 个，如调试、布局等工具栏。但是，默认情况下只显示标准工具栏，其他工具栏是否显示取决于当前正在执行的任务。如果要对工具栏进行显示或隐藏，只选择"视图"→"工具栏"菜单项中的相应工具栏名称即可，或者直接在工具栏上右击，然后从弹出的快捷菜单中选择相应的工具栏名称。

3．自定义工具栏

虽然 Visual Studio 2017 提供了大量的工具栏，但是很多时候可能只会用到某些工具栏的部分工具，这时为了节省工作空间，可以自己定义工具栏。通过从菜单栏中选择"视图"→"工具栏"→"自定义"命令或者在工具栏上右击，从弹出的快捷菜单中选择"自定义"命令，会弹出如图 1-29 所示的对话框。

在图 1-29 所示的对话框中单击"新建"按钮，会弹出如图 1-30 所示的对话框，在这里可以输入自定义工具栏的名称，这里使用默认的名称"自定义 1"，然后单击"确定"按钮，就会建立一个空工具栏。

然后切换到"命令"选项卡，把需要的命令按钮拖到新建的工具栏中即可。其实，图 1-30 所示的对话框，除了可以新建自定义工具栏，也可以控制工具栏是否被显示。如果要显示某个工具栏，只需再选中对应的复选框即可。此对话框还可以对已经建立的工具栏进行重命名、删除和重置操作，只需在选定被操作的工具栏后单击相应的按钮即可。

图 1-29 "自定义"对话框

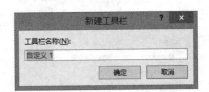

图 1-30 "新建工具栏"对话框

1.5 创建 Visual Basic.NET 应用程序的基本步骤

一般来说,创建一个 Visual Basic.NET 应用程序基本上分为以下 4 个步骤。

(1) 创建一个项目。根据不同的需要选择不同的项目类型。

(2) 设计用户界面(如果是控制台应用程序,就不需要此步骤)。将所需要的控件放置到窗体上并进行适当的摆放,并对相关的属性进行设置。

(3) 编写程序代码。编写程序代码是程序功能能否正确实现的关键,也是工作量最大的地方,因此要尽量提高代码的可读性和易维护性。

(4) 运行和测试程序。由于用户编写的代码不一定都是正确的,因此就需要通过测试消除错误。

1.6 综合应用实例

下面编写一个非常简单的 Windows 应用程序,仅在窗体上显示"欢迎使用 Visual Basic 2017",当单击"退出"按钮时退出应用程序,具体的创建步骤如下。

第一步,创建一个项目。

首先打开 Visual Studio 2017 集成开发环境,在起始页中单击"创建项目",从弹出的新建项目对话框中选择 Windows 应用程序,并对项目名称进行修改,改为 MyFirst 并单击"确定"按钮,如图 1-31 所示,这时就进入了 MyFirst 项目的开发环境中。

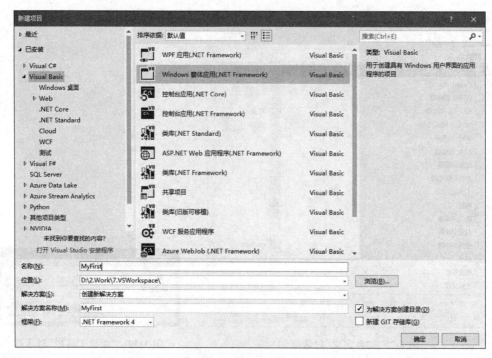

图 1-31　"新建项目"对话框

第二步，设计用户界面。这个界面非常简单，只有一个标签（Label1）控件和一个按钮（Button1）。首先在工具箱中选择 Label 控件，把它拖放到窗体上，如图 1-32 所示，然后在工具箱中选择 Button 控件，把它拖放到窗体上，如图 1-33 所示。

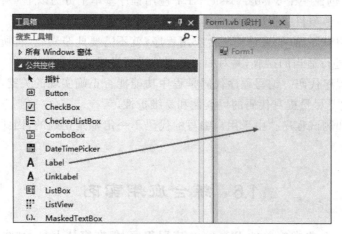

图 1-32　添加 Label1 控件

放置所需的控件后，就需要对控件的属性进行设置。

这里只将 Label1 的 Text 属性设置为"欢迎使用 Visual Basic 2017"，将 Button1 的 Text 属性设置为"退出"，具体过程如图 1-34 和图 1-35 所示。

第三步，编写程序代码。这里只需对"退出"按钮编写代码，通过双击"退出"按钮，就

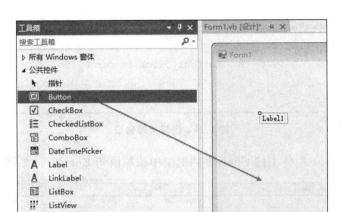

图 1-33　添加 Button1 控件

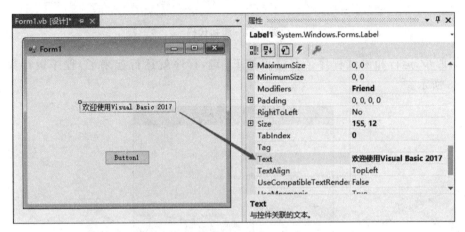

图 1-34　Label1 控件的 Text 属性设置

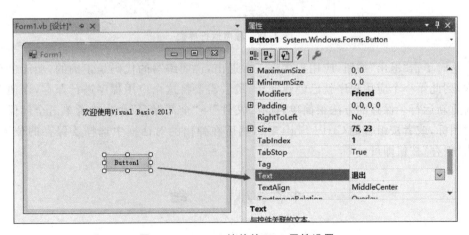

图 1-35　Button1 控件的 Text 属性设置

会进入代码编辑窗口，如图 1-36 所示。

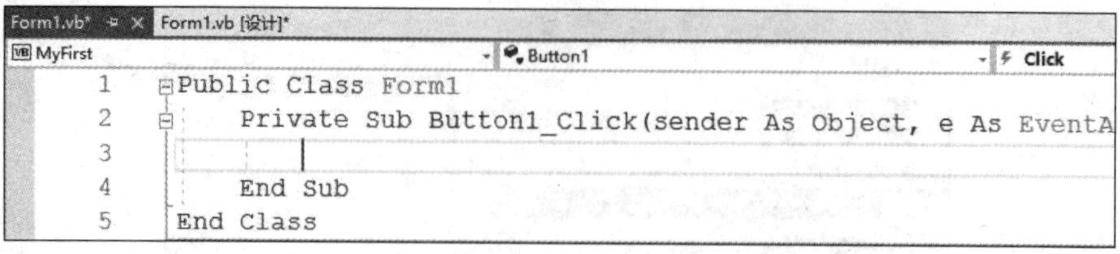

```
Form1.vb* + X  Form1.vb [设计]*
VB MyFirst                          Button1              Click
    1   Public Class Form1
    2       Private Sub Button1_Click(sender As Object, e As EventA
    3       
    4       End Sub
    5   End Class
```

图 1-36　代码编辑窗口

然后在 Button1 控件中的 Click 事件框架中添加语句 End 即可，如图 1-37 所示。

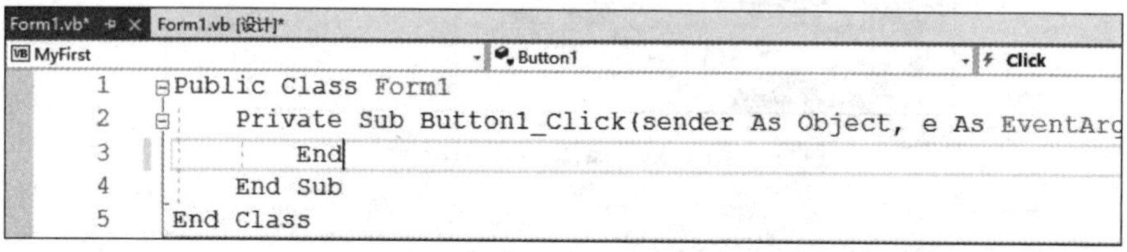

```
Form1.vb* + X  Form1.vb [设计]*
VB MyFirst                          Button1              Click
    1   Public Class Form1
    2       Private Sub Button1_Click(sender As Object, e As EventArg
    3           End
    4       End Sub
    5   End Class
```

图 1-37　添加代码

第四步，运行和测试程序。在这里按 F5 键，程序就运行起来了，程序运行界面如图 1-38 所示。

图 1-38　程序运行界面

这时单击"退出"按钮，应用程序将正常退出，说明编写的代码是正确的，功能也符合要求，到此第一个应用程序就已创建完毕，最后需要将这个应用程序进行保存，以便在需要时重新运行。保存的方法很简单，选择"文件"→"全部保存"命令或者单击全部保存工具栏图标，或者按组合键 Ctrl+Shift+S，然后在弹出的对话框中选择要保存的位置，再单击"保存"按钮即可。

1.7　小　　结

本章内容是学习 Visual Basic.NET 的第一步。本章主要介绍了.NET 相关的基本内容以及 Visual Basic 的发展历史，并主要介绍了 Visual Studio.NET 的集成开发环境。熟悉此环境可为顺利开发应用程序提供便利。由于开发的应用程序主要是具有用户界面应用程序,因此一定要掌握开发应用程序的4个步骤并灵活运用。

练 习 题

1. 如何打开 Visual Studio 2017 的帮助文档?
2. 如何添加自定义工具栏?请举例说明。
3. 创建一个简单的 Windows 应用程序,它包含一个标签,其中显示文本"Good Luck"。

第 2 章
Visual Basic.NET 程序设计基础

2.1 数据类型

Visual Basic.NET 程序存储或者使用的所有信息都属于某一种数据类型。数据类型描述了在.NET 框架中是如何使用和存储信息的。通过为每个信息片段分配一种数据类型就能确定它的取值范围,以及它占用了多少内存空间,因此能够确保程序运行时不会出现数据溢出或内存空间浪费的问题,从而减少编程错误。

Visual Basic.NET 中共有 11 种基本数据类型、对象数据类型以及自定义数据类型。下面依次进行介绍。

2.1.1 字符数据类型

Visual Basic.NET 共有两种字符数据类型:字符(Char)型和字符串(String)型。字符数据类型是用来表示文本值的。

1. 字符型

字符型的数据类型用 Char 表示,它代表一个字符,采用 Unicode 编码。
(1) 占用内存空间:2B(无符号的数值形式存储)。
(2) 有效范围:0~65535。
(3) 默认值:无。
(4) 数据表达形式:双引号(" ")中间加单个字符,或者 ChrW(CharCode)。其中 CharCode 值的范围为 0~65535。
(5) 举例:

```
Dim a , b As Char
a=ChrW(100)         '表示 a 的值为小写字母"d"
b="d"               '表示 b 的值为小写字母"d"
```

2. 字符串型

字符串数据类型用 String 表示,它代表一串字符,也就是字符序列,采用 Unicode

编码。

(1) 占用内存空间：按实际占用空间定(字符个数×2B)。
(2) 有效范围：0～20亿(2^{31})个 Unicode 字符。
(3) 默认值：无。
(4) 数据表达形式：双引号(" ")中间加字符序列。
(5) 举例：

```
Dim a , b As String
a="Hello World!"    '表示字符串 a 的值为"Hello World!"
b=""                '表示 b 为空字符串
```

2.1.2 数值数据类型

Visual Basic.NET 共有 7 种数值数据类型：字节型(Byte)、短整型(Short)、整型(Integer)、长整型(Long)、单精度型(Single)、双精度型(Double)和小数型(Decimal)。

1. 字节型

字节型的数据类型用 Byte 表示，它代表一个整数，是最小的整型数据类型。
(1) 占用内存空间：1B。
(2) 有效范围：0～255。
(3) 默认值：0。
(4) 数据表达形式：
① 十进制：0～255。
② 八进制：&O000～&O377。
③ 十六进制：&H00～&HFF。
(5) 举例：

```
Dim i , j , k As Byte
i=1                 '表示 i 的值为 1,且为字节型
j=&O1               '表示 j 的值为 1,且为字节型
k=&H1               '表示 k 的值为 1,且为字节型
```

2. 短整型

短整型的数据类型用 Short 表示，它代表一个整数。
(1) 占用内存空间：2B。
(2) 有效范围：-32 768～32 767。
(3) 默认值：0。
(4) 数据表达形式：
① 十进制：-32 768～32 767 或 -32 768S～32 767S。
② 八进制：&O100 000～&O77 777 或 &O100 000S～&O77 777S。

③ 十六进制：&H8 000～&H7 FFF 或 &H8 000S～&H7 FFFS。

(5) 举例：

```
Dim i , j , k As Short
i=1S                '表示 i 的值为 1,且为短整型
j=&O1               '表示 j 的值为 1,且为短整型
k=&H1S              '表示 k 的值为 1,且为短整型
```

3. 整型

整型的数据类型用 Integer 表示,它代表一个整数。

(1) 占用内存空间：4B。

(2) 有效范围：-2 147 483 648～2 147 483 647。

(3) 默认值：0。

(4) 数据表达形式：

① 十进制：-2 147 483 648～2 147 483 647 或 -2 147 483 648I～2 147 483 647I。

② 八进制：&O20 000 000 000～&O17 777 777 777 或
&O20 000 000 000I～&O17 777 777 777I

③ 十六进制：&H80 000 000～&H7F FFF FFF 或
&H80 000 000I～&H7F FFF FFFI

(5) 举例：

```
Dim i , j , k As Integer
i=1I                '表示 i 的值为 1,且为整型
j=10                '表示 j 的值为 10,且为整型
k=&H7I              '表示 k 的值为 7,且为整型
```

4. 长整型

长整型的数据类型用 Long 表示,它代表一个整数。

(1) 占用内存空间：8B。

(2) 有效范围：-9 223 372 036 854 775 808～9 223 372 036 854 775 807。

(3) 默认值：0。

(4) 数据表达形式：

① 十进制：-9 223 372 036 854 775 808～9 223 372 036 854 775 807 或
-9 223 372 036 854 775 808L～9 223 372 036 854 775 807L

② 八进制：&O1 000 000 000 000 000 000 000～&O777 777 777 777 777 777 777 或
&O1 000 000 000 000 000 000 000L～&O777 777 777 777 777 777 777L

③ 十六进制：&H8 000 000 000 000 000～&H7 FFF FFF FFF FFF FFF 或
&H8 000 000 000 000 000L～&H7 FFF FFF FFF FFF FFFL

(5) 举例：

```
Dim i , j , k As Long
i=20L              '表示 i 的值为 20,且为长整型
j=&O10             '表示 j 的值为 8,且为长整型
k=&HAL             '表示 k 的值为 10,且为长整型
```

5．单精度型

单精度型的数据类型用 Single 表示，它代表一个实数。

(1) 占用内存空间：4B。

(2) 有效范围：$-3.402\,823\times10^{38} \sim -1.401\,298\times10^{-45}$（负数）

$+1.401\,298\times10^{-45} \sim 3.402\,823\times10^{38}$（正数）

(3) 默认值：0.0。

(4) 数据表达形式：如果数值数据不超过 7 位数，则正常表示；如果数值数据超过 7 位数，则用科学记数法表示。也可以在单精度数值的后面添加字母"F"表示单精度型数据。

科学记数法的表示形式：aE±c。

其中：a 表示数值，范围是 1＜a＜10；

E 表示底数 10。

c 表示 10 的指数值。当 c＞0 时，省略前面的"＋"；当 c＜0 时，不省略前面的"－"。

(5) 举例：

```
Dim i , j , k As Single
i=20.1             '表示 i 的值为 20.1 且为单精度型
j=1.1E10           '表示 j 的值为 1.1×10¹⁰,且为单精度型
k=2.34E-8          '表示 k 的值为 2.34×10⁻⁸,且为单精度型
```

6．双精度型

双精度型的数据类型用 Double 表示，它代表一个实数。

(1) 占用内存空间：8B。

(2) 有效范围：$-1.797\,693\,134\,862\,31\times10^{308} \sim -4.940\,656\,458\,412\,47\times10^{-324}$

（负数）

$+4.940\,656\,458\,412\,47\times10^{-324} \sim +1.797\,693\,134\,862\,31\times10^{308}$

（正数）

(3) 默认值：0.0。

(4) 数据表达形式：如果数值数据不超过 15 位数，则正常表示；如果数值数据超过 15 位数，则用科学记数法表示，具体表达形式与单精度型相同，也可以在双精度数值的后面添加字母"R"表示此数值为双精度型数据。

(5) 举例：

```
Dim i , j , k As Double
i=2.2R            '表示 i 的值为 2.2,且为双精度型
j=3.5E20          '表示 j 的值为 3.5×10²⁰,且为双精度型
k=-3.14E-16       '表示 k 的值为-3.14×10⁻¹⁶,且为双精度型
```

7. 小数型

小数型的数据类型用 Decimal 表示，它是整型的扩展，可以处理含小数点共 29 位的实数，可以用来代表货币值。

(1) 占用内存空间：16B。

(2) 有效范围：+/−79 228 162 514 264 337 593 543 950 335（整数）

　　　　　　　+/−7.922 816 251 426 433 759 354 395 033 5（28 位小数）

　　　　　　　+/−0.000 000 000 000 000 000 000 000 000 1（最小非 0 数字）

(3) 默认值：0D。

(4) 数据表达形式：如果数值数据不超过 15 位数，则正常表示；如果数值数据超过 15 位数，则用科学记数法表示，具体表达形式与双精度型相同，通常都会在小数型数值的后面添加字母"D"表示此数值为小数型数据，当然也可以省略字母"D"。

(5) 举例：

```
Dim i , j , k As Decimal
i=1.5D            '表示 i 的值为 1.5,且为小数型
j=4E-29D          '表示 j 的值为 4×10⁻²⁹,且为小数型
k=2D              '表示 k 的值为 2,且为小数型
```

2.1.3 其他基本数据类型

Visual Basic.NET 还有两种基本数据类型：布尔型（Boolean）和日期型（Date）。除此之外，Visual Basic.NET 还提供了一种对象型（Object）数据类型。

1. 布尔型

布尔型的数据类型用 Boolean 表示，它主要作为标志，被用在条件语句中判断程序流程。

(1) 占用内存空间：2B。

(2) 有效范围：True(−1 或非 0)和 False(0)。

(3) 默认值：False。

(4) 数据表达形式：True(在程序中代表数值−1) 或 False(在程序中代表数值 0)。

(5) 举例：

```
Dim Flag As Boolean
Flag=True
```

```
Label1.Text=8+Flag        'Flag会自动转换为-1,因此将显示 7
```

2. 日期型

日期型的数据类型用 Date 表示,它代表一个日期数据。

(1) 占用内存空间:8B。

(2) 有效范围:公元 1 年 1 月 1 日～公元 9999 年 12 月 31 日。

(3) 默认值:♯12:00:00 AM♯(格林威治标准时间)。

(4) 数据表达形式:日期数据前后都要加"♯",中间可以表达具体的日期、时间或者日期和时间的混合值。

① 日期:♯月/日/年♯ 或 ♯月-日-年♯,默认时间是格林威治标准时间。

② 时间:♯时:分:秒 AM♯ 或♯时:分:秒 PM♯,默认时间是 00:00:00(午夜)。

③ 日期时间:♯月/日/年 时:分:秒 AM ♯ 或 ♯月/日/年 时:分:秒 PM ♯ 或 ♯月-日-年 时:分:秒 AM ♯ 或 ♯月-日-年 时:分:秒 PM ♯

(5) 举例:

```
Dim holiday As Date
holiday=♯1/1/2019 10:20:20 AM♯
'表示 holiday 的值为 2019 年 1 月 1 日上午 10 点 20 分 20 秒,且为日期类型
```

3. 对象型

对象型的数据类型用 Object 表示,它代表任意类型的数据。有时为了方便在程序中随时更改变量的类型而不发生错误,会采用对象型,但是这需要多占用内存空间并且会降低运算速度。因此,如果不是特殊需要,一般要把变量声明为一个确定的数据类型。

(1) 占用内存空间:4B+数据类型所占用空间。

(2) 有效范围:可以保存任何数据类型。

(3) 默认值:Nothing。

(4) 举例:

```
Dim a As Object
a=16                      '表示 a 的值为 16,且为整型
a=♯1/1/2019♯              '表示 a 的值为 2019 年 1 月 1 日,且为日期型
a="Good"                  '表示 a 的值为"Good",且为字符串型
```

2.1.4 自定义数据类型

编写应用程序时,仅使用 Visual Basic.NET 提供的数据类型,往往不能有效解决实际问题。为了提高程序的灵活性,需要用户根据实际需要自定义一些数据类型。其实自定义的数据类型也源于 Visual Basic.NET 提供的数据类型,只不过进行了一定的加工。Visual Basic.NET 中常用的自定义数据类型主要包括结构类型和枚举类型。

1. 结构

结构是由一些逻辑相关的数据域构成的。例如，一个学生是由学号、姓名、性别等不同数据类型组合而成的一个结构。称每一个数据类型为一个字段，因此该结构包括"学号"字段、"姓名"字段和"性别"字段等。当多条学生记录放在一起，就构成了一个结构数组。所谓结构型数组，是指数组中的每一个元素都对应一个结构。

下面是定义结构数据类型的语法。

```
[Private|Public] Structure 结构名
    Dim 字段名 1 As 数据类型 1
    [Dim 字段名 2 As 数据类型 2]
    ...
    [Dim 字段名 n As 数据类型 n]
End Structure
```

其中，Public 是可选项，表示所定义的结构在整个项目中都是可见的；Private 是可选项，表示所定义的结构只在所声明的程序模块中是可见的，如果省略 Public 或 Private，系统会默认为 Public。在结构体内部至少要定义一个字段。

下面定义包含学号、姓名和性别这 3 个字段的结构。

具体代码如下：

```
Structure Student              '结构名为 Student
    Dim StuNo As String        '学号
    Dim Name As String         '姓名
    Dim Sex As String          '性别
End Structure
```

其中，学号、姓名和性别这 3 个字段均为字符串类型。

那么，怎样对结构类型的变量赋初值呢？

具体语法为

```
结构变量名.字段名=具体值
```

例如，有一个名为 stu 的 Student 结构变量，则具体赋值方法如下。

```
Dim stu As Student
stu.Name = "Jack"
stu.Sex = "Male"
stu.StuNo = "2007111"
```

2. 枚举

枚举数据类型是一组相关常量的集合，它允许使用的数据类型很有限，包括 Byte、Integer、Long、Short 等数据类型。枚举数据类型通过 Enum 语句进行定义。

具体语法为

```
[Public | Private] Enum 枚举类型名 [As 数据类型]
    枚举成员名 1[=常量表达式 1]
    [枚举成员名 2[=常量表达式 2]]
    ...
    [枚举成员名 n[=常量表达式 n]]
End Enum
```

其中，Public 是可选项，表示所定义的枚举在整个项目中都是可见的；Private 是可选项，表示所定义的枚举只在所声明的程序模块中是可见的。如果省略 Public 或 Private，系统会默认为 Public。在枚举体内部至少要包含一个成员。

"数据类型"为可选项，可以是 Byte、Integer、Long、Short 等数据类型，若未指定，则默认是 Long 类型。

"常量表达式"为可选项，如果所有"常量表达式"都省略，那么枚举成员的值从 0 开始依次增大。

假如一个枚举类型 Money 包含 3 个成员 yuan、jiao、fen，则通过以下定义可以得到不同的枚举值。

1) 省略所有"常量表达式"

```
Enum Money
    yuan         'yuan=0
    jiao         'jiao=1
    fen          'fen=2
End Enum
```

2) 省略部分"常量表达式"

```
Enum Money
    yuan = 1     'yuan=1
    jiao = 3     'jiao=3
    fen          'fen=4
End Enum
```

3) 不省略"常量表达式"

```
Enum Money
    yuan = 1     'yuan=1
    jiao = 3     'jiao=3
    fen = 6      'fen=6
End Enum
```

该怎样引用枚举类型变量的成员呢？可以采用如下的语法。

```
变量=枚举类型名.成员名
```

例如，如果要计算 yuan、jiao、fen 之和，可以采用如下的代码。

```
Dim yuan, jiao, fen, sum As Integer
yuan = Money.yuan
jiao = Money.jiao
fen = Money.fen
sum = yuan + jiao + fen
```

2.2 常量与变量

程序运行时，必须先把程序和数据加载到内存中。通常把不随程序运行而改变的数据称为常量，把随程序的运行而改变的数据称为变量。那么，程序中的数据是怎样放入内存的呢？对于常量来说，在声明常量的同时会对其进行赋值，系统就会分配一个内存空间，用来存放该常量值；对于变量来说，在声明了一个变量之后，系统会分配一个空的内存空间，用来临时存放变量的中间结果或者最终结果，为常量与变量分配的内存空间根据数据类型的不同而不同。

2.2.1 常量

常量是在程序执行前预先给定的一个初始值，在整个执行过程中其值均不改变。在我们设计程序时，经常会重复使用一些常数或文字，如圆周率、税率等，为了提高程序的可读性，便于修改程序代码，可以把这些常数或文字声明称为常量。

具体语法：

```
[Public|Private] Const 常量名 As [类型]=表达式
```

其中，Public 是可选项，表示所定义的常量在整个项目中都是可见的，Private 是可选项，表示所定义的常量只在所声明的程序模块中是可见的。如果省略 Public 或 Private，系统会默认为 Private。

"常量名"是常数的名称，它的命名要符合变量的命名规则。

"类型"可以是任何数据类型，如果省略，则表示为 Object 类型。

"表达式"由文字常量、算术运算符（指数运算符 ^ 除外）、逻辑运算符组成，也可以是字符串，但不能使用字符串连接符、变量、用户定义的函数或内部函数。

例如，在程序中要多次使用圆周率，因此可以用 PI 代表圆周率，其取值为 3.14159 的单精度常量，可以进行如下声明。

```
Const PI As Single = 3.14159
Dim r As Integer
r = 10
TextBox1.Text = 2 * PI * r
```

如果需要对圆周率进行修改，可以直接在声明的地方进行修改。例如，将 3.14159

改为 3.14,这样任何用到圆周率 PI 的地方都会使用数值 3.14。

2.2.2 变量

1. 变量的命名

如果需要在程序中使用变量存放数据,就必须先为变量命名。Visual Basic.NET 中对变量的命名必须遵循以下规则。

(1) 变量名的首字符必须以大小写英文字母、下画线(_)或者汉字开头,不能是数字或其他字符。

(2) 变量名只能由大小写英文字母、数字、汉字或下画线(_)组成,不能包含句号(。)或者空格。

(3) 变量名最长不能超过 255 个字符。

(4) 如果变量名以下画线(_)开头,后面就必须接大小写英文字母、数字或汉字。

(5) 变量名不能使用 Visual Basic.NET 的关键字。

Visual Basic.NET 中不区分变量的大小写,但是为了提高变量名的可读性与易记性,变量命名最好有意义。最常用的命名约定是匈牙利标记法,变量名的前 3 个小写字母表示数据类型,第 4 个字母大写,表示从这个字母开始为具有实际意义的变量名字。变量的命名约定见表 2-1。

表 2-1 变量的命名约定

数据类型	前缀	举例	数据类型	前缀	举例
Char	chr	chrFirst	Decimal	dec	decMoney
String	str	strName	Single	sng	sngScore
Byte	byt	bytSum	Double	dbl	dblArea
Short	sho	shoShort	Boolean	bln	blnFlag
Integer	int	intCount	Date	dat	datBirthday
Long	lng	lngLong	Object	obj	objObject

下列名字是正确的变量命名。

goodGirl,_score,seven7,奖金

2. 变量的声明

变量的声明是指在使用变量之前,通过 Dim、Public、Private、Static、Protected、Friend、Friend Protected 或 Shared 等关键字对变量进行声明。最常用的是使用 Dim 关键字声明变量。具体语法如下:

1) 声明 1 个变量

```
Dim 变量名 As 数据类型
```

2) 声明多个相同数据类型的变量

```
Dim 变量名1,变量名2,…,变量名n As 数据类型
```

3) 同时声明多种数据类型的变量

```
Dim 变量名1 As 数据类型1,变量名2 As 数据类型2,…,变量名n As 数据类型n
```

例如：

```
Dim a As Integer , b As Double
```

2.3 数　　组

由于一个变量只能代表一个数值或者字符串数据，但在程序设计过程中通常会遇到大量使用同一类型数据的情况，如果此时仍然采用不同的变量存放这些数据，不但会增加程序的复杂度，也会增加维护及调试的难度，在 Visual Basic.NET 中通过数组解决这个问题。

2.3.1 数组的声明

数组是在内存中占有连续地址空间且具有相同性质的一组变量的集合，这些变量具有相同的数据类型。数组的每一个变量都被称为"数组元素"，每个数组元素在数组中都有自己的对应位置，称为下标或索引。数组元素的下标是从 0 开始的，也就是说，第一个数组元素的下标为 0，第二个数组元素的下标为 1，依此类推，第 n 个数组元素的下标为 $n-1$。

Visual Basic.NET 中，如果数组名后面只接一个下标，就称为一维数组，如果数组名后面接两个下标，就称为二维数组，依此类推，称为三维数组、……、n 维数组。需要注意的是，Visual Basic.NET 中最多允许使用 32 维数组，每一维的长度都不能为 0，而且每一维的下标都是从 0 开始的。具体语法如下：

```
Dim 数组名(下标1[,下标2]…) As 数据类型
Dim 数组名() As 数据类型 =New 数据类型(){}
```

数组的下标必须是数值常量、数值变量或数值表达式。如果数组声明时没有赋初值，那么数值型的数组元素中的默认值都为 0，字符串型数组元素中的默认值都为空字符串（""）。数组的声明举例如下。

(1) Age 是一个整型数组，共有 5 个元素（Age(0)～Age(4)），每个元素都是整型。

```
Dim Age(4) As Integer
```

(2) 用 New 声明数组，Age 整型数组的另一种声明方式为

```
Dim Age() As Integer =New Integer(5){}
```

（3）Name 是一个字符串型数组，共有 4 个元素（Name(0)～Name(3)），每个元素都是字符串型。

```
Dim Name (3) As String
```

（4）Score 是一个单精度型数组，共有 6 个元素（Score(0)～Score(5)），每个元素都是单精度型。

```
Dim Score (5) As Single
```

（5）Score 是一个双精度型数组，共有 5 个元素（Score(0)～Score(4)），每个元素都是双精度型。

```
Dim Score (4) As Double
```

（6）b 是一个整型数组，共有 16 个元素（b(0,0)～b(3,3)），每个元素都是整型。

```
Dim b (3,3) As Integer
```

2.3.2 数组的初始化及引用

对数组的初始化，可以采取两种方式：在声明的同时初始化或者先声明，然后再赋初值。

1. 在声明的同时初始化

具体语法如下：

```
Dim 数组名 () As 数据类型 ={初始值列表}
```

其中，"初始值列表"是数组中各数组元素的初始值，每个值的中间用逗号隔开。下面举例说明。

（1）假设 Score 是一个包含 4 个数组元素的单精度型数组，其中 Score(0)的值为 80.5，Score(1)的值为 90，Score(2)的值为 82.5，Score(3)的值为 83，则声明的方法为

```
Dim Score () As Single ={80.5, 90, 82.5, 83}
```

（2）假设 Name 是一个包含 3 个数组元素的字符串型数组，其中 Name(0)的值为"Rose"，Name(1)的值为"Jack"，Name(2)的值为"Mary"，则声明的方法为

```
Dim Name () As String ={"Rose", "Jack", "Mary"}
```

（3）假设 b 是一个 3×2 的二维整型数组，其下标为(0,0)～(2,1)，则声明的方法为

```
Dim b(,)As Integer ={{1,1},{2,2},{3,3}}
```

2. 先声明，然后再赋初值

假设上面例子中的 3 个数组已经用 2.3.1 节中的方法声明过了，下面对数组中的每

个元素赋初值,如果要在一行中写多条语句,则需要用冒号":"隔开。

(1) 为单精度型的 Score 数组赋初值。

Score(0)=80.5 : Score(1)=90 : Score(2)=82.5 : Score(3)=83

(2) 为字符串型的 Name 数值赋初值。

Name(0)="Rose" : Name(1)="Jack" : Name(2)="Mary"

(3) 为整型的二维数组 b 赋初值。

b(0,0)=1 : b(0,1)=1
b(1,0)=2 : b(1,1)=2
b(2,0)=3 : b(2,1)=3

一般情况下,如果以参数的形式调用数组中的元素,就需要以数组名作为参数,而不是数组中某个具体的数组元素。为了能够引用数组中的元素,一般会使用循环语句实现,循环语句将在 2.5.3 节详细介绍。

图 2-1 运行界面

例 2-1:对数组元素进行从小到大排序。采用 Visual Basic.NET 提供的排序方法 Array.Sort(数组名)。假设有如图 2-1 所示的界面,其中包括两个标签(Label1 和 Label2),分别用来显示提示信息"排序前"和"排序后";两个文本框(TextBox1 和 TextBox2)用来显示排序前和排序后的数组元素,两个文本框的 Multiline 属性均设置为 True,一个按钮(btnSort)用来进行排序。

具体代码:

```
Public Class Form1
    '声明一个包含 6 个元素的字符串数组 Student
    Dim Student(5) As String
    Private Sub Form1_Load(ByVal sender As Object, ByVal e As System.EventArgs) _
    Handles Me.Load
        '对数组元素赋初值
        Dim i As Integer
        Student(0) ="张三" : Student(1) ="刘小明" : Student(2) ="王梅"
        Student(3) ="李刚" : Student(4) ="杨洋" : Student(5) ="刘丽"
        '在文本框中进行分行显示,每个元素占一行。Environment.NewLine:回车换行
        For i =0 To Student.GetUpperBound(0)
            TextBox1.Text &=Student(i) & Environment.NewLine
        Next
    End Sub

    Private Sub btnSort_Click(ByVal sender As System.Object, ByVal e As System_.
    EventArgs)Handles btnSort.Click
```

```
        '对数组进行排序
        Dim a As String
        Array.Sort(Student)
        '在文本框中显示排序后的元素
        For Each a In Student
            TextBox2.Text &= a & Environment.NewLine
        Next
    End Sub
End Class
```

代码中的 GetUpperBound 方法是用于获取数组维数上限的方法，它包含一个参数。如果要获取一维数组的上限，则参数值为 0；如果数组为二维数组，要获取第二维数组的上限，则参数值为 1，其他高位数组对应维度上的上限值以此类推。代码中的 Environment. NewLine 与 Visual Basic 语言中的 vbCrLf 是等效的，表示回车换行，只不过前者在 Visual Studio 中是跨语言的一种表达方式。

例 2-1 程序执行结果如图 2-2 所示。

从图 2-2 中可以看到，对字符串数组元素的排序是按照拼音顺序从前到后进行的。

图 2-2　例 2-1 程序执行结果

2.3.3　动态数组

编写程序时，有时希望动态改变数组的大小，或者说需要对数组进行重新定义，此时可以使用 ReDim 语句实现。ReDim 语句的具体语法如下：

ReDim [Preserve] 数组名　(每一维的新界限)

其中 Preserve 是可选项，如果语句中包含 Preserve 关键字，则会保留原数组中的数据，否则新数组中的所有元素都会被初始化为默认值。

"每一维的新界限"，如果维数大于 1，则将每个维数直接用逗号","分隔，与声明数组的维数是一致的。这里需要注意以下两点。

(1) ReDim 语句只能对已声明的数组进行重新定义。

(2) ReDim 语句只能改变数组最后一维的大小，不能改变数组的维数。

例如，假设声明了一个整型数组 a(5)，其值如图 2-3(a) 所示，然后使用 ReDim a(6) 语句，则使用前后数组元素的变化如图 2-3 所示。

从图 2-3 中可以看到重新定义后的数值元素都被设置成了默认值 0。如果把 ReDim a(6) 语句改为 ReDim Preserve a(6)，则使用前后数组元素的变化如图 2-4 所示。

从图 2-4 中可以看到使用 Preserve 关键字后，已经保留了原数组中的数组元素值，只有新增加的一个数组元素被设置成默认值。

图 2-3 数组元素的变化 1

如果使用了 Preserve 关键字,而重新定义的数组元素个数少于原来定义的元素个数会怎样呢?如果使用语句 ReDim Preserve a(4),则使用前后数组元素的变化如图 2-5 所示。

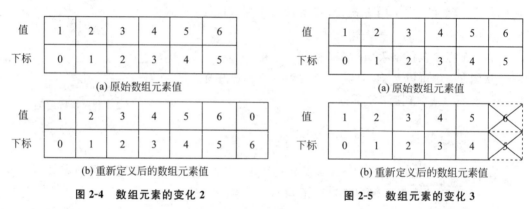

图 2-4 数组元素的变化 2　　　　　图 2-5 数组元素的变化 3

从图 2-5 中可以看到重新定义的数组 a(4) 只是在原数组 a(5) 的基础上进行截断,截取前 5 个数组元素的值。

2.4 运算符与表达式

数据做何种运算是通过运算符指定的,按照运算时所需操作数的不同,运算符可分为一元运算符和二元运算符。把操作数通过运算符连接起来就形成了表达式。在 Visual Basic.NET 中常用的运算符分为算术运算符、关系运算符、逻辑运算符、赋值运算符和复合赋值运算符。

1. 算术运算符

算术运算符用来进行一般的算术运算,如加、减、乘、除和取模等运算,具体的算术运算符与表达式见表 2-2。

表 2-2 算术运算符与表达式

运算符	说 明	表达式	运算符	说 明	表达式
+	相加	A + B	\	整除（结果为整数）	A \ B
−	相减	A − B	Mod	取模（结果为余数）	A Mod B
*	相乘	A * B	^	指数	A ^ B
/	相除（结果为浮点数）	A / B	−	取负	− A

举例：

```
A = 3 ^ 2            '返回 9
A = 11 Mod 3         '返回 2
A = 11 \ 5           '返回 2
A = 11 / 5           '返回 2.2
```

2. 关系运算符

关系运算符用来比较数值或字符串的大小，也称作比较运算符。关系表达式的运算结果为布尔值，即真（True）或假（False）。可以通过关系运算的结果决定程序的执行流程。具体的关系运算符与表达式见表 2-3。

表 2-3 关系运算符与表达式

运算符	说 明	表达式	运算符	说 明	表达式
=	相等	A = B	>=	大于或等于	A >= B
<>	不相等	A <> B	<=	小于或等于	A <= B
>	大于	A > B	Like	按样式比较字符串	"A" Like "B"
<	小于	A < B	Is	比较对象变量	A Is B

前 6 种运算符的运用都非常容易理解，与数学运算类似，下面重点介绍 Like 和 Is 运算符。

1) Like 运算符

Like 运算符前后允许进行比较的字符串样式包括：

(1) ♯ ：可匹配单个数字字符。

(2) ? ：可匹配单个字符。

(3) * ：可匹配任意多个字符（包括 0 个字符）。

(4) [charlist]：可匹配字符列表中的单个字符。

(5) [! charlist]：可匹配非字符列表中的单个字符。

举例：

```
(1) "123" Like "1#3"          '结果为 True
(2) "Hello" Like "He?lo"      '结果为 True
```

(3) "Happy" Like "H * y"　　　'结果为 True
(4) "X" Like "[D-Z]"　　　　　'结果为 True
(5) "X" Like "[!D-Z]"　　　　'结果为 False

2) Is 运算符

Is 运算符是对象引用比较的运算符,它不比较对象或者对象值,只是判断两个对象引用是否代表同一对象。

举例:

(1) Dim objX As TextBox
　　Dim objY As New TextBox
　　objX = objY
　　MyCheck = objX Is objY　　'结果为 True

(2) Dim objX As TextBox
　　Dim objY As New TextBox
　　MyCheck = objX Is objY　　'结果为 False

3. 逻辑运算符

逻辑运算符用来连接多个关系表达式,所形成的逻辑表达式用来进行较复杂的条件判断。逻辑表达式的运算结果也只有真(True)或假(False),具体的逻辑运算符与表达式见表 2-4。

表 2-4　逻辑运算符与表达式

运算符	名称	逻辑表达式	说　　明
And	与	A And B	A 与 B 同时为真时,结果为真,否则为假
Or	或	A Or B	A 与 B 有一个为真时,结果为真,否则为假
Not	非	Not A	A 为真时,结果为假,否则为真
Xor	异或	A Xor B	A 与 B 逻辑值不同时,结果为真,否则为假
AndAlso	短路与	A AndAlso B	与 And 类似,但如果 A 为假,则不对 B 进行判断
OrElse	短路或	A OrElse B	与 Or 类型,但如果 A 为真,则不对 B 进行判断

举例:假设 A = 3,B = 5,C = 7,则有

(1) (A >=2) And (A <=5)　　　'结果为 True
(2) (A <0) Or (A >=3)　　　　'结果为 True
(3) Not A　　　　　　　　　　'结果为 False
(4) (A >B) AndAlso (B <C)　　'结果为 False,且不对 B<C 进行判断
(5) (A <B) AndAlso (B >C)　　'结果为 False,且对 B>C 进行判断
(6) (A <B) OrElse (B <C)　　 '结果为 True,且不对 B<C 进行判断

4. 赋值运算符和复合赋值运算符

赋值运算符用来将某个变量或者某个表达式的结果指定给某个变量。赋值运算符用等号(＝)表示,如果一个赋值运算符的两边有相同的变量名,就可以使用复合赋值运算符表示,具体的复合赋值运算符与表达式见表2-5。

表 2-5 复合赋值运算符与表达式

运算符	名　　称	表达式	等价表达式
＋＝	自反加赋值	A ＋＝ B	A ＝ A ＋ B
－＝	自反减赋值	A － ＝ B	A ＝ A － B
＊＝	自反乘赋值	A ＊ ＝ B	A ＝ A ＊ B
/＝	自反浮点除赋值	A /＝ B	A ＝ A / B
\＝	自反整数除赋值	A \＝ B	A ＝ A \ B
^＝	自反指数赋值	A ^＝ B	A ＝ A ^ B
&＝	自反字符串连接赋值	A &＝ B	A ＝ A & B

举例:假设 A ＝ 11,B ＝ 3,且 A 和 B 均为整数,则有

(1) A ＋＝B　　　'结果为 A ＝14

(2) A －＝B　　　'结果为 A ＝8

(3) A ＊＝B　　　'结果为 A ＝33

(4) A /＝B　　　'结果为 A ＝4

(5) A \＝B　　　'结果为 A ＝3

(6) A ^＝B　　　'结果为 A ＝1331

(7) A &＝B　　　'结果为 A ＝113

5. 运算符的优先顺序

编写程序时经常会在运算式中同时使用多种运算符,为了正确地表达设计思路,需要了解这些运算符的优先顺序。运算符的优先顺序见表2-6。

表 2-6 运算符的优先顺序

优先顺序	运　算　符	类　别	运算顺序
1	^	算术运算符	从内向外
2	－(负号)	算术运算符	从内向外
3	＊、/	算术运算符	从左向右
4	\	算术运算符	从左向右
5	Mod	算术运算符	
6	＋、－	算术运算符	从左向右

续表

优先顺序	运算符	类别	运算顺序
7	&	字符串连接运算符	从左向右
8	=、<>、<、>、<=、>=、Like、Is	关系运算符	从左向右
9	Not	逻辑运算符	从左向右
10	And	逻辑运算符	从左向右
11	Or	逻辑运算符	从左向右
12	Xor	逻辑运算符	从左向右
13	AndAlso	逻辑运算符	从左向右
14	OrElse	逻辑运算符	从左向右
15	=、+=、-=、*=、/=、\=、^=	赋值运算符	从右向左

如果在运算符表达式中存在括号或者下标，就要先计算括号或者下标内的表达式，如果存在多层括号或下标嵌套，那么运算顺序是从内向外的。

举例：

(1) 5 + 6 / 2 * 3 Mod 4 = 6

计算顺序：6 / 2 = 3 → 3 * 3 = 9 → 9 Mod 4 = 1 → 5 + 1 = 6

(2) (5 + 5) / 2 * (3 Mod 2) = 5

计算顺序：(5 + 5) = 10 → (3 Mod 2) = 1 → 10 / 2 = 5 → 5 * 1 = 5

2.5 Visual Basic.NET 基本语句及语法

任何程序都是由语句组成的，语句又可以通过 3 种结构加以组合。这 3 种结构为顺序结构、选择结构和循环结构，与这 3 种结构对应的语句为赋值语句、条件语句和循环语句。

2.5.1 赋值语句

赋值语句是最简单的语句，是由赋值运算符连接而成的语句。条赋值语句之间是按照从上到下的顺序执行的。例如，有如下所示的代码。

```
Dim X, Y As Integer
X = 5
Y = 6
X += 6
X += Y
Y = X
Label1.Text = "X=" & X.ToString & " Y=" & Y.ToString
```

由于都是赋值语句,所以它们会被顺序执行,因此在 Label1 中显示的最终结果为

```
X=17   Y=17
```

2.5.2 条件语句

条件语句就是当程序执行时,根据不同的条件进行判断确定程序的具体语句流程,如果满足条件(即结果为 True),则执行某个语句段;如果不满足条件(即结果为 False),则执行另一个语句段。本节将介绍几种 Visual Basic.NET 提供的条件语句。

1. If…Then…Else 语句

什么时候使用 If…Then…Else 语句呢?

如果需要表达"如果……那么……"或者"如果……那么……否则……"关系时,就需要用到 If…Then…语句或是 If…Then…Else 语句,具体的语法有如下两种表达形式。

1) 表达形式一

```
If (条件) Then
    [Then 语句块]
Else
    [Else 语句块]
End If
```

2) 表达形式二

```
If (条件) Then [语句1: 语句2: …] Else [语句1: 语句2: …]
```

其中的条件可以是关系表达式或逻辑表达式,当条件满足时执行 Then 语句块,条件不满足时执行 Else 语句块。从表达式的形式中可以很容易地看出两种表达形式的区别。

(1) 表达形式一分多行显示,每行一条语句,必须以 End If 结尾。

(2) 表达形式二单行显示,所有语句都写在一行,各语句间以冒号":"隔开,不需要在语句结尾添加 End If。

由于条件语句可能很长,在一行中如果写不下时,该如何解决这个问题呢?

方法很简单,我们只需在一行的最后面使用下画线"_"作为续行符,表示语句没有写完转行再写,然后把没写完的语句写在下一行即可,这时也会把这些语句视为一行语句。但是,这里需注意续行符与前面的字符之间至少需要一个空格,否则就会出现语法错误。

例 2-2:假设有如图 2-6 所示的界面,其中包括 3 个标签(Label1、Label2 和 Label3),用来显示提示信息最终的结果信息、"用户名:"和"密码:";2 个文本框(txtUserName 和 txtPassword),用来接收输入的用户名和密码;1 个登录按钮(btnOK),用来确认输入并对密码进行核对。如果用户

图 2-6 例 2-2 的用户界面

名为"Administrator",密码为"12345",则显示"密码正确,欢迎您使用本系统!",否则显示"密码错误,请重新输入!"。

下面给出具体的代码。

(1) 采用表达形式一的代码如下。

```
'btnOK 的 Click 事件的代码如下
If txtUserName.Text ="Administrator" And txtPassword.Text ="12345" Then
    Label2.Text ="密码正确,欢迎您使用本系统!"
Else
    Label2.Text ="密码错误,请重新输入!"
    txtUserName.Text =""
    txtPassword.Text =""
End If
```

(2) 采用表达形式二的代码如下。

```
'btnOK 的 Click 事件的代码如下
If txtUserName.Text ="Administrator" And txtPassword.Text ="12345" Then _
Label2.Text ="密码正确,欢迎您使用本系统!" Else Label2.Text ="密码错误,请重新输入!" _
: txtUserName.Text ="" : txtPassword.Text =""
```

例 2-2 程序的执行结果如图 2-7 所示。

图 2-7 输入正确和输入错误时的界面

2. If…Then…ElseIf 语句

什么时候需要使用 If…Then…ElseIf 语句呢?

如果需要表达"如果……那么……否则如果……那么……否则……"关系时,就需要用到 If…Then…ElseIf 语句,具体的语法表达形式如下。

```
If (条件 1) Then
    [Then 语句块 1]
ElseIf (条件 2) Then
    [ElseIf 语句块 2]
ElseIf (条件 3) Then
```

```
    [ElseIf 语句块 3]
...
...
ElseIf (条件 n) Then
    [ElseIf 语句块 n]
Else
    [Else 语句块]
End If
```

当条件1满足(结果为True)时,执行Then语句块1,然后继续执行End If后面的语句;当条件1不满足(结果为False)时,则检查条件2是否满足,如果条件2满足(结果为True),则执行语句块2,然后继续执行End If后面的语句,如果条件2也不满足,则依次检查后面的每个条件,如果所有的条件都不满足,则执行Else语句块。

例 2-3:某商场年末进行会员积分兑换礼品活动,根据会员积分的不同,可兑换不同的礼品。如果积分大于10 000分,可以兑换一台笔记本电脑;如果积分在9999~6000分之间,可以兑换一台电磁炉;如果积分在5999~3000分之间,可以兑换一台加湿器;如果积分在2999~1000分之间,可以兑换一把雨伞;如果积分少于1000分,可以兑换一包纸巾。

具体的运行界面如图2-8所示,其中包括两个标签(Label1和Label2),用来显示提示信息"积分:"和"礼品:";两个文本框(txtPoints和txtPresent),分别用来接收输入的积分和显示可换的礼品;一个按钮(btnEnquiry),用于具体的查询。其中txtPresent的Enabled属性设置为False。

图 2-8 例 2-3 的运行界面

下面是具体的代码。

```
'btnEnquiry 的 Click 事件的代码如下
Dim MyPoints As Integer
MyPoints =Convert.ToInt32(txtPoints.Text) '将 txtPoints.Text 的文本转换为整数
If MyPoints >=10000 Then
    txtPresent.Text ="一台笔记本电脑"
ElseIf MyPoints >=6000 And MyPoints <=9999 Then
    txtPresent.Text ="一台电磁炉"
ElseIf MyPoints >=3000 And MyPoints <=5999 Then
    txtPresent.Text ="一台加湿器"
```

```
ElseIf MyPoints >=1000 And MyPoints <=2999 Then
    txtPresent.Text ="一把雨伞"
Else
    txtPresent.Text ="一包纸巾"
End If
```

例 2-3 程序的执行结果如图 2-9 所示。

图 2-9　例 2-3 程序的执行结果

3. Select Case 语句

什么时候使用 Select Case 语句呢？

在我们进行程序设计时经常会遇到多项选择的情况，虽然还可以使用前面讲到的嵌套 If…Then…Else 语句或者 If…Then…ElseIf 语句，但是如果过多地使用 If 语句，会增加程序的复杂程度，同时不便于阅读和代码的维护，如果改用 Select Case 语句，程序就会变得简洁且易于维护。Select Case 语句的具体语法表达形式如下。

```
Select Case 表达式
    Case 值 1
       [满足值 1 的语句块]
    Case 值 2
       [满足值 2 的语句块]
    …
    …
    Case 值 n
       [满足值 n 的语句块]
    Case Else
       [不满足以上值的语句块]
End Select
```

其中"表示式"可以为变量、数值或者字符串表达式。每个 Case 语句中的值必须和表达式的数据类型保持一致。如果"表达式"的结果符合"值 1"，那么执行 Case 值 1 后面的语句块；然后继续执行 End Select 后面的语句；如果"表达式"的结果不符合"值 1"，而符合"值 2"，那么执行 Case 值 2 后面的语句块，然后继续执行 End Select 后面的语句，以此类推,如果所有的 Case 值都不符合,就执行 Case Else 后面的语句块,然后继续执行 End Select 后面的语句。

那么,怎样表达 Case 语句的值呢?下面分 4 种情况讨论。

(1) 情况一:单个值。

这种情况最简单,只要把这个值列在 Case 后面即可。

例如,

```
Case 1                '表示只要"表达式"的结果为 1,便满足条件
```

(2) 情况二:多个离散值进行选择。

这时需要在多个值中间用逗号","分隔开。

例如,

```
Case 1,3,5            '表示只要"表达式"的结果为 1,3 或者 5,便满足条件
```

(3) 情况三:表示一个有穷的范围区间。

这时需要使用关键字 to。

例如,

```
Case "A" to "Z"       '表示只要"表达式"的结果在 A~Z 之间,便满足条件。
```

(4) 情况四:表示一个无穷的范围区间。

这时需要使用关键字 Is。

例如,

```
Case Is >=10          '表示只要"表达式"的结果大于 10,便满足条件
```

下面还使用前面的例子,用 Select Case 语句表达,具体代码如下。

```
'btnEnquiry 的 Click 事件代码如下
Select Case MyPoints
    Case Is >=10000
        txtPresent.Text ="一台笔记本电脑"
    Case 6000 To 9999
        txtPresent.Text ="一台电磁炉"
    Case 3000 To 5999
        txtPresent.Text ="一台加湿器"
    Case 1000 To 2999
        txtPresent.Text ="一把雨伞"
    Case Else
        txtPresent.Text ="一包纸巾"
End Select
```

2.5.3　循环语句

什么时候使用循环语句呢?

很显然,当某些语句块需要重复多次执行时,为了提高编程效率,增强程序的可读性,就需要采用循环语句,而不是把相同的语句重复写多次。Visual Basic.NET 提供的循环结构可以分为 For…Next 语句和 Do…语句两大类。

1. For…Next 语句

For…Next 语句执行循环的次数是确定的,因此可以使用一个变量当作计数器。当希望从某个确定的值开始时,便把该值作为计数器的初始值,然后每执行一次指定的语句块,便对计数器进行增(减)某一确定的数值,如果计数器的结果还是比终值小(大),那么就继续执行该语句块,直到计数器的结果不满足确定的终值再退出执行该语句块,具体语法如下所示。

```
For 计数器=初始值 To 终值 [Step 步长]
    语句块
    [Exit For]
    语句块
Next [计数器]
```

其中,如果初始值小于终值,则步长为正,如果步长为 1,则 Step 参数可以省略;如果初始值大于终值,则步长为负,Step 参数不可省略,初始值、终值、步长参数可以为小数,但是建议步长最好不采用小数,因为步长是小数会引入误差,得到的结果可能与预期的结果不一致。

Exit For 语句可以提前退出 For 循环,执行 For 循环体后面的语句。

例 2-4:假如需要计算 $1+2+3+\cdots+n$,其中 $n\leqslant=50$,具体的界面如图 2-10 所示,其中包括两个标签(Label1 和 Label2),分别用来显示提示信息"n="和计算结果;一个文本框(TextBox1),用来接收输入的 n 值($1\leqslant n\leqslant 50$);一个按钮(btnCalculate),用来进行计算。

图 2-10 用户界面

具体代码如下所示。

```
'btnCalculate 的 Click 事件代码
Dim n As Integer
Dim i As Integer
Dim Sum As Integer
n =Convert.ToInt32(TextBox1.Text)
'只有 n 值在 1~50 之间才进行求和,否则等待用户重新输入
If n >=1 And n <=50 Then
```

第 2 章 Visual Basic.NET 程序设计基础

```
        For i = 0 To n
            Sum = Sum + i
        Next
        Label2.Text = "和为" & Sum.ToString
    Else
        Label2.Text = "请输入 1～50 的整数!"
    End If
    '让 TextBox1 中的内容高亮度显示,方便用户下一次输入
    TextBox1.SelectionStart = 0
    TextBox1.SelectionLength = TextBox1.Text.Length
    TextBox1.Focus()
```

输入不同的 n 值时,例 2-4 程序的执行结果如图 2-11 所示。

图 2-11　例 2-4 程序的执行结果

2. Do While | Until…Loop 语句

Do While…Loop 语句和 Do Until…Loop 语句都是先对条件进行判断,然后确定是否执行循环体。二者的区别是,Do While…Loop 语句只有当条件为真(True)时,才执行循环体内的程序块,直到遇到 Loop 语句再回到 Do While 重新对条件进行判断,如果条件继续为真,则一直循环执行循环体内的语句块,直到条件为假(False)时再退出 Do While…Loop 语句,执行 Loop 语句后面的语句,而 Do Until…Loop 语句只有当条件为假时才执行循环体内的程序块,直到遇到 Loop 语句再回到 Do Until 对条件进行判断,如果条件继续为假,则一直循环执行循环体内的语句块,直到条件为真时再退出 Do Until…Loop 语句,执行 Loop 语句后面的语句。为了使 Do While | Until…Loop 语句不陷入死循环,必须在循环体内包含改变条件的语句,如果需要在中途退出循环,可以使用 Exit Do 语句。

具体语法如下。

```
Do While | Until (条件)
    语句块
    [Exit Do]
    语句块
Loop
```

现将例 2-4 中的循环语句代码分别用 Do While…Loop 语句和 Do Until…Loop 语句代替。
1) Do While…Loop 语句代码

```
'只有 n 值在 1～50 之间才进行求和,否则等待用户重新输入
If n >= 1 And n <= 50 Then
```

```
        Do While i <= n
            Sum = Sum + i
            i += 1
        Loop
        Label2.Text = "和为" & Sum.ToString
    Else
        Label2.Text = "请输入 1~50 的整数!"
    End If
```

2) Do Until…Loop 语句代码

```
'只有 n 值在 1~50 之间才进行求和,否则等待用户重新输入
If n >= 1 And n <= 50 Then
    Do Until i > n
        Sum = Sum + i
        i += 1
    Loop
    Label2.Text = "和为" & Sum.ToString
Else
    Label2.Text = "请输入 1~50 的整数!"
End If
```

3. Do…Loop While|Until 语句

Do…Loop While 语句和 Do…Loop Until 语句都会先执行一次循环体内的语句,直到 Loop While 或 Loop Until 处才对条件进行判断,决定是否能继续执行循环体。二者的区别是,Do…Loop While 语句在对条件进行判断时,如果条件为真,则再次执行循环体内的语句块,执行到 Loop While 处再进行判断,如果条件仍然为真,则循环执行循环体内的语句,直到条件为假后才退出 Do…Loop While 循环,即执行 While 语句后面的语句;Do…Loop Until 语句在对条件进行判断时,如果条件为假,则再次执行循环体内的语句块,执行到 Loop While 处再进行判断,如果条件仍然为假,则循环执行循环体内的语句,直到条件为真才退出 Do…Loop Until 循环,即执行 Loop Until 语句后面的语句。同样,为了使 Do…Loop While|Until 语句不陷入死循环,必须在循环体内包含改变条件的语句,如果需要在中途退出循环,也可以使用 Exit Do 语句。

现将例 2-4 中的循环语句代码分别用 Do…Loop While 语句和 Do…Loop Until 语句代替。

1) Do…Loop While 语句代码

```
'只有 n 值在 1~50 之间才进行求和,否则等待用户重新输入
If n >= 1 And n <= 50 Then
    Do
        Sum = Sum + i
        i += 1
    Loop While i <= n
```

```
        Label2.Text = "和为" & Sum.ToString
Else
        Label2.Text = "请输入 1～50 的整数!"
End If
```

2) Do…Loop Until 语句代码

```
'只有 n 值在 1～50 之间才进行求和,否则等待用户重新输入
If n >=1 And n <=50 Then
    Do
            Sum = Sum + i
            i += 1
    Loop Until i > n
    Label2.Text = "和为" & Sum.ToString
Else
    Label2.Text = "请输入 1～50 的整数!"
End If
```

2.6 Visual Basic.NET 的过程与函数

当编写一个较为复杂的应用程序时,很可能有些程序块会被重复使用,如果这些程序块存在错误,需要进行修改时,那么所有用到该程序块的地方都需要被修改,这样做不但麻烦,也容易引入新的错误,因此需要将这些程序块写成一个个小单元,称之为"过程"。这样,在需要用到该程序块的地方只要调用该过程即可,不需要把同样的代码写到不同的位置。即使这个过程存在错误,只要在过程内进行修改即可,不需要在其他地方进行修改。

在实际的应用程序开发过程中,通常需要根据功能的不同将一个程序分解为若干个单独的过程。每个过程都包含一个功能,这样做不但方便了过程的重复调用,也可以把它们复用到其他应用程序中。

在程序中使用过程具有如下优点。

(1) 可以复用,缩短代码长度,方便调试和维护。

(2) 提高程序的可读性。

(3) 直接复用或稍加修改就可应用于其他程序。

(4) 可以分解大程序,由多人共同编写,不但可以缩短开发周期,而且可以发挥众人智慧,使程序更完美。

在 Visual Basic.NET 中共有 4 种过程:Sub 过程、Function 过程、Event 过程和 Property 过程。本章主要介绍 Sub 过程和 Function 过程。由于 Sub 过程和 Function 过程有一定的区别,所以这里称 Sub 过程为过程,称 Function 过程为函数,其他内容将在第 4 章介绍。

2.6.1 过程与函数的建立

在程序编制过程中,可能需要自己编写一些过程和函数,通常称之为"用户自定义过程"。这些过程和函数可以写在模块或类中,需要先定义,然后才能使用。

1. 定义过程

具体语法如下。

```
[Private|Public] Sub 过程名 ([参数列表])
    [局部变量和常量声明]
    语句块
    [Exit Sub]
    语句块
End Sub
```

其中,Private 和 Public 为可选项。如果用 Private 关键字修饰,则表示该过程只被同一模块中的其他程序调用;如果用 Public 关键字修饰,则表示该过程允许被应用程序所有模块中的其他过程调用。默认情况下选择 Public 关键字修饰。

"参数列表"为可选项,如果包含多个参数,那么各个参数间要用逗号(,)隔开。参数可以为常量、变量、对象或用户自定义的数据类型。参数可由 ByVal 或者 ByRef 加以声明。使用 ByVal 声明的参数属于传值调用。使用 ByRef 声明的参数属于引用调用。

Exit Sub 为可选项,可用于提前退出过程。

例 2-5:建立一个过程,使其能够计算两个数的和。假设两个数为整数,具体代码如下。

```
Sub Add(ByVal x As Integer, ByVal y As Integer, ByRef z As Integer)
    z = x + y
End Sub
```

2. 定义函数

下面介绍具体的语法。

1) 使用函数名带回返回值。

```
[Private|Public] Function 函数名 ([参数列表]) [As 数据类型]
    [局部变量和常量声明]
    语句块
    函数名=表达式
    [Exit Function]
    语句块
End Function
```

2) 使用 Return 语句带回返回值。

```
[Private|Public] Function 函数名([参数列表])[As 数据类型]
    [局部变量和常量声明]
    语句块
    [Exit Function]
    语句块
    Return 表达式
End Function
```

函数与过程的区别在于修饰的关键字不同,函数由 Function 修饰,过程由 Sub 修饰。此外,函数可以有返回值,过程没有返回值。如果需要函数有返回值,则 As 数据类型不能省略。

这里使用函数实现例 2-5 中求两个数和的功能,具体代码如下。

```
Function Add(ByVal x,ByVal y)As Integer
    Dim z As Integer
    z = x + y
    Return z
End Function
```

同样,使用下面的代码也可以实现求两个数和的功能。

```
Function Add(ByVal x, ByVal y)As Integer
    Add = x + y
End Function
```

2.6.2 过程与函数的调用

建立了过程或函数后,就可以在需要用到该过程或函数的地方进行调用了。下面分别来看一下如何调用过程或函数。

1. 调用过程

```
Call 过程名([参数列表])
或者
过程名([参数列表])
```

需要注意以下几点。

(1) 如果调用程序与被调过程之间没有数据传递,那么参数列表可以省略;如果有参数传递,则参数列表不能省略,并且调用语句与过程中的参数个数和数据类型必须一致。

(2) Call 语句必须写在调用程序中,称 Call 语句中的参数列表为实参,称过程中的参数列表为形参。

(3) Call 关键字可以省略。

(4) 实参可以为常量、变量、表达式、数组或对象,但是形参不能为常量和表达式。

(5) 调用语句的过程名必须与被调过程的名字相同,但是二者的参数名可以不同。

二者之间如果有数据传递,必须通过实参将数据传递给形参。

如果需要调用例 2-5 中的过程,可以使用下面的语句。

```
Call Add(2,5,Result)      'Result 的结果为 7
Add(2,5,Result)           'Result 的结果为 7
```

2. 调用函数

```
变量名 =函数名 (参数列表)
或者
函数名 (参数列表)
```

函数的调用基本上与过程调用相同,只有当需要函数返回值时,在调用程序中才需要有一个变量接收返回值。

如果需要调用 2.6.1 中求两数和的函数,可以使用下面的语句。

```
Sum =Add(2,5)             'Sum 的结果为 7
```

3. 递归调用

前面说的调用过程和调用函数都是调用另外一个过程,如果一个过程或函数对自己进行直接或间接的调用,就称之为递归调用。由于递归调用时会一直调用自己,很可能造成死循环,因此必须在过程内进行条件设置,当满足条件时终止继续调用,这样才能避免死循环。通常求阶乘、排列、组合、最大公约数以及有规律性的数据都可以使用递归调用。

例 2-6:使用递归调用求阶乘。运行界面如图 2-12 所示。其中包括两个标签(Label1 和 Label2),用来显示提示信息"n ="和"n! =";两个文本框(TextBox1 和 TextBox2),分别用来接收 n 的值和显示 n!;一个按钮(Button1),用来计算阶乘。

图 2-12 例 2-6 运行界面

具体代码如下。

```
Private Sub Button1_Click(ByVal sender As System.Object, ByVal e As_
System.EventArgs) Handles Button1.Click
    Dim n As Integer
    Dim Result As Long
    n =Convert.ToInt32(TextBox1.Text)
    Result =Factorial(n)
    TextBox2.Text =Result.ToString
End Sub
Function Factorial(ByVal n As Integer) As Long
    If n =0 Then
        Return 1
```

```
    End If
    Return (n * Factorial(n - 1))
End Function
```

例 2-6 程序的执行结果如图 2-13 所示。

图 2-13　例 2-6 程序的执行结果

下面看一下递归调用是怎样进行的。具体的递归调用过程如图 2-14 所示。

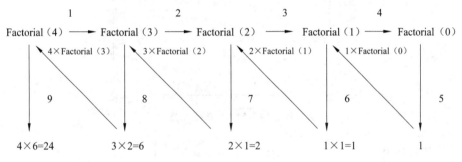

图 2-14　递归调用过程

第一次调用时会调用 Factorial(4)，由于 n 不等于 0，所以进行递归调用变成 4×Factorial(3)，同样 n 还是不等于 0，继续调用，直到调用 Factorial(0)时，Factorial(0)得到的具体值为 1，这时就可以依次用具体值代替对应的函数值，最终得到 Factorial(4)的值为 24。

2.6.3　参数传递

调用程序与被调过程或函数之间传递的参数主要分为两种形式：传值调用和引用调用。

1. 传值调用

传值调用时，调用程序的参数与被调过程或函数的参数占用不同的内存空间，即实参与形参占用不同的内存空间。此时如果被调用的过程或函数的形参在执行过程中有变化，则不会影响到调用程序中实参的值。

传值调用有两种方式。

(1) 方式一：被调用的过程或函数的形参前面用 ByVal 声明，即传值调用。默认情况下，Visual Basic.NET 使用的就是传值调用。

（2）方式二：被调用的过程或函数的形参前面用 ByRef 声明，但是实参是常数或表达式。如果实参是变量，那么该变量必须放在括号内，这样就能将该变量变成表达式。

例 2-7：现有一个过程用来交换两个整数，具体界面如图 2-15 所示。其中包括 2 个组合框（GroupBox1 和 GroupBox2），分别用来显示接收输入数据和显示实参和形参结果的提示信息；6 个标签（Label1～Label6），分别用来显示提示信息；6 个文本框（TextBox1～TextBox6），分别用来接收数据和显示实参和形参的结果；1 个按钮（Button1），用来执行交换。

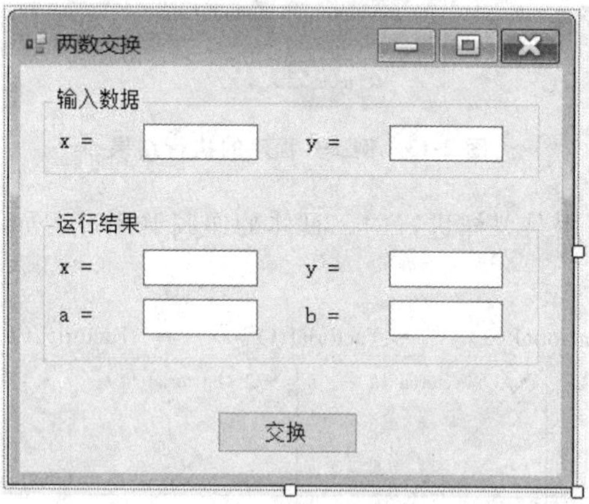

图 2-15 例 2-7 具体界面

具体代码如下。

```
Private Sub Button1_Click(ByVal sender As System.Object, ByVal e As_
System.EventArgs) Handles Button1.Click
    Dim x, y As Integer
    x = Convert.ToInt32(TextBox1.Text)
    y = Convert.ToInt32 (TextBox2.Text)
    Swap(x, y)        '调用 Swap 过程
    TextBox3.Text = x
    TextBox4.Text = y
End Sub
'交换两个数的过程
Sub Swap(ByVal a As Integer, ByVal b As Integer)
    Dim c As Integer
    c = a
    a = b
    b = c
    TextBox5.Text = a.ToString
    TextBox6.Text = b.ToString
End Sub
```

假如输入的两个数分别为 6 和 8，则例 2-7 程序的执行结果（1）如图 2-16 所示。

图 2-16　例 2-7 程序的执行结果(1)

从图 2-16 可以发现最终实参 x、y 的值并没有被交换,只是形参 a、b 的值被交换了,并没有真正实现两个数的交换。这就是前面提到的传值调用时形参的改变并不会影响实参的情况。

2. 引用调用

引用调用时,调用程序的参数与被调过程或函数的参数占用相同的内存空间,即实参与形参占用相同的内存空间。此时如果被调用的过程或函数形参在执行过程中有变化,就会直接改变调用程序中实参的值。进行引用调用时,实参必须是变量,不能为常量或表达式,否则就变成了传值调用。形参必须用 ByRef 声明。

现对例 2-7 的 Swap 过程进行修改,使其变为引用调用。这里需要修改的只是将 ByVal 关键字变为 ByRef 关键字,其他代码不需要进行修改。

具体代码如下。

```
Private Sub Button1_Click(ByVal sender As System.Object, ByVal e As_
System.EventArgs) Handles Button1.Click
    Dim x, y As Integer
    x = Convert.ToInt32(TextBox1.Text)
    y = Convert.ToInt32(TextBox2.Text)
    Swap(x, y)        '调用 Swap 过程
    TextBox3.Text = x
    TextBox4.Text = y
End Sub
'交换两个数的过程
Sub Swap(ByRef a As Integer, ByRef b As Integer)
    Dim c As Integer
    c = a
    a = b
    b = c
    TextBox5.Text = a.ToString
    TextBox6.Text = b.ToString
End Sub
```

这时如果还是输入 6 和 8，则例 2-7 程序的执行结果（2）如图 2-17 所示。

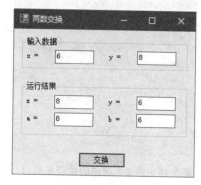

图 2-17　例 2-7 程序的执行结果（2）

从图 2-17 中可以看到实参和形参的值都被交换了，这就是由于实参和形参占用相同的内存空间，参数值会同时发生变化的情况。使用引用调用最终实现了两个参数的交换。

2.6.4　变量的作用域

变量在不同的级别中声明，就会有不同的作用域和生存期，这里所说的作用域是指变量有效的范围，作用域的不同也决定了变量的不同生存期。一般来说，变量的级别由高到低可分为模块（或者类）、过程（或函数）以及语句块 3 种。在模块级别声明的变量，作用域可以覆盖过程（或函数）或者语句块。在语句块内部声明的变量，如果其名称与模块中声明的变量同名，那么二者在内存中占用的位置不同，彼此独立不相关。在语句块内使用该变量时，使用的是在语句块内声明的变量，而不是在模块内声明的变量。不同级别变量的作用域见表 2-7。

表 2-7　不同级别变量的作用域

级　别	关键字	作 用 域	生 存 周 期
模块（Module） 类（Class）	Public	整个应用程序	应用程序结束或者所属对象被释放
	Dim	同一模块或类中	
	Private		
过程（Sub）或者 函数（Function）	Static	过程或函数内	该过程结束
	Dim		
语句块（For、Do、If）	Dim	声明该变量的语句块	语句块结束

例 2-8：同一类模块中的变量与语句块中的变量具有相同的变量名，现假设变量名为 x。具体代码如下。

```
1. Public Class Form1
2.    Dim x As Integer =10
3.    Private Sub Form1_Load(ByVal sender As Object, ByVal e As _
        System.EventArgs) Handles Me.Load
4.       If x >5 Then
5.          Dim x As Integer =  3
6.          Label1.Text ="语句块中 x=" & x.ToString
7.       End If
8.       Label2.Text ="类模块中 x=" & x.ToString
9.    End Sub
10. End Class
```

左侧标注：类模块级变量；右侧标注（第4—7行）：语句块级变量

例 2-8 程序的执行结果如图 2-18 所示。

在这段代码中,第 2 行首先声明了一个类模块级的变量 x,并且其初值为 10。第 4 行由于没有声明变量 x,因此此处 x 为类模块级的变量。第 5 行又声明了 If 语句块中的变量 x,它与第 2 行的变量 x 同名,但是在内存中占用不同的位置,二者没有任何关系。第 6 行的语句处于 If 语句块中,因此这里的 x 指的是语句块变量 x,所以它的值为 3。第 8 行语句不在 If 语句块中,因此这里的 x 指的是类模块级变量 x,所以它的值为 10。

图 2-18　例 2-8 程序的执行结果

例 2-9：Static 变量的作用域。

```
1. Public Class Form1
2.    Dim x As Integer =10
3.    Private Sub Form1_ Load (ByVal sender As _ Object, ByVal e As System.
        EventArgs) Handles Me.Load
4.       Test()
5.       Test()
6.    End Sub
7.    Sub Test()
8.       Dim x As Integer =3
9.       Static y As Integer =3
10.      x *=2
11.      y *=2
12.      Label1.Text &="x =" & x & ", y=" & y & Environment.NewLine
13.   End Sub
14. End Class
```

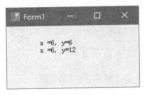

图 2-19　例 2-9 程序的执行结果

例 2-9 程序的执行结果如图 2-19 所示。

在这段代码中,对变量的声明是从第 8 行开始的,第 8 行声明了一个过程级的变量 x。第 9 行声明了一个过程级的静态变量 y。看一下调用这个过程(Test)的第 4 行和第 5 行语句,第 4 行语句第一次调用 Test 过程,由于 x 是过程级的变量,当过程执行完该变量就会被释放。但是,由于 y 是静态变量,所以即使过程执行完,该变量占用的内存空间也不会被释放,并且仍然保持值为 6。接下来执行第 5 行代码,也就是第二次调用 Test 过程时,x 的初值是 3,y 的初值是 6,因此经过第二次调用,x 的值变为 6,y 的值变为 12。

2.7 Visual Basic.NET 的常用函数

这里所说的常用函数是由 Visual Basic.NET 系统提供的,也称为公共函数。由于每个函数都有某个特定的功能,可以在任何程序中直接调用。现介绍类型转换函数、字符串处理函数、数值函数、数学运算函数、日期函数、InputBox()函数。

1. 类型转换函数

Visual Basic.NET 提供了几种转换函数,每个函数都可以强制将一个表达式转换成某种特定的数据类型。常用的类型转换函数见表 2-8。

表 2-8 常用的类型转换函数

类型转换函数	说 明	举 例
CBool(表达式)	将逻辑表达式或算术表达式的结果转换为 Boolean 数据类型(True 或 False)	CBool(1) '结果为 True
CByte(x)	返回 x 的整数部分,小数第一位四舍五入。返回值的数据类型为 Byte	CByte(5.5) '结果为 6,个位为奇数进位 CByte(4.5) '结果为 4,个位为偶数不进位 CByte(4.6) '结果为 5
CChar(str)	返回字符串 str 中的第一个字符。返回值的数据类型为 Char	CChar("Hello World") '结果为 "H"
CDate(str)	将字符串数据转换为 Date 数据类型。字符串数据要符合日期格式	CDate("#1/1/2008#") '结果为 2008-1-1 CDate("abcd") '错误,不是日期格式
CDbl(x)	将数值 x 转换成 Double 数据类型	CDbl(2.3*3.5) '结果为 8.05
CDec(x)	将数值 x 转换成 Decimal 数据类型	CDec(2.3*3.5) '结果为 8.05
CInt(x)	返回 x 的整数部分,小数第一位四舍五入。返回值的数据类型为 Integer	CInt(5.5) '结果为 6,个位为奇数进位 CInt(4.5) '结果为 4,个位为偶数不进位 CInt(4.6) '结果为 5
CShort(x)	返回 x 的整数部分,小数第一位四舍五入。返回值的数据类型为 Short	CShort(5.5) '结果为 6,个位为奇数进位 CShort(4.5) '结果为 4,个位为偶数不进位 CShort(4.6) '结果为 5
CLng(x)	返回 x 的整数部分,小数第一位四舍五入。返回值的数据类型为 Long	CLng(5.5) '结果为 6,个位为奇数进位 CLng(4.5) '结果为 4,个位为偶数不进位 CLng(4.6) '结果为 5
CSng(x)	将数值 x 转换成 Single 数据类型	CSng(2) '结果为 2.0
CStr(x)	将数值 x 转换成 String 数据类型	CStr(123.5) '结果为 "123.5"

第章 Visual Basic.NET 程序设计基础

续表

类型转换函数	说　明	举　例
CObj(x)	将任何数据类型转换成 Object 数据类型	CObj(123 & "45") '结果为"12345"
Val(x)	将具有字符串类型的数值(字母)转换成数值数据类型	Val(123) '结果为 123 Val(12 3) '结果为 123,将空格删除再转换 Val(123a5) '结果为 123,只取前面的数字部分
CType(x,y)	将指定的变量 x 转换为数据类型 y。被转换的变量必须对目的数据类型是有效的,否则会出错	CType(123,String) '结果为"123" CType(2,Single) '结果为 2.0

2. 字符串处理函数

字符串处理函数用于进行字符串处理。常用的字符串处理函数见表 2-9。

表 2-9　常用的字符串处理函数

字符串处理函数	说　明	举　例
LTrim(字符串)	去掉字符串左边的空格,返回值为字符串	LTrim("　Good") '结果为"Good"
RTrim(字符串)	去掉字符串右边的空格,返回值为字符串	RTrim("Good　") '结果为"Good"
Trim(字符串)	去掉字符串前后的空格,返回值为字符串	Trim("　Good　") '结果为"Good"
Left(字符串,长度)	从字符串左边取指定长度的字符,返回值为字符串	Left("Good",2) '结果为"Go"
Right(字符串,长度)	从字符串右边取指定长度的字符,返回值为字符串	Right("Good", 2) '结果为"od"
Mid(字符串,起始位置[,长度])	从起始位置取指定长度的字符,返回值为字符串	Mid("Good",2,2) '结果为"oo"
InStr([起始位置,]字符串 1,字符串 2[,字符串比较])	字符串 2 在字符串 1 中最先出现的位置,返回值为整数	InStr("Good", "o") '结果为 2
Len(字符串)	字符串长度,返回值为整数	Len("Good") '结果为 4
String(长度,字符)	重复数个字符,返回值为字符串	String(4, "&") '结果为"&&&&"
Space(长度)	插入数个空格,返回值为字符串	"Good" & Space(1) & "Girl" '结果为"Good Girl"
LCase(字符串)	将字符串转换成小写字符串,返回值为字符串	LCase("Good") '结果为"good"
UCase(字符串)	将字符串转换成大写字符串,返回值为字符串	UCase("Good") '结果为"GOOD"

续表

字符串处理函数	说明	举例
StrComp(字符串 1,字符串 2[,比较])	对字符串 1 和字符串 2 进行比较，如果比较＝0,表示区分大小写；如果比较＝1,表示不区分大小写，返回值为整数。 字符串 1>字符串 2,返回 1； 字符串 1＜字符串 2,返回－1； 字符串 1＝字符串 2,返回 0	StrComp("Good","good") '结果为－1

3. 数值函数

Visual Basic.NET 提供了一些关于数值变换的函数，这里只列出部分常用的数值函数，见表 2-10。

表 2-10 常用的数值函数

数值函数	说明	举例
Fix(x)	返回 x 的整数部分，小数部分无条件舍去	Fix(5.9) '结果为 5 Fix(－5.9) '结果为－5
Int(x)	返回小于或等于 x 的最大整数	Int(5.9) '结果为 5 Int(－5.9) '结果为－6
IsNumeric(表达式)	如果表达式为数值数据或数值字符串时，则返回 True,否则返回 False	IsNumeric(12) '结果为 True IsNumeric("12") '结果为 True IsNumeric("12Good") '结果为 False
Rnd([数字])	产生 0~1(包含 0)的单精度数值	Rnd() '产生 0~1 的随机数 CInt(Int((上限－下限＋1)*Rnd()＋下限)) '产生上限~下限的随机数
Randomize()	使用 Rnd 函数前，先把此函数当作随机数产生器种子。如果不在 Rnd 函数之前使用此函数，那么每次执行 Rnd 函数，都会得到相同顺序的随机数	Randomize() '产生随机数产生器种子

4. 数学运算函数

Visual Basic.NET 提供了许多关于数学运算的函数，如果需要大量调用数学运算函数，就需要使用 Imports System.Math 语句引入 Math 类，这样在使用时只要写具体的函数名即可。常用的数学运算函数见表 2-11。

表 2-11 常用的数学运算函数

数学运算函数	说　　明	举　　例
Sign(x)	判断数值 x 的正负： 如果 x>0，返回值为 1； 如果 x=0，返回值为 0； 如果 x<0，返回值为-1	Sign(3)　'结果为 1 Sign(0)　'结果为 0 Sign(-3)　'结果为-1
Floor(x)	返回小于或者等于 x 的最大整数	Floor(3.3)　'结果为 3
Ceiling(x)	返回大于或者等于 x 的最小整数	Ceiling(3.3)　'结果为 4
Round(x)	返回数值 x 的整数部分，小数第一位四舍五入	Round(5.5)　'结果为 6，个位为奇数进位 Round(4.5)　'结果为 4，个位为偶数不进位
Abs(x)	返回数值 x 的绝对值	Abs(3.1)　'结果为 3.1 Abs(-3.1)　'结果为 3.1
Sqrt(x)	返回数值 x 的平方根	Sqrt(9)　'结果为 3
Pow(x,y)	返回数值 x 的 y 次方	Pow(2,3)　'结果为 8
Sin(x)	返回数值 x 的正弦值，x 是一个弧度	Sin(0.5)　'结果为 0.479425538604203
Cos(x)	返回数值 x 的余弦值	Cos(0.5)　'结果为 0.87758256189037276
Tan(x)	返回数值 x 的正切值	Tan(0.5)　'结果为 0.54630248984379048
Max(x,y)	返回数值 x 和数值 y 中的最大值	Max(2,3)　'结果为 3
Min(x,y)	返回数值 x 和数值 y 中的最小值	Min(2,3)　'结果为 2

5．日期函数

日期函数用于进行日期和时间的处理。这里只列出一些常用的日期函数，见表 2-12。

表 2-12 常用的日期函数

日期函数	说　　明	举　　例
Day(日期)	返回日期	Day(#1/1/2019#)　'结果为 1
Month(日期)	返回月份	Month(#2/1/2019#)　'结果为 2
Year(日期)	返回年份	Year(#1/1/2019#)　'结果为 2019
WeekDay(日期)	返回日期是星期几，1~7 分别代表星期日~星期六	WeekDay(#1/1/2019#)　'结果为 3，表示这天是星期二
TimeOfDay	返回当前的系统时间	TimeOfDay　'结果为系统时间
Now	返回当前的系统日期和时间	Now　'结果为系统日期和时间
Hour(时间)	返回时间的钟点，值为 0~23 的整数	Hour(#3:30:10 PM#)　'结果为 15

续表

日期函数	说明	举例
Minute(时间)	返回时间的分钟,值为0~59的整数	Minute(#3：30：10 PM#) '结果为30
Second(时间)	返回时间的秒钟,值为0~59的整数	Second(#3：30：10 PM#) '结果为10

6. InputBox 函数

InputBox 函数是用来接收用户从键盘输入数据的,也称为输入框。

具体语法：

```
InputBox(提示信息,[标题],[默认值],[横坐标],[纵坐标])
```

其中,"提示信息"是必选项,它是字符串类型,允许输入的最多字符数为 1024 个；"标题"是可选项,它是字符串类型,用来显示对话框标题栏的提示信息,如果省略,则"标题"为应用程序的名称；"默认值"是可选项,它是字符串类型,用来显示文本框中的默认信息,如果省略,则文本框中的内容为空；"横坐标"和"纵坐标"是可选项,它们是数值数据类型,通过指定"横坐标"和"纵坐标",可以控制对话框在屏幕左上角的位置。

例如,现有两条这样的语句：

```
Dim x As Integer
x = Val(InputBox("请输入 1~100 的整数", "求最大值", "0", 0, 0))
```

具体的 InputBox 对话框如图 2-20 所示。

图 2-20　InputBox 对话框

在这个简单的例子中,如果写全了所有的参数,这个对话框就会出现在屏幕的左上角。如果省略中间的几项,如省略"标题"和"默认值",那么对应的内容可以省略,但是逗号不能省略。这时 InputBox 语句需要更改为

```
x = Val(InputBox("请输入 1~100 的整数", , , 0, 0))
```

2.8　综合应用实例

假设需要开发一个能够进行成绩的录入和统计的小程序。

具体说明：在每门课程考试结束后,教师都需要对学生成绩进行录入和统计,需要统

计出最高分、最低分、平均分以及各个分数段的人数(90 分以上、80～89 分、70～79 分、60～69 分、0～59 分),并且可以显示所有学生的成绩,这里每个学生的信息都包括学号、姓名和成绩 3 部分。

首先要对程序的界面进行设计。分析题意,可知要有标签用来显示提示信息,有文本框用来统计显示信息,有按钮用来触发成绩的录入、统计和显示。对成绩的输入,用 InputBox 实现,因此对成绩的录入就不会显示在界面上,如图 2-21 所示。

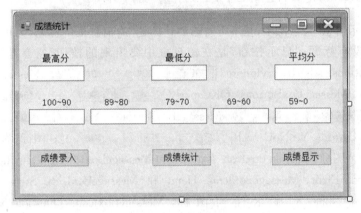

图 2-21 具体界面

各控件的设置见表 2-13。

表 2-13 各控件的设置

类别	Name 属性	Text 属性	类别	Name 属性	Text 属性
窗体	Form1	成绩统计	文本框	txtLow	
标签	Label1	最高分	文本框	txtAverage	
标签	Label2	最低分	文本框	txtLevel1	
标签	Label3	平均分	文本框	txtLevel2	
标签	Label4	100～90	文本框	txtLevel3	
标签	Label5	89～80	文本框	txtLevel4	
标签	Label6	79～70	文本框	txtLevel5	
标签	Label7	69～60	按钮	btnInput	成绩录入
标签	Label8	59～0	按钮	btnScore	成绩统计
文本框	txtHigh		按钮	btnShow	成绩显示

下面具体分析程序的执行过程。

由于需要录入的内容包括学生的学号、姓名和成绩 3 个部分,为了方便起见,可以使用结构存放学生的信息,而且由于需要录入多个学生的信息,因此需要使用结构数组。

当单击"成绩录入"按钮时,通过 InputBox 录入学生的学号、姓名、成绩,在输入学生的学号、姓名和成绩之前先输入学生的数量,这样就可以在每次运行时输入不同的学生成绩;当单击"成绩统计"按钮时,对成绩进行统计;当单击"成绩显示"按钮时,弹出一个消息对话框,显示学生的学号、姓名和成绩的列表。

这里首先介绍一下 MessageBox.Show 方法。

具体语法如下。

```
MessagBox.Show(提示信息[,标题[,显示按钮[,图标[,缺省按钮]]]])
```

其中,"提示信息"为字符串,是不可省略的;"标题"为消息框的标题,为可选项,如果不写,则消息框没有标题;"显示按钮"是在消息框中要出现的按钮,它有 6 个值,分别为 MessageBoxButtons.AbortRetryIgnore(终止(A) 重试(R) 忽略(I))、MessageBoxButtons.OK(确定)、MessageBoxButtons.OKCancel(确定 取消)、MessageBoxButtons.RetryCancel(重试(R) 取消)、MessageBoxButtons.YesNo(是(Y) 否(N)) 和 MessageBoxButtons.YesNoCancel(是(Y) 否(N) 取消);"图标"为可选项,共有 9 个值,对应 4 个图标,MessageBoxIcon.Asterisk 和 MessageBoxIcon.Exclamation 对应于 ⓘ,MessageBoxIcon.Error、MessageBoxIcon.Hand 和 MessageBoxIcon.Stop 对应于 ⊗,MessageBoxIcon.None 不显示任何图标,MessageBoxIcon.Question 对应于 ❓,MessageBoxIcon.Exclamation 和 MessageBoxIcon.Warning 对应于 ⚠;"默认按钮"为可选项,它有 3 个值:MessageBoxDefaultButton.Button1、MessageBoxDefaultButton.Button2 和 MessageBoxDefaultButton.Button3,用来表示第几个按钮处于选中状态,可以响应回车事件。

为了提高程序的可读性,可以把求最高分、最低分、平均分、对各分数段人数的统计以及成绩显示编写成函数或过程,这样在用的时候只要调用该函数或过程就可以了。

具体代码如下。

```
Public Class Form1
    Structure Student    '创建学生信息数组
        Dim StuNo As String     '学号
        Dim Name As String      '姓名
        Dim Score As Integer    '成绩
    End Structure
    Dim b() As Student
    '计算最高分
    Function Highest(ByVal a() As Student) As Integer
        Dim x As Student
        Dim y As Integer
        For Each x In a
            If x.Score >= y Then
                y = x.Score
            End If
        Next
        Return y
    End Function
    '计算最低分
```

```vb
Function Lowest(ByVal a() As Student) As Integer
    Dim x As Student
    Dim y As Integer
    y = a(0).Score
    For Each x In a
        If x.Score <= y Then
            y = x.Score
        End If
    Next
    Return y
End Function
'计算平均分
Function Average(ByVal a() As Student) As Double
    Dim x As Student
    Dim y As Double
    For Each x In a
        y += x.Score
    Next
    Return y / a.Length
End Function
'计算90分以上的人数
Function Level1(ByVal a() As Student) As Integer
    Dim x As Student
    Dim count As Integer
    For Each x In a
        If x.Score >= 90 Then
            count += 1
        End If
    Next
    Return count
End Function
'计算89～80分的人数
Function Level2(ByVal a() As Student) As Integer
    Dim x As Student
    Dim count As Integer
    For Each x In a
        If x.Score >= 80 And x.Score <= 89 Then
            count += 1
        End If
    Next
    Return count
End Function
'计算79～70分的人数
Function Level3(ByVal a() As Student) As Integer
    Dim x As Student
    Dim count As Integer
    For Each x In a
        If x.Score >= 70 And x.Score <= 79 Then
```

```
                count += 1
            End If
        Next
        Return count
    End Function
    '计算 69~60 分的人数
    Function Level4(ByVal a() As Student) As Integer
        Dim x As Student
        Dim count As Integer
        For Each x In a
            If x.Score >= 60 And x.Score <= 69 Then
                count += 1
            End If
        Next
        Return count
    End Function
    '计算 59~0 分的人数
    Function Level5(ByVal a() As Student) As Integer
        Dim x As Student
        Dim count As Integer
        For Each x In a
            If x.Score >= 0 And x.Score <= 59 Then
                count += 1
            End If
        Next
        Return count
    End Function
    '成绩显示
    Sub ShowStudent(ByVal a() As Student)
        Dim x As Student
        '显示标题头,并回车换行
        Dim str As String ="学号 姓名 成绩" & Environment.NewLine
        '每添加一条学生信息后就回车换行
        For Each x In a
            str &= x.StuNo & " " & x.Name & "       " & x.Score & Environment.NewLine
        Next
        MessageBox.Show(str, "学成成绩")
    End Sub
    '统计学生成绩
    Private Sub btnScore_Click(ByVal sender As System.Object, ByVal e As _
    System.EventArgs) Handles btnScore.Click
        txtHigh.Text = Highest(b)        '显示最高分
        txtLow.Text = Lowest(b)          '显示最低分
        txtAverage.Text = Average(b)     '显示平均分
        txtLevel1.Text = Level1(b)       '显示 90 分以上的人数
        txtLevel2.Text = Level2(b)       '显示 89~80 分的人数
        txtLevel3.Text = Level3(b)       '显示 79~70 分的人数
        txtLevel4.Text = Level4(b)       '显示 69~60 分的人数
        txtLevel5.Text = Level5(b)       '显示 59~0 分的人数
```

```
    End Sub
'显示学生成绩
Private Sub btnPrint_Click(ByVal sender As System.Object, ByVal e As_
System.EventArgs) Handles btnPrint.Click
    ShowStudent(b)
End Sub
'对学生信息进行录入
Private Sub btnInput_Click(ByVal sender As System.Object, ByVal e As_
System.EventArgs) Handles btnInput.Click
    Dim n As Integer
    Dim i As Integer
    '确定学生人数
    n = Val(InputBox("请输入学生人数"))
    '确定数组大小
    ReDim b(n - 1)
    '逐个录入学生信息
    For i = 0 To n - 1
        b(i).StuNo = InputBox("请输入第" & i + 1 & "个学生的学号")
        b(i).Name = InputBox("请输入第" & i + 1 & "个学生的姓名")
        b(i).Score = Val(InputBox("请输入第" & i + 1 & "个学生的成绩"))
    Next
End Sub
End Class
```

综合应用实例程序执行结果如图 2-22 所示。

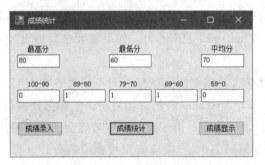

图 2-22 综合应用实例程序执行结果

图 2-22 左侧是输入 3 个学生的基本信息后,单击"成绩统计"按钮后显示的结果。图 2-22 右侧是单击"成绩显示"按钮后按输入顺序显示的学生信息。

2.9 小 结

本章主要介绍了 Visual Basic.NET 的编程基础。任何变量或常量都具有一个特定的数据类型。在编程过程中,为了能够更有效地利用内存空间并提高程序的运行效率,需要为变量或常量指定合理的数据类型。

如果要进行数值运算，就需要考虑是对整数进行运算，还是对实数进行运算？如果是整数运算，可以考虑 Byte、Short、Integer 和 Long；如果是实数运算，则可以考虑 Single、Double 和 Decimal。还应考虑数值的范围是多少，这样就可以根据每种不同的数据类型表达的数值范围进行数据类型的选择了。

如果要进行字符串操作，就需要选择 String；如果要对单个字符进行操作，就需要选择 Char。如果要进行日期操作，就需要选择 Date。如果要进行逻辑判断，就需要选择 Boolean。如果在实际使用前不能确定用哪种数据类型，就需要选择 Object，但是 Object 类型的使用效率较低，在能够确定具体数据类型的情况下尽量不要使用。如果一条信息或记录包含多个字段，就需要使用结构数据类型。如果要定义常量集，如颜色常量、币值大小或单位等，就需要使用枚举数据类型。

此外，在使用变量的时候，是选择使用多个独立变量，还是使用一组相关的变量数组需要进行具体分析，如果需要使用大量的具有相同性质的数据时，就应该选择数组，否则可以使用多个独立的变量。如果在一个表达式中使用多种运算符时，一定要注意运算符的优先级，以免错误使用造成最终的执行结果与我们的初衷不符。

本章中最重要的内容是 Visual Basic.NET 基本语句及语法。Visual Basic.NET 提供了 3 种类型的语句：赋值语句、条件语句和循环语句。这 3 种类型的语句是编写程序的基本组成元素。一般来说，对于复杂一些的程序，需要综合运用这 3 类语句，因此一定要灵活掌握这些语句的语法，清楚在什么情况下使用它们。

如果只是想对一些变量赋值，就需要使用赋值语句。如果要根据不同的条件执行不同的语句块，就需要使用条件语句。如果只有简单的一两个分支可能被执行，就可以使用 If…Then…Else 语句或 If…Then…ElseIF 语句。如果需要选择的分支很多，最好使用 Select Case 语句。

如果要多次执行同一个语句块，就需要使用循环语句。如果要先判断是否可以执行循环体，就需要使用 Do While| Until…Loop 语句。如果不论怎样都要执行一次循环体，就需要使用 Do…While| Until Loop 语句。由于在程序中可能会在多处使用相同的语句块，为了提高程序的可读性，减少编码工作量，需要使用过程或函数。过程和函数的区别在于，它们的关键字不同（过程的关键字为 Sub，函数的关键字为 Function）。过程没有返回值，函数可以有返回值。

为了在调用程序与被调过程或函数之间正确地传递数据，需要对调用方式进行选择，是传值调用（形参用 ByVal 修饰，默认都是此种情况），还是引用调用（形参用 ByRef 修饰）。如果不需要把形参的值传递给实参，就可以选择传值调用；如果需要对实参进行改变，就需要选择引用调用。另外还需要注意的是，在调用程序与被调过程或函数中所使用的实参和形参，在类型、数量和顺序上都要保持一致。

使用变量时需要注意变量的作用域，特别是在不同级别上使用同名变量时更要注意，否则会引起错误。此外，除了自己编写一些过程或函数外，还要充分利用 Visual Basic.NET 提供的函数，这样可以大大减少编程工作量，提高编程效率与程序代码的质量。

练 习 题

1. 下列对变量的命名(　　)是错误的。
   A. Hello　　　　B. _str　　　　C. 2w　　　　D. w_2w
2. 下列对结构的定义(　　)是正确的。
   A. Structure Customer　　　　B. Structure
      End Structure　　　　　　　　　Dim name As String
   　　　　　　　　　　　　　　　　　End Structure
   C. Structure String　　　　　D. Structure Customer
      　Dim name As String　　　　　Dim name As String
      　Dim Telephone As String　　　Dim Telephone As String
      End Structure　　　　　　　　　End Structure
3. 根据下面的代码判断(　　)描述是正确的。

```
Enum Color
  Red
  Green = 3
  Yellow
  Blue = 5
  Pink = 7
  Black
End Enum
```

   A. Color.Red 的值为 1　　　　B. Color.Yellow 的值为 4
   C. Color.Black 的值为 6　　　　D. Color.Black 的值为 7
4. 表达式 3 * (2 + 6 Mod 2 ^ 2) + 12 \ 6 的值是(　　)。
   A. 14　　　　B. 8　　　　C. 10　　　　D. 4
5. 已知 x、y、z 为布尔变量,并且 x = 1,y = 0,z = 0,请写出下列逻辑表达式的值。
   (1) x And y Or Not z
   (2) x + z >= y And x = z
   (3) x Or z + y And x - y
   (4) Not (y + z) And x Or Not x + y
6. 请写出判断 Year 是否为闰年的条件表达式。
   提示:能被 4 整除,但不能被 100 整除的年是闰年;或者既能被 4 整除,又能被 400 整除的年是闰年。
7. 用循环实现 1+3+5+7+⋯ 的和。要求通过 InputBox() 输入需要计算的次数,并在标签中显示具体的计算结果。

8. 使用 Select Case 语句将学生的成绩划分为优、良、中、及格、不及格 5 个等级。其中 90 分以上为优，89～80 分为良，79～70 分为中，69～60 分为及格，低于 60 分为不及格。这里假设学生的成绩都为整数。

9. 求两个整数的最大值。要求分别用过程和函数编写，这两个数由两个文本框输入，当单击按钮后求最大值。

第 3 章 Visual Basic.NET 窗体与控件

3.1 窗体的基本属性、方法和事件

Windows 窗体是 Visual Basic.NET 应用程序的基本构造，也是与用户进行交互的实际窗口。窗体通过其自身的属性、方法和事件控制窗体的外观和行为。窗体本身也是一个容器，可以把各种控件放入其中实现复杂的功能。

对于窗体来说，每个窗体都必须有唯一的窗体名称。默认情况下，创建的窗体会根据 Form1、Form2、Form3、…、Formn 的顺序命名，表示创建的是哪个窗体。在实际应用中，为了能够通过窗体的名称知道这个窗体主要用来做什么，通常采取 3 个字母的缩写（frm）加实际意义的名称组成（首字母大写），如创建一个登录窗体，可以将其命名为 frmLogin。

在 Visual Studio 2017 中创建一个 Windows 应用程序很简单，第 1 章中已经介绍过如何创建一个 Windows 应用程序，这里创建一个名为 MyForm 的项目。

具体方法：选择"文件"→"新建项目"命令，然后从弹出的"新建项目"对话框中选择"Windows 窗体应用(.NET Framework)"，在项目的名称处输入"MyForm"，然后单击"确定"按钮，就创建了一个空白的 Windows 窗体（默认名称 Form1），当按 F5 键时，这个窗体可以运行，如图 3-1 所示。

从图 3-1 中可以看到，除了这个窗体上没有任何控件外，它与其他 Windows 的标准窗体都一样，具有标题栏、最小化按钮、最大化按钮、关闭按钮以及系统菜单，单击窗体左上角的系统菜单图标 时，弹出的菜单如图 3-2 所示。

图 3-1 空白窗体界面

图 3-2 窗体的系统菜单

3.1.1 窗体的属性与方法

1. 窗体的属性

可以通过窗体的属性设置或改变窗体的外观和功能,如可以设置窗体的背景色。对窗体的属性设置可以在设计时通过属性窗口进行或者通过代码在运行时进行。

窗体的属性很多,共有 50 多种,对于用户来说,完全记住这些属性是不可能,也是没有必要的,那么,如何知道每个属性分别做什么呢?除了通过 MSDN 的帮助信息外,我们在设计或编写代码时也都可以了解每个属性的大概情况。

1) 设计时了解属性

每个属性的名称都与其具体的意义对应,当选中一个属性时,在属性窗口下方就会出现关于该属性的简短描述,可以通过这个描述确定这个属性是不是用户想要的。

可以通过两种方式查找属性:按分类查找和按字母顺序查找。Visual Studio 2017 提供了两种属性的显示方式,即按分类顺序显示和按字母顺序显示,如图 3-3 和图 3-4 所示。

大家可以根据各自的习惯选择属性的显示方式。

2) 编码时了解属性

可以在代码编辑窗口中,在需要使用属性的地方输入"me.",这时会弹出如图 3-5 所示的一个列表框,其中名称前面带有 🔧 图标的就表示它是一个属性,当选中一个属性后会有相应的简短描述弹出,如图 3-6 所示。

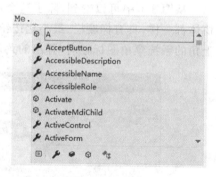

图 3-3　按分类顺序显示属性　　图 3-4　按字母顺序显示属性　　图 3-5　窗体包含的属性和方法列表

这里以字母排列的顺序介绍一些常用的窗体属性,见表 3-1。

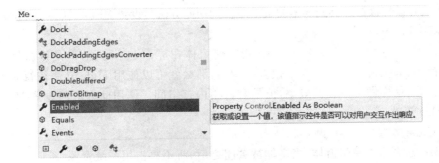

图 3-6 对属性的简单描述

表 3-1 常用窗体属性

属性名称	说　明
BackColor	属性值为 Color 类型,用于获取或设置窗体的背景色
BackgroundImage	属性值为 Image 类型,用于获取或设置窗体中显示的背景图像
ContextMenu	设置窗体显示的上下文菜单
Enable	获取或设置窗体是否可用。默认值为 True 表示可用,为 False 表示不可用
Font	用户获取或设置显示的文字字体。它有若干个属性,包括: Name,获取字体的名称;Size,获取字体的大小;Unit,获取字体的度量单位;Bold 获取字体是否为粗体;Italic,获取字体是否为斜体;Strikeout,获取字体是否有贯穿的横线;Underline,获取字体是否有下画线
ForeColor	属性值为 Color 类型。用户获取或设置窗体的前景色
Location	属性值为 Point 类型。用于获取或设置窗体左上角在桌面上的坐标。它有 X 和 Y 两个值,表示窗体左上角的坐标。默认值为坐标原点(0,0)
MaximizeBox	用于设置在窗体的标题栏中是否显示最大化按钮
MinimizeBox	用于设置在窗体的标题栏中是否显示最小化按钮
Text	设置在窗体标题栏中显示的标题
WindowState	用于获取或设置窗体的窗口状态。它有 3 个值:Normal、Minimized 和 Maximized,分别表示正常显示窗体的大小、最小化显示窗体和最大化显示窗体

2. 窗体的方法

窗体的方法共有 18 种,使用这些方法可以完成窗体的各种复杂操作,那么,在编写代码的时候怎样才能知道哪些是对象的方法呢?

可以在代码中输入对象的名称,然后输入".",在弹出的列表框中通过图标找到方法,如果列表的左侧出现 ◆ 图标,就表示它是一个方法。

这里只介绍 4 个常用的方法:Show()、Hide()、Close() 和 SetBounds()。

1) Show() 方法

Show 方法可以用来显示窗体,如果窗体已经加载到内存,就直接显示;如果窗体没有被加载到内存,就先加载然后再显示。如果一个窗体被叠放在其他窗体之下,那么调用

Show 方法可以将该窗体移到屏幕的最上层。调用此方法与设置 Visible 属性为 True 等效。

2）Hide()方法

Hide 方法与 Show 方法是相对的，用它使窗体在屏幕上不可见，但是该窗体还是存在于内存中，如果说一个窗体需要被多次调用，那么就可以使用 Hide 方法在暂时不需要时将其隐藏，这样做可以提高效率，但是会占用内存空间。调用此方法与设置 Visible 属性为 False 等效。

3）Close()方法

Close 方法用来关闭窗体，当窗体被关闭之后，将不再占用系统资源。

4）SetBounds()方法

SetBounds 方法用来指定窗体的位置和大小，它包含 4 个参数，依次为 X 坐标、Y 坐标、窗体的宽度及窗体的高度。

例 3-1：Show、Hide、Close 和 SetBounds 方法的调用。

首先选择"文件"→"新建项目"命令，在弹出的"新建项目"对话框中选择"Windows 窗体应用(.NET Framework)"，名称采用默认名称，在窗体上再添加 4 个按钮，具体界面如图 3-7 所示。

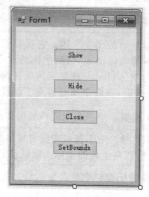

图 3-7　具体界面

窗体中控件的属性设置见表 3-2。

表 3-2　控件的属性设置

类型	Name 属性	Text 属性
按钮	btnShow	Show
	btnHide	Hide
	btnClose	Close
	btnSetBounds	SetBounds

然后在"解决方案资源管理器"中的项目名称上右击，从弹出的菜单中选择"添加"→"Windows 窗体"，这时会弹出"添加新项"对话框，保持窗体的默认名称，单击"确定"按钮，这时窗体中就会添加一个新窗体，接下来就需要添加具体的程序代码了。

选择"视图"→"代码"命令，打开窗体的代码编辑窗口，如图 3-8 所示。

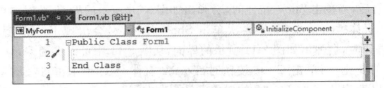

图 3-8　窗体的代码编辑窗口

首先,在 Form1 的 Class 框架内添加一行代码:

```
Dim frm2 As New Form2
```

然后,在左侧的组合框中选择具体的控件对象,在右侧的组合框中选择 Click 事件,在系统创建好的事件框架中添加几行简单的代码,具体代码如下。

```
Public Class Form1
    Dim frm2 As New Form2                '添加代码,声明一个 Form2 类型的对象 frm2
    Private Sub btnShow_Click(ByVal sender As Object, ByVal e As_
System.EventArgs) Handles btnShow.Click
        frm2.Show()                      '添加代码,调用 frm2 的 Show 方法
    End Sub
    Private Sub btnHide_Click(ByVal sender As Object, ByVal e As_
System.EventArgs) Handles btnHide.Click
        frm2.Hide()                      '添加代码,调用 frm2 的 Hide 方法
    End Sub
    Private Sub btnClose_Click(ByVal sender As Object, ByVal e As_
System.EventArgs) Handles btnClose.Click
        frm2.Close()                     '添加代码,调用 frm2 的 Close 方法
    End Sub
    Private Sub btnSetBounds_Click(ByVal sender As Object, ByVal e As_
System.EventArgs) Handles btnSetBounds.Click
        frm2.SetBounds(200, 200, 50, 50) '添加代码,调用 frm2 的 SetBounds 方法
    End Sub
End Class
```

代码编写完毕后就可以运行了,按 F5 键,具体界面如图 3-9~图 3-11 所示。

图 3-9　运行界面
　　　　初始界面

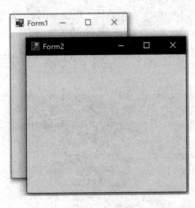

图 3-10　单击 Show 按钮的结果

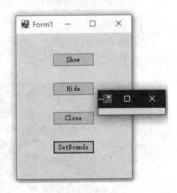

图 3-11　单击 SetBounds
　　　　按钮的结果

程序运行后,当单击 Show 按钮时,会弹出如图 3-10 所示的界面,此时如果单击 Hide 按钮,Form2 窗体就会消失,如果再次单击 Show 按钮,又会出现 Form2 窗体;当单击 SetBounds 按钮时,会弹出如图 3-11 所示的界面,从图 3-11 中可以看到 Form2 的位置和大小所发生的变化,当单击 Close 按钮时,Form2 窗体会关闭,再单击 Show 按钮显示 Form2 就会出错,因为此时 Form2 的对象已经不存在了。

3.1.2 窗体的事件

窗体的事件可以理解为窗体对外界采取的动作所做出的反应。例如,在窗体上单击,会触发窗体的 Click 事件。窗体的事件有很多,这里只介绍 4 个常用的事件:Load、Click、FormClosed 和 FormClosing。

1. Load 事件

Load 事件是窗体自动加载事件,它是在第一次显示窗体前由应用程序自己触发的。通常,可以在 Load 事件中对属性和变量进行初始化,即使不编写任何 Load 事件代码,该事件也同样会发生,只不过这种情况下不执行任何操作而已。

2. Click 事件

Click 事件是鼠标单击事件。窗体的 Click 事件是指在窗体上,而不是在窗体的其他控件上单击而触发的事件。

3. FormClosed 事件

在用户或 Application 类的 Close 方法或 Exit 方法关闭窗体后,会发生 FormClosed 事件,该事件发生在 FormClosing 事件之后。

4. FormClosing 事件

在窗体关闭时,发生 FormClosing 事件,且此事件会得到处理,从而释放与此窗体关联的所有资源。如果取消此事件,则该窗体保持打开状态,若要取消窗体的关闭操作,可将传递给事件处理程序的 FormClosingEventArgs 的 Cancel 属性设置为 True。

例 3-2:FormClosed 事件与 FormClosing 事件的发生顺序。

在例 3-1 的基础上,为 Form1 添加 FormClosed 和 FormClosing 事件处理代码,具体代码如下。

```
Private Sub Form1_FormClosed(ByVal sender As Object, ByVal e As _
System.Windows.Forms.FormClosedEventArgs) Handles Me.FormClosed
    MessageBox.Show("FormClosed!")
End Sub
Private Sub Form1_FormClosing(ByVal sender As Object, ByVal e As _
System.Windows.Forms.FormClosingEventArgs) Handles Me.FormClosing
    Dim X As DialogResult
```

```
        X = MessageBox.Show("你要关闭窗体吗?", "注意", MessageBoxButtons.OKCancel, _
                    MessageBoxIcon.Question)
        If X = Windows.Forms.DialogResult.Cancel Then '判定是否单击"取消"按钮
            e.Cancel = True
        Else
            MessageBox.Show("FormClosing!")
        End If
End Sub
```

运行后，当单击按钮时，会弹出如图 3-12 所示的询问对话框。

如果单击"取消"按钮，Form1 仍然保持打开状态；如果单击"确定"按钮，会依次弹出如图 3-13 所示的两个对话框。

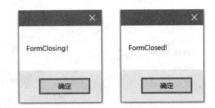

图 3-12　询问对话框　　　图 3-13　FormClosing 事件较 FormClosed 事件先发生

从图 3-13 中这两个消息对话框出现的先后顺序，很容易得到这两个事件的触发顺序。

3.1.3　窗体的启动

当项目中包含多个窗体时，默认情况下只会启动第一个窗体，后续添加的窗体不会被自动启动。那么，如果想运行其他窗体时应该怎么办呢？这时需要对启动窗体进行设置，具体步骤如下。

（1）在"解决方案资源管理器"中的项目名称上右击，从弹出的快捷菜单中选择"属性"命令就会打开项目的属性页面，具体界面如图 3-14 所示。

（2）从"启动窗体"下拉列表中选择窗体名称即可，当对启动窗体设置之后，再运行应用程序，会从所设定的窗体开始运行。

3.1.4　鼠标与键盘事件

鼠标和键盘都是 Windows 环境中的主要输入设备。在程序中有时也需要对鼠标和键盘的动作做出响应，这就需要了解鼠标和键盘的一些事件。鼠标和键盘事件虽然放在窗体的事件中介绍，但是这里介绍的鼠标和键盘事件不仅适用于窗体，其他控件也同样适用。

1．鼠标事件

在 Windows 环境下使用鼠标可以很轻易地点取各种选项、按钮，移动对象的图标和

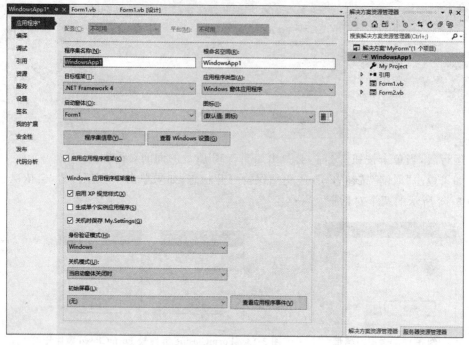

图 3-14 项目属性页面

插入点，编辑文档或者执行各种应用程序，所有这些动作都可由鼠标事件处理。Visual Studio 2017 中共有 10 个鼠标事件，见表 3-3。

表 3-3 鼠标事件

事件名称	说 明
MouseCaptureChanged	当控件失去鼠标捕获时触发该事件
MouseClick	在控件上单击鼠标
MouseDoubleClick	在控件上双击鼠标
MouseDown	在控件上检测到有鼠标被按住
MouseEnter	鼠标指针进入控件的范围内触发该事件
MouseHover	鼠标指针停留在控件上触发该事件
MouseLeave	鼠标指针离开控件时触发该事件
MouseMove	在控件上检测到鼠标指针正在移动
MouseUp	在控件上检测到已按住的鼠标键被放开
MouseWheel	在移动鼠标轮并且控件有焦点时触发

表 3-3 中后面 7 个事件的发生是按一定顺序触发的，发生的先后顺序依次为：MouseEnter → MouseMove → MouseHover/MouseDown/MouseWheel → MouseUp → MouseLeave。

在 MouseClick、MouseDoubleClick、MouseDown、MouseMove、MouseUp 和 MouseWheel 事件中可以使用 e.Button 检测鼠标按钮是否被按下或放开。

(1) 如果检测到鼠标左键,那么 e.Button = MouseButtons.Left。

(2) 如果检测到鼠标按钮,那么 e.Button = MouseButtons.Middle。

(3) 如果没检测到鼠标按钮,那么 e.Button = MouseButtons.None。

(4) 如果检测到鼠标右键,那么 e.Button = MouseButtons.Right。

(5) 如果检测到智能鼠标的第一个按钮,那么 e.Button = MouseButtons.XButton1。

(6) 如果检测到智能鼠标的第二个按钮,那么 e.Button = MouseButtons.XButton2。

为了确定 MouseClick、MouseDoubleClick、MouseDown、MouseMove、MouseUp 和 MouseWheel 事件中鼠标指针的位置,可以使用 e.X 和 e.Y 获取鼠标的 X 坐标和 Y 坐标;为了确定单击鼠标的次数,可以使用 e.Clicks。

例 3-3: 确定在窗体上双击鼠标的位置以及次数。

首先选择"文件"→"新建项目"命令,在"新建项目"对话框内选择"Windows 窗体应用(.NET Framework)",项目名称命名为 MouseEvent,单击"确定"按钮。

在窗体上添加两个标签(Label1 和 Label2),用来显示双击鼠标的位置和次数,然后编写窗体对象的 MouseDown 事件,具体代码如下。

```
Public Class Form1
    Dim count As Integer
    Private Sub Form1_MouseDown(ByVal sender As Object, ByVal e As _
    System.Windows.Forms.MouseEventArgs) Handles Me.MouseDown
        Label1.Text = "坐标为:(" & e.X.ToString & "," & e.Y.ToString & ")"
        If e.Clicks = 2 Then
            count += 1
            Label2.Text = "双击鼠标次数为:" & count.ToString & "次"
        End If
    End Sub
End Class
```

这段代码中使用 e.X 和 e.Y 获取鼠标指针的位置,使用 e.Clicks 判定是单击,还是双击,并进行统计。

添加完代码后,按 F5 键可看到运行结果,如图 3-15 所示。

2. 键盘事件

在一般的应用程序中,经常通过文本框处理用户由键盘输入的数据,而有时要处理一些较为特殊的按键或者组合按键时,或者要检查到底是哪个键被按下,这时就必须用更直接的方式进行处理。大多数 Windows 窗体程序都通过键盘事件处理键盘

图 3-15 运行界面

输入或按键。Visual Basic.NET 提供的键盘事件共有 3 个,即 KeyDown、KeyPress 和 KeyUp。其中,KeyDown 和 KeyUp 事件过程能处理 KeyPress 事件无法处理的按键,如

功能键、编辑键和组合键,这 3 个事件的发生顺序为 KeyDown→KeyPress→KeyUp。

1) KeyDown 事件

当用户按下键盘按键不放的时候,会触发 KeyDown 事件。

在 KeyDown 事件过程中,如果按下的键能被检测到,就表示该键具有键盘扫描码(KeyCode),可以通过表 3-4 所示的属性获取按键的相关信息。

表 3-4 获取按键信息的相关属性

属 性	说 明
e. Alt	获取一个值,该值指示是否曾按下 Alt 键
e. Control	获取一个值,该值指示是否曾按下 Control 键
e. Handled	获取或设置一个值,该值指示是否处理过此事件
e. KeyCode	获取 KeyDown 或 KeyUp 事件的键盘代码
e. KeyData	获取 KeyDown 或 KeyUp 事件的键数据
e. KeyValue	获取 KeyDown 或 KeyUp 事件的键盘值
e. Modifiers	获取 KeyDown 或 KeyUp 事件的修饰符标志。这些标志指示按下的 Ctrl、Shift 和 Alt 键的组合
e. Shift	获取一个值,该值指示是否曾按下 Shift 键
e. SuppresskeyPress	获取或设置一个值,该值指示键事件是否应传递到基础控件。如果键事件不应该发送到该控件,则为 True;否则为 False

例 3-4:如果按下字母 A~Z 的同时也按下了 Shift 键,就显示大写英文字母,否则显示小写英文字母。

首先选择"文件"→"新建项目"命令,在"新建项目"对话框内选择"Windows 窗体应用(. NET Framework)",项目名称命名为 KeyDown,单击"确定"按钮。

在 Form1 上添加一个标签(Label1),并将 Label1 的 Text 属性设置为空,然后编写窗体对象的 MouseDown 事件,具体代码如下。

```
Public Class Form1
    Private Sub Form1_KeyDown(ByVal sender As Object, ByVal e As _
    System.Windows.Forms.KeyEventArgs) Handles Me.KeyDown
        If e.KeyCode >=Keys.A And e.KeyCode <=Keys.Z Then
            If e.Shift =True Then
                Label1.Text &=Chr(e.KeyCode)
            Else
                Label1.Text &=Char.ToLower(Chr(e.KeyCode))
            End If
        End If
    End Sub
End Class
```

其中,Chr 函数用于返回与指定字符代码相关联的字符,Char. ToLower 方法用来将 Unicode 字符的值转换为它的小写等效项。

2) KeyPress 事件

当用户在键盘上做按键动作时,就会触发 KeyPress 事件。需要注意的是,只有当被按的键具有 ASCII 码时,才能触发该事件。有效的 KeyPress 按键见表 3-5。

表 3-5 有效的 KeyPress 按键

有 效 按 键	ASCII 码值
可显示的键盘字符	字符的 ASCII 码
Ctrl+A～Ctrl+Z	1～26
Enter 和 Ctrl+Enter	13 和 10
BackSpace 和 Ctrl+BackSpace	8 和 127
空格键	32

在 KeyPress 事件过程中,所按键的字符可由 e.KeyChar 获取其键值。例如,按下键 D,就会返回 d,如果同时按 Shift 键和 D 键,就会返回 D,如果想把获得的键值转换为 ASCII 码,就需要使用 Asc 函数。

在 KeyPress 事件过程中,可以利用 e.Handled 设置是否可由键盘输入数据到具体的控件对象,如果 e.Handled=True,就表示不会将键盘数据输入到控件上。

例 3-5:当按 0～9 之间的数字时关闭窗体,按其他键窗体均不关闭。

首先选择"文件"→"新建项目"命令,在"新建项目"对话框内选择"Windows 窗体应用(.NET Framework)",项目名称命名为 KeyPress,单击"确定"按钮。

在窗体上不需添加任何控件,切换到代码编辑窗口,在左侧的下拉列表中选择"Form1 事件",在右侧的下拉列表中选择 KeyPress 事件。这样 Form1 的 KeyPress 事件框架就搭建好了,只需要添加具体的事件处理过程,具体代码如下。

```
Public Class Form1
    Private Sub Form1_KeyPress(ByVal sender As Object, ByVal e As _
    System.Windows.Forms.KeyPressEventArgs) Handles Me.KeyPress
        If e.KeyChar <"0" Or e.KeyChar >"9" Then
            e.Handled =True
        Else
            Me.Close()
        End If
    End Sub
End Class
```

程序运行时,除非按了 0～9 中的任何一个数字键,窗体才会关闭,否则窗体就保持打开状态。

3) KeyUp 事件

当用户放开已按下的键盘按键时,就会触发 KeyUp 事件。KeyUp 事件获取按键信息的相关属性与 KeyDown 事件的相同,参见表 3-4。

3.2 MDI 窗体

MDI(multiple document interface)即多文档界面,它是 Windows 应用程序的典型结构,大多数 Windows 应用程序都采用 MDI 窗体。

3.2.1 界面样式

当编写的程序具有多个界面时,就可以有两种界面样式:多文档界面和多个窗体组成的界面。它们之间是有一定区别的。

(1) 多文档界面是由一个父窗体和若干个子窗体组成的,父窗体相当于容器,用来包含它的子窗体;多个窗体组成的界面,没有父窗体与子窗体的包含关系,每个界面都是相对独立的。

(2) 多文档界面中的子窗体不能覆盖父窗体中包含的控件对象。多个窗体组成的界面能够互相覆盖。

(3) 多文档界面中的子窗体最大化、最小化都是在父窗体中;多个窗体组成的界面最大化会占据整个屏幕、最小化会出现在屏幕下方的工具栏中。

(4) 多文档界面中的父窗体关闭,所有打开的子窗体也会随之关闭;多个窗体组成的界面当启动窗体关闭时,其他窗体也不一定就关闭,可以保持打开状态。

3.2.2 多文档界面

创建多文档界面的过程分为以下 3 个步骤。
(1) 创建 MDI 父窗体。
(2) 创建 MDI 子窗体。
(3) 添加相应的事件处理过程。

例 3-6:创建多文档界面。

首先选择"文件"→"新建项目"命令,在"新建项目"对话框内选择"Windows 窗体应用(.NET Framework)",项目名称命名为 MDI,单击"确定"按钮。

为了创建 MDI 父窗体,需要对 Form1 的一些属性进行设置。
(1) Text 属性设置为"父窗体"。
(2) IsMDIContainer 属性设置为 True,表示该窗体用来包含其他窗体。
(3) WinowState 属性设置为 Maxmized,目的是将父窗体最大化,便于操作其他子窗体。

然后为 Form1 添加 4 个按钮,具体属性设置见表 3-6。

表 3-6 按钮的属性设置

Name 属性	Text 属性	Name 属性	Text 属性
btnNew	新建	btnHorizontal	水平平铺
btnCascade	叠放	btnVertical	垂直平铺

父窗体设计之后的界面如图 3-16 所示。

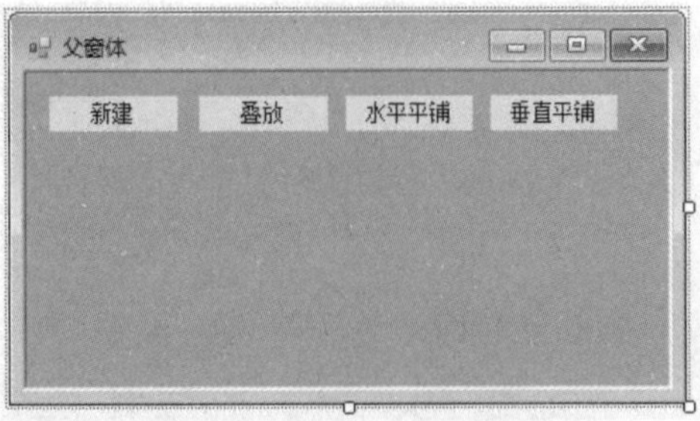

图 3-16 父窗体界面

父窗体创建完毕后，就需要创建子窗体了。

在解决方案资源管理器窗口中，在项目名称上右击，从弹出的菜单中选择"添加"→"Windows 窗体"命令，然后在"添加新项"对话框中保持窗体默认名 Form2，单击"添加"，这样在项目中就添加了用于作为子窗体的窗体。这里主要展示父窗体与子窗体之间的关系，所以不会在子窗体中添加任何控件。但需要注意的是，在实际编写应用程序时，往往需要对子窗体进行设计，以便它能完成一定的功能。

到目前为止，父窗体和子窗体都已经添加完毕，需要做的是最后一步——添加必要的代码，具体代码如下。

```vb
Public Class Form1
    Dim i As Integer =1
    Private Sub btnNew_Click(ByVal sender As System.Object, ByVal e As_
    System.EventArgs) Handles btnNew.Click
        Dim f As New Form2      '创建子窗体的实例
        f.MdiParent =Me         '指定父窗体为 Form1
        f.Text ="子窗体" & i.ToString
        f.Show()
        i +=1
    End Sub
    Private Sub btnCascade_Click(ByVal sender As Object, ByVal e As_
    System.EventArgs) Handles btnCascade.Click
        Me.LayoutMdi(MdiLayout.Cascade)
    End Sub
    Private Sub btnHorizontal_Click(ByVal sender As Object, ByVal e As_
    System.EventArgs) Handles btnHorizontal.Click
        Me.LayoutMdi(MdiLayout.TileHorizontal)
    End Sub
    Private Sub btnVertical_Click(ByVal sender As Object, ByVal e As_
    System.EventArgs) Handles btnVertical.Click
        Me.LayoutMdi(MdiLayout.TileVertical)
    End Sub
End Class
```

添加完代码后，按 F5 键就可以看到运行结果了，如图 3-17～图 3-20 所示。

图 3-17　新建 3 个子窗体后的界面

图 3-18　单击"叠放"按钮后的界面

图 3-19　单击"水平平铺"按钮后的界面

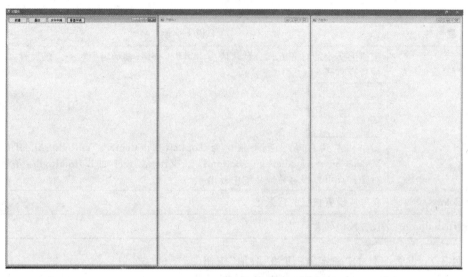

图 3-20　单击"垂直平铺"按钮后的界面

3.3　常用控件

控件是构成用户界面的基本元素,是包含在窗体对象内的对象。为了适用于特定用途,每种控件都具有自己的属性集、方法和事件。工具箱中列出了在编程过程中会经常使用的控件,这里只对最常用的几种控件进行介绍。

3.3.1　Button、Label 和 TextBox 控件

1. Button 控件

Button 控件 就是前面已经使用过的按钮,它主要用来执行某个命令功能。Button 控件最常用的事件是 Click 事件,允许用户通过单击鼠标执行相应的操作。Button 控件常用的属性见表 3-7。

表 3-7　Button 控件常用的属性

属　　性	说　　明
Name	设置控件的名称,可以在代码中通过名称对按钮进行操作
Visible	设置按钮是否可见。默认值为 True 表示可见,设置为 False 表示不可见
Enabled	设置按钮是否有效。默认值为 True 表示有效,设置为 False 表示无效,不可用
Text	按钮上显示文字信息。如果要为该按钮添加访问键,就需要使用"& ＋字母"组合键,这时字母下方会出现下画线,当按 Alt＋该字母键时,就相当于单击该键。例如,Text 属性为"是(&Y)",对应的按钮外观为 ,当按 Alt＋Y 组合键时,就相当于单击这个按钮

续表

属 性	说 明
TextAlign	按钮上文字的对齐方式。默认值为 MiddleCenter 表示居中对齐。该属性共有 9 种对齐方式 图中从左到右，从上到下依次为 TopLeft、TopCenter、TopRight、MiddleLeft、MiddleCenter、MiddleRight、BottomLeft、BottomCenter 和 BottomRight。它们的对齐方式可以很容易地从图中看出
BackColor	获取或设置按钮的背景色
BackgroundImage	设置按钮的背景图像

例 3-7：设置窗体的"确定"按钮和"取消"按钮。

有时为了方便用户操作，通过键盘的按键完成鼠标单击事件，可以为窗体添加"确定"按钮和"取消"按钮。其中，"确定"按钮相当于按 Enter（回车）键时选中的按钮；"取消"按钮相当于按 Esc 键时选中的按钮。对这两个按钮的设置是非常简单的，只将窗体的 AcceptButton 属性和 CancelButton 属性与相应的按钮关联即可。

首先选择"文件"→"新建项目"命令，在"新建项目"对话框内选择"Windows 窗体应用（.NET Framework）"，项目名称命名为 Button，单击"确定"按钮。在窗体中添加两个按钮（Button1 和 Button2），将它们的 Text 属性分别修改为"确定"和"取消"，如图 3-21 所示。

然后在界面设计器中选中 Form1，在属性窗口中将 Form1 的 AcceptButton 属性设置为 Button1，将 Form1 的 CancelButton 属性设置为 Button2，如图 3-22 所示。

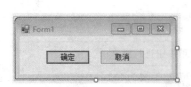

图 3-21 具体界面

图 3-22 AcceptButton 和 CancelButton 的属性设置

接下来为了能够清晰地看出设置效果，需要编写 Button1 和 Button2 的 Click 事件处理过程，具体代码如下。

```
Public Class Form1
    Private Sub Button1_Click(ByVal sender As Object, ByVal e As_
System.EventArgs) Handles Button1.Click
        MessageBox.Show("您按了确定按钮")
    End Sub
    Private Sub Button2_Click(ByVal sender As Object, ByVal e As_
System.EventArgs) Handles Button2.Click
        MessageBox.Show("您按了取消按钮")
    End Sub
```

添加代码后，按 F5 键运行程序，当按 Enter 键或者单击"确定"按钮时，就会弹出如图 3-23 所示的对话框；当按 Esc 键或者单击"取消"按钮时，会弹出如图 3-24 所示的对话框。

图 3-23 按 Enter 键后弹出的对话框

图 3-24 按 Esc 键后弹出的对话框

2. Label 控件

Label 控件 **A** 即标签控件，通常用来显示用户不能进行修改的信息，如文本或图像，它对于用户来说是只读的。一般来说，虽然可以对 Label 编写事件过程，但是用得并不多，它主要用来显示提示信息或者程序的某些运行结果及状态。Label 控件的常用属性见表 3-8。

表 3-8 Label 控件的常用属性

属 性	说 明
AutoSize	设置标签控件是否调整自身大写，以适应其内容的大小。默认值为 True，表示根据内容调整标签控件大小
Text	获取或设置标签控件的文本信息
TextAlign	标签上文字的对齐方式，与 Button 的对齐方式相同
BoderStyle	设置标签的边框样式。它有 3 个值：None（ None ）、FixedSingle（ FixedSingle ）和 Fixed3D（ Fixed3D ）。默认值为 None，表示没有边框
UseMnemonic	设置 Text 属性中的"&"符后面的第一个字符是否用作标签的助记符。默认值为 True，表示可以作为助记符

Label 是不能获得焦点的控件，那么为什么还需要为它加入助记符呢？

在窗体中的控件都有 Tab 键的顺序，与之对应的属性是 TabIndex。Tab 键的顺序会随着控件的加入顺序从 0 开始依次增加，每次按 Tab 键时，能够获得焦点的控件就会按照 Tab 键从小到大的顺序依次获得焦点，如果想改变控件的 Tab 键的顺序，就可以通过 TabIndex 属性进行修改。

正是由于 Label 控件不能获得焦点，当按"Alt＋助记符"键时，Tab 键值在 Label 控件之后可获得焦点的控件就会获得焦点。因此，当一个界面需要有大量的信息录入时，可以用 Lable 显示提示信息，并赋予其助记符，然后紧接着就是需要接收输入信息的文本框，这样就可以通过键盘操作（Alt＋助记符）快速定位具体的文本框。

3. TextBox 控件

TextBox 控件 abl 即文本框，用来输入或者显示文本信息。不过文本框中显示的文本信息类型的格式是单一的，如果要显示的信息具有多种类型格式，就需要使用 RichTextBox 控件。TextBox 控件的常用属性见表 3-9。

表 3-9　TextBox 控件的常用属性

属　　性	说　　明
Text	获取或设置文本框中的文本
TextAlign	设置文字的对齐方式。与按钮控件的设置相同
MultiLine	获取或设置是否多行显示文本框。默认值为 False，表示单行显示文本框。在默认情况下最多可以输入 2048 个字符。如果设置为 True，那么可以多行显示文本框的内容，可以对文本框的高度进行调整，最多可以输入 32KB 的文本
MaxLength	获取或设置用户可在文本框中输入或粘贴的最大字符数
ReadOnly	获取或设置文本框中的文本是否为只读。默认值为 False，表示可读可写。如果设置为 True，那么只能读取文本框中的文本
ScrollBars	获取或设置哪些滚动条应该在多行的文本框中出现
PassWordChar	获取或设置字符，该字符用于屏蔽单行文本框中的密码字符
WordWrap	指示多行文本框控件在必要时是否自动换行到下一行的开始
SelectionStart	获取或设置文本框中选定文本的起始点
SelectionLength	获取或设置文本框中选定的字符数
SelectedText	获取或设置一个值，该值指示控件中当前选定的文本

图 3-25　例 3-8 的界面

例 3-8：在文本框中搜索指定的字符串。

首先选择"文件"→"新建项目"命令，在"新建项目"对话框内选择"Windows 窗体应用(.NET Framework)"，项目名称命名为 TextBox，单击"确定"按钮。

在窗体中添加两个文本框(TextBox1 和 TextBox2)，其中 TextBox2 的 MultiLine 属性设置为 True；再添加一个按钮(Button1)，其 Text 属性设置为"查找"，例 3-8 的界面如图 3-25 所示。

然后编写 Button1 的 Click 事件处理过程，用来实现每次单击"查找"按钮就会高亮度显示在 TextBox2 中找到的 TextBox1 中指定的文本。具体代码如下。

```
Public Class Form1
    Dim i As Integer
    Private Sub Button1_Click(ByVal sender As System.Object, ByVal e As_
    System.EventArgs) Handles Button1.Click
        Dim S1, S2 As String
        S1 = TextBox1.Text
        S2 = TextBox2.Text
        If i <= S2.Length - S1.Length Then
            While S2.Substring(i, S1.Length) <> S1
                i += 1
            End While
            TextBox2.SelectionStart = i
            TextBox2.SelectionLength = S1.Length
            TextBox2.Focus()             '高亮度显示指定的字符串
            i = i + S1.Length
        End If
    End Sub
End Class
```

其中,Substring 方法用来获得子字符串,它包括两个参数:第一个是起始位置;第二个是子串的长度,返回值为一个字符串。

当按 F5 键运行后,在 TextBox1 中输入字符串"hello",在 TextBox2 中输入字符串"hello hello world",第一次单击"查找"按钮时,第一个"hello"会高亮度显示,当再次单击"查找"按钮时,第二个"hello"会高亮度显示,如图 3-26 所示。

图 3-26 例 3-8 程序的运行结果

3.3.2 CheckBox、RadioButton、ListBox 和 ComboBox 控件

1. CheckBox 控件

CheckBox 控件☑即复选框,通常用来进行单项或多项选择,如果复选框没有被选中,那么单击它会选中复选框(控件的方框中显示一个对号);同样,如果复选框被选中,那么再单击它,就会取消选中的复选框(显示一个空的方框)。CheckBox 控件的常用属性见表 3-10。

CheckBox 控件的常用事件包括 CheckedChanged、CheckStateChanged 和 Click。具体说明见表 3-11。

表 3-10　CheckBox 控件的常用属性

属　性	说　　明
Appearance	获取或设置复选框的外观
CheckAlign	设置复选框的对齐方式
Checked	获取或设置复选框是否被选中
CheckState	在 ThreeState 设置为 True 的情况下获取或设置复选框的值。其值包括 Uncecked(未选中)、Checked(选中)和 Indeterminate(未确定)
Enabled	获取或设置复选框是否可以对用户交互做出响应
Text	获取或设置复选框显示的文本信息
ThreeState	设置是否复选框支持三态。默认为 False,即不支持三态

表 3-11　CheckBox 控件的常用事件

属　性	说　　明
CheckedChanged	当 Checked 属性值发生变化时被触发
CheckStateChanged	当 CheckState 属性值发生变化时被触发
Click	当单击复选框时被触发

例 3-9：CheckBox 控件的使用。

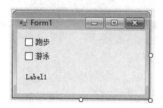

图 3-27　例 3-9 的界面

首先选择"文件"→"新建项目"命令,在"新建项目"对话框内选择"Windows 窗体应用(.NET Framework)",项目名称命名为 CheckBox,单击"确定"按钮。

在窗体中添加两个复选框(CheckBox1 和 CheckBox2),其中 CheckBox2 的 ThreeState 属性设置为 True,CheckBox1 的 Text 属性设置为"跑步",CheckBox2 的 Text 属性设置为"游泳",再添加一个标签(Label1)用于显示选择的结果,例 3-9 的界面如图 3-27 所示。

具体代码如下。

```
Public Class Form1
    Dim s1, s2 As String
    Private Sub CheckBox1_CheckedChanged(ByVal sender As System.Object, ByVal e_
As System.EventArgs) Handles CheckBox1.CheckedChanged
        Label1.Text = ""
        Select Case CheckBox1.Checked
            Case True
                s1 = "你喜欢" & CheckBox1.Text
            Case False
                s1 = ""
        End Select
```

```
        Label1.Text = s1 & s2
    End Sub
    Private Sub CheckBox2_CheckStateChanged(ByVal sender As Object, ByVal e As _
    System.EventArgs) Handles CheckBox2.CheckStateChanged
        Label1.Text = ""
        Select Case CheckBox2.CheckState
            Case CheckState.Checked
                s2 = "你喜欢" & CheckBox2.Text
            Case CheckState.Indeterminate
                s2 = "你不太很喜欢" & CheckBox2.Text
            Case CheckState.Unchecked
                s2 = ""
        End Select
        Label1.Text = s1 & s2
    End Sub
End Class
```

其中，使用的是 CheckBox1 的 CheckedChanged 事件，因为只需要获取它是否被选中的状态；CheckBox2 的 CheckStateChanged 事件，因为已经将它的 ThreeState 属性设置为 True，就是说它有 3 种状态，如果只使用 CheckedChanged 事件，就不能检测出 Indeterminate 的状态。

当按 F5 键运行后，如果只选中 CheckBox1，则显示"你喜欢跑步"；如果只选中 CheckBox2，则显示"你喜欢游泳"；如果未确定选中 CheckBox2，则显示"你不太喜欢游泳"；如果同时选中 CheckBox1 和 CheckBox2，则显示"你喜欢跑步你喜欢游泳"；如果选中 CheckBox1 但未确定选中 CheckBox2，则显示"你喜欢跑步你不太喜欢游泳"，如图 3-28 所示。

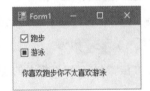

图 3-28 运行界面

2. RadioButton 控件

RadioButton 控件即单选按钮，它的功能与 CheckBox 类似，但是它只能在一组单选按钮中进行单项选取，即对单选按钮的选择是互斥的。RadioButton 控件的常用属性见表 3-12。

表 3-12 RadioButton 控件的常用属性

属　　性	说　　明
Appearance	获取或设置单选按钮的外观
CheckAlign	设置单选按钮的对齐方式
Checked	获取或设置单选按钮是否被选中
Enabled	获取或设置单选按钮是否可以对用户交互做出响应
Text	获取或设置单选按钮显示的文本信息

RadioButton 控件的常用事件见表 3-13。

表 3-13　RadioButton 控件的常用事件

事　件	说　　明
CheckedChanged	当 Checked 属性值发生变化时被触发
Click	当单击单选按钮时被触发

　　RadioButton 只有选中和未选中两种状态，因此它的属性只有 Checked 属性，而没有 ThreeState 属性和 CheckState 属性，只有 CheckedChanged 事件而没有 CheckStateChanged 事件。如果要同时选中多个单选按钮，应该怎么办呢？

　　那就需要把单选按钮进行分组，然后将每组单选按钮分别放在不同的容器控件中。

　　例如，在图 3-29 所示的界面中，实现的是对两道选择题进行单项选择，这里的做法是在窗体上添加 2 个标签（Label1 和 Label2），分别用来显示 2 题的题目，再添加 8 个单选按钮（RadioButton1～RadioButton8），分别用来显示 2 题的 4 个选项。这时如果按 F5 键运行后是不能实现对这两题分别进行选择的，只能选中这 8 个选项中的一项，这肯定不是我们想要的结果。为了能实现分别选择，需要使用容器控件 Panel 或者 GroupBox 。具体的实现方法参见 3.3.3 节中的容器控件。

图 3-29　RadioButton 的使用

3. ListBox 控件

　　ListBox 控件 即列表框，用来显示选择列表并且可以选择其中的一项或者多项，如果列表项的总数超过可以显示的项数，列表框就会自动添加滚动条。ListBox 控件的常用属性见表 3-14。

表 3-14　ListBox 控件的常用属性

属　性	说　　明
Items	获取控件中的项
SelectedIndex	获取或设置控件中当前选定项的从零开始的索引值
SelectedItems	获取包含控件中当前选定项的集合
SelectionMode	获取或设置在控件中选择项所用的方法。共有 4 种取值：None，表示无法选择；One，表示只能选择一项，是默认值；MultiSimple，表示可以选择多项；MultiExtened，表示可以选择多项，并且可以使用 Shift 键、Ctrl 键和箭头键进行选择
Sorted	指示控件中的项是否按字母顺序排列。默认值为 False，即各项按添加的顺序排列

如何向创建的列表框中添加选项呢？方法有两种：设计时添加；运行时添加。

1) 设计时添加

设计时添加就是通过属性窗口的 Items 属性进行添加。具体步骤如下。

首先单击 Collection 右侧带省略号的按钮，这时会弹出如图 3-30 所示的对话框。

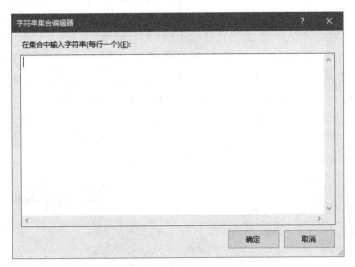

图 3-30　字符串集合编辑器

然后在每一行输入一个具体的选项，如图 3-31 所示。

最后单击"确定"按钮，ListBox 控件中就会显示出这些选项，如图 3-32 所示。

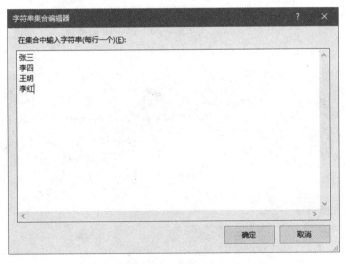

图 3-31　添加选项　　　　　　　　图 3-32　添加完选项的列表框

2) 运行时添加

如果要在运行时添加选项，就需要使用 Items 的一些方法。Items 的常用方法见表 3-15。

表 3-15 Items 的常用方法

方法	说明	方法	说明
Items.Count	存储选项的数量	Items.Insert	插入一个选项
Items.Add	向控件中添加一个新项	Items.Remove	从控件中移除选项
Items.Clear	清除控件中的所有选项	Items.AddRange	向控件中添加一组选项

例 3-10：运行时向 ListBox 中添加、删除选项。

首先选择"文件"→"新建项目"命令，在"新建项目"对话框内选择"Windows 窗体应用(.NET Framework)"，项目名称命名为 ListBox，单击"确定"按钮。

在窗体中添加一个列表框(ListBox1)，再添加 5 个按钮。5 个按钮的属性设置见表 3-16。

例 3-10 的界面如图 3-33 所示。

表 3-16 按钮的属性设置

Name 属性	Text 属性
btnAdd	Add
btnClear	Clear
btnInsert	Insert
btnRemove	Remove
btnAddRange	AddRange

图 3-33 例 3-10 的界面

具体代码如下。

```
Public Class Form1
    Dim i As Integer
    Private Sub btnAdd_Click(ByVal sender As System.Object, ByVal e As _
 System.EventArgs) Handles btnAdd.Click
        i += 1
        ListBox1.Items.Add(i.ToString)
    End Sub
    Private Sub btnClear_Click(ByVal sender As System.Object, ByVal e As _
 System.EventArgs) Handles btnClear.Click
        ListBox1.Items.Clear()
        i = 0
    End Sub
    Private Sub btnInsert_Click(ByVal sender As System.Object, ByVal e As _
 System.EventArgs) Handles btnInsert.Click
        i += 1
        ListBox1.Items.Insert(0, i.ToString)
    End Sub
```

```
        Private Sub btnRemove_Click(ByVal sender As System.Object, ByVal e As _
        System.EventArgs) Handles btnRemove.Click
            ListBox1.Items.Remove(ListBox1.SelectedItem)
        End Sub
        Private Sub btnAddRange_Click(ByVal sender As System.Object, ByVal e As _
        System.EventArgs) Handles btnAddRange.Click
            Dim j(2) As String
            j(0) ="1"
            j(1) ="2"
            j(2) ="3"
            ListBox1.Items.AddRange(j)
        End Sub
End Class
```

当按 F5 键运行后，每次按 Add 按钮，在列表框中就会增加一个选项而且显示的数字会增加 1；每次按 Clear 按钮，就会清空列表框中的所有选项；每次按 Insert 按钮，就会在所有的选项最前面添加新的选项；每次在列表框中选中一个选项，然后按 Remove 按钮，就会移除该选项；每次按 AddRange 按钮，就会在现有选项的最后添加 3 个选项。

4. ComboBox 控件

ComboBox 控件 即组合框，它是文本框与下拉列表框的组合，用来显示选择列表并且可以选择其中一项。ComboBox 控件与 ListBox 控件具有类似的行为，在某些情况下可以互换。ComboBox 控件的常用属性也可以参考表 3-14，但是需要注意的是，ComboBox 没有 SelectionMode 属性。另外，ComboBox 控件还有几个特有的属性。

1) DropDownStyle 属性

DropDownStyle 属性用于获取或设置组合框的样式，它共有 3 个值：Simple、DropDown 和 DropDownList，默认值为 DropDown。设置 3 个值时组合框的外观如图 3-34 所示。

(a) Simple   (b) DropDown   (c) DropDownList

图 3-34 设置不同值时的外观

设置不同值时的区别如下。

(1) 设置为 Simple 时，下拉列表框是不能收起的，而且上面的文本框内容也不能更改。

(2) 设置为 DropDown 时，选择完毕后下拉列表框能够收起，把选择结果显示在文本框中，同时也可以在文本框中输入数据。

(3) 设置为 DropDownList 时，选择完毕后下拉列表框能够收起，把选择结果显示在文本框中，但是不能在文本框中输入数据。

2) DropDownHeight 和 DropDownWidth 属性

DropDownHeight 和 DropDownWidth 属性用来获取或设置 ComboBox 下拉列表部分的高度和宽度。

也可以在设计时或者在运行时创建一个组合框，但是需要注意的是，除了添加组合框的选项之外(方法与列表框相同)，还需要添加其在文本框中要显示的内容(通过 Text 属性添加)。

3.3.3 其他常用控件的基本使用方法

1. 容器控件

设计用户界面时，有时为了将窗体中的功能进一步分类，就需要使用容器控件。通常，对于容器控件来说，是不需要为其编写事件过程的，只需要利用它对界面进行分组细化。放在容器中的控件会随着容器位置的移动而移动。这里介绍两种容器控件：Panel 控件和 GroupBox 控件。虽然 Panel 控件与 GroupBox 控件都是用来对控件进行分组的控件，但是它们之间也存在一些差别。

(1) Panel 没有 Text 属性，即没有标题；GroupBox 有 Text 属性，即有标题。

(2) Panel 在运行时通常不显示它的框架；GroupBox 在运行时会显示它的框架。

(3) 如果 Panel 中包含的控件所占的空间大于 Panel 设置的大小，那么 Panel 会自动添加滚动条显示超出范围的部分；如果 GroupBox 中包含的控件占用的空间大于 GroupBox 设置的大小，那么超出 GroupBox 范围的部分就不会显示。

进一步修改 3.3.2 节中关于 RadioButton 的举例，即使用容器控件对每题的内容进行分组，从而能够在每题中实现单选。按照控件的添加顺序不同，可以采用以下两种方法。

(1) 先添加容器控件，然后在容器中添加需要包含的控件。

(2) 先添加需要放在容器中的控件，然后再添加容器控件。

采用第二种方法时需要注意的是，由于容器控件是后添加的，所以之前添加的控件不会自动放入容器控件中，因此需要通过选中要放入容器中的控件，然后直接拖动到容器控件中或进行剪切(Ctrl+X)，再选中容器控件后进行粘贴(Ctrl+V)，这样才能将这些控件放入容器中。

由于在 3.3.2 节中已经把控件放入窗体中了，为了能够实现分组，把 2 道题分别放入不同的容器中，就需要采用第二种方法，这里我们为第一题选择的容器控件是 Panel；为第二题选择的容器控件是 GroupBox，并将其 Text 属性设置为"单选题"，添加容器控件后的效果如图 3-35 所示。

从图 3-35 可以看出，设计时 Panel 控件是一个由虚线组成的封闭矩形，而 GroupBox 控件是由实线组成的带有提示信息的不完全封闭的矩形，当按 F5 键运行程序后，可以看到 Panel 控件的边框是不可见的，而 GroupBox 控件的边框与设计时的外观没有任何区别，这时在不同的容器内就可以分别进行选择了，如图 3-36 所示。

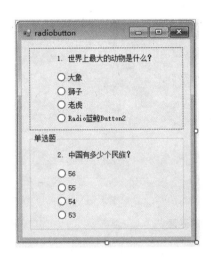
图 3-35　添加容器控件后的效果

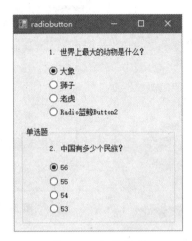
图 3-36　运行结果

2. RichTextBox 控件

RichTextBox 控件能够提供一些标准的文本框控件（TextBox）不能提供的特性，如对文本进行格式化，包括添加各种颜色、采用特殊字体等。利用 RichTextBox 控件可以创建自己的文字处理器。

如果对文本框中的所有文本都设置成一种格式是一件很容易的事，那么只需在设计或运行时设置文本框的 Font 属性即可，但是如果要对文本中的不同部分设置成不同的格式，那么使用标准的文本框是不能实现的。

下面看如何使用 RichTextBox 实现对文本框中不同的文本设置不同的格式。一般来说，可以把这个过程分为两个步骤。

（1）选择要进行格式化的文本，这里使用 Find 方法选择文本。

（2）格式化，首先需要创建一个 Font 对象，然后设置它的 SelectionFont 属性即可。创建 Font 对象可以使用如下语法。

```
Dim 变量名 As New(RichTextBox 对象.Font,字体样式)
```

其中，字体样式共有 5 个值，分别为 FontStyle. Bold（粗体）、FontStyle. Italic（斜体）、FontStyle. Regular（正常）、FontStyle. Strikeout（删除线）和 FontStyle. Underline（下画线）。

例 3-11：使用 RichTextBox 将文本设置为多种格式。

首先选择"文件"→"新建项目"命令，在"新建项目"对话框内选择"Windows 窗体应用(. NET Framework)"，项目名称命名为 RichTextBox，单击"确定"按钮。

在窗体中添加一个 RichTextBox（RichTextBox1），其 Text 属性设置为 "A RichTextBox can display italic, bold, underlined and strikeout text with ease."；再添加一个按钮(Button1)，其 Text 属性设置为"设置字体样式"。例 3-11 的界面如图 3-37 所示。

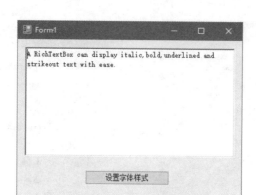

图 3-37　例 3-11 的界面

具体代码如下。

```vb
Public Class Form1
    Private Sub Button1_Click(ByVal sender As System.Object, ByVal e As_
            System.EventArgs) Handles Button1.Click
        '将 bold 设置为粗体
        RichTextBox1.Find("bold")
        Dim fntBold As New Font(RichTextBox1.Font, FontStyle.Bold)
        RichTextBox1.SelectionFont = fntBold
        '为 underlined 添加下画线
        RichTextBox1.Find("underlined")
        Dim fntUnderlined As New Font(RichTextBox1.Font, FontStyle.Underline)
        RichTextBox1.SelectionFont = fntUnderlined
        '将 italic 设置为斜体
        RichTextBox1.Find("italic")
        Dim fntItalic As New Font(RichTextBox1.Font, FontStyle.Italic)
        RichTextBox1.SelectionFont = fntItalic
        '为 strikeout 添加删除线
        RichTextBox1.Find("strikeout")
        Dim fntStrikeout As New Font(RichTextBox1.Font, FontStyle.Strikeout)
        RichTextBox1.SelectionFont = fntStrikeout
    End Sub
End Class
```

按 F5 键将程序运行起来后，单击"设置字体样式"按钮后，就会对选择的字符串进行相应的设置，如图 3-38 所示。

RichTextBox 还提供了两个非常有用的方法 SaveFile 和 LoadFile，用于向硬盘中保存 RichTextBox 中的文本和从硬盘中加载文件并将文件内容显示在 RichTextBox 中，通过 RichTextBox 保存或加载的文件必须是 RTF 类型的。具体语法如下。

```
对象名.SaveFile(路径)    '保存文件到硬盘
对象名.LoadFile(路径)    '加载文件到 RichTextBox
```

图 3-38　具体运行界面

其中路径为字符串,例如,要将 RichTextBox1 中的文本内容存到 C 盘根目录下,名为 First.RTF 的文件就可以用如下的语句。

```
RichTextBox1.SaveFile("C:\First.RTF")
```

3. Timer 控件

Timer 控件 即计时器,主要用来控制时间的延迟。在 Windows 窗体中,Timer 控件主要用来定期引发事件的控件,它通常会用在动画制作或者定期执行某种操作等方面。Timer 控件在运行时是不可见的,而且它的大小也是不能被修改的。

Timer 控件的属性较少,经常用到的属性包括 Interval 属性和 Enabled 属性。

1) Interval 属性

Interval 属性用于获取或设置 Timer 控件的 Tick 事件发生的时间间隔,它是以毫秒为单位的,计时器事件的发生越频繁,用于响应该事件的时间越长,整体性能就会降低。

2) Enabled 属性

Enabled 属性用于设置计时器是否有效,默认值为 False 表示计时器无效,如果将 Enabled 属性设置为 True,则表示启用计时器。为了开启或关闭计时器,可以使用 Start 方法和 Stop 方法。其中 Start 方法用于开启计时器,相当于将 Enabled 属性设置为 True;Stop 方法用于关闭计时器,相当于将 Enabled 属性设置为 False。

计时器有一个比较重要的 Tick 事件,它必须在计时器开启后生效。如果计时器已经开启,那么在每个 Interval 确定的时间间隔都会触发一次 Tick 事件。如果在 Tick 事件中添加需要执行的代码,那么在每个事件间隔就会执行一次代码。

例 3-12:利用计时器实现按钮的移动。

首先选择"文件"→"新建项目"命令,在"新建项目"对话框内选择"Windows 窗体应用(.NET Framework)",项目名称命名为 Timer,单击"确定"按钮。

在窗体中添加 1 个计时器(Timer1),其 Interval 属性保持默认值 100;再添加 3 个按钮(Button1、btnStart 和 btnStop),其中 Button1 的 BackColor 属性设置为粉色,btnStart 的 Text 属性设置为"开始",btnStop 的 Text 属性设置为"停止",例 3-12 的界面如图 3-39

所示。

图 3-39　例 3-12 的界面

具体代码如下。

```
Public Class Form1
    Private Sub btnStop_Click(ByVal sender As System.Object, ByVal e As _
    System.EventArgs) Handles btnStop.Click
        Timer1.Enabled = False
    End Sub
    Private Sub btnStart_Click(ByVal sender As System.Object, ByVal e As _
    System.EventArgs) Handles btnStart.Click
        Timer1.Start()
    End Sub
    Private Sub Timer1_Tick(ByVal sender As Object, ByVal e As System.EventArgs) _
    Handles Timer1.Tick
        If Button1.Left < Me.Width + Me.Left Then
            Button1.Left += 5
        Else
            Button1.Left = Me.Left - Button1.Width
        End If
    End Sub
End Class
```

添加这段代码后，按 F5 键运行该程序，当单击"开始"按钮，Button1 会周而复始地从左向右移动，当单击"停止"按钮时，Button1 会停止移动。

4．滚动条控件

滚动条是 Windows 界面中一种常见的组成部分，它包括 HScrollBar 控件（水平滚动条）和 VScrollBar 控件（垂直滚动条）。

这里所说的滚动条控件与附加到文本框、列表框以及组合框的内置滚动条不同，对它们的操作与其他控件无关，是自己的一组事件、属性和方法。滚动条的常用属性见表 3-17。

滚动条的常用事件包括 Scroll 事件和 ValueChange 事件，其中 Scroll 事件是滚动条的默认事件，当单击滚动条的起点按钮和终点按钮，或者用鼠标拖动滑块时，都会触发该事件。ValueChange 事件只要滚动条的 Value 值发生变化后都会被触发。

表 3-17　滚动条的常用属性

属　　性	说　　明
Maximum	获取或设置可滚动范围的最大值，默认值为 100
Minimum	获取或设置可滚动范围的最小值，默认值为 0
Value	获取或设置表示滑块在滚动条控件中的当前位置的数值
LargeChange	获取或设置当在滚动条内但在滑块外单击时，Value 值增加或减少的值
SmallChange	获取或设置单击滚动条的滚动箭头时，Value 值增加或减少的值

例 3-13：在窗体上显示滚动条的 Value 值。

首先选择"文件"→"新建项目"命令，在"新建项目"对话框内选择"Windows 窗体应用(.NET Framework)"，项目名称命名为 ScrollBar，单击"确定"按钮。

在窗体中添加一个水平滚动条(HScrollBar1)和一个垂直滚动条(VScrollBar1)，它们的 Value 属性、Maximum 属性、Minimum 属性、LargeChange 属性和 SmallChange 属性均保持默认值；再添加两个标签(Lable1 和 Label2)，分别用来显示水平滚动条和垂直滚动条的当前值，例 3-13 的界面如图 3-40 所示。

具体代码如下。

```
Public Class Form1
    Private Sub HScrollBar1_Scroll(ByVal sender As System.Object, ByVal e As _
System.Windows.Forms.ScrollEventArgs) Handles HScrollBar1.Scroll
        Label1.Text ="水平滚动条的 Value 值为: " & HScrollBar1.Value
    End Sub
    Private Sub VScrollBar1_Scroll(ByVal sender As System.Object, ByVal e As _
System.Windows.Forms.ScrollEventArgs) Handles VScrollBar1.Scroll
        Label2.Text ="垂直滚动条的 Value 值为: " & VScrollBar1.Value
    End Sub
End Class
```

当按 F5 键运行该程序后，每次在滚动条的空白处单击，滚动条的 Value 值就会增加 10，每次在滚动条两端的箭头处单击，滚动条的 Value 值就会增加 1 或减少 1，每次拖动滑块时，滚动条的 Value 值就会根据滑块在滚动条中的相对位置发生变化，例 3-13 的程序运行界面如图 3-41 所示。

图 3-40　例 3-13 的界面

图 3-41　例 3-13 的程序运行界面

5. MonthCalendar 控件

MonthCalendar 控件即日历控件,允许对日期进行选择,该控件会显示一个网格,它包含月份的编号日期,这些日期分别排列在周一到周日下面的 7 列中,可以单击月份标题上任何一侧的箭头按钮选择不同的月份,可以单击鼠标选择具体的日期。MonthCalendar 控件的常用属性见表 3-18。

表 3-18 MonthCalendar 控件的常用属性

属 性	说 明
Enabled	获取或设置该控件是否可以对用户交互做出响应
FirstDayOfWeek	根据月历中的显示获取或设置一周中的第一天
MaxDate	获取或设置允许的最大日期
MinDate	获取或设置允许的最小日期
ShowToday	获取或设置是否在控件底端显示 TodayDate 属性表示的日期,默认值为 True
ShowTodayCircle	获取或设置是否在今天的日期上加框,默认值为 True
ShowWeekNumbers	获取或设置是否放在每行日期的左侧显示周数,默认值为 False

例如,在窗体上添加一个 MonthCalendar 控件(MonthCalendar1),并将其显示范围设置为 2000 年 1 月 1 日—2020 年 12 月 31 日,且显示周次,但不显示当前日期,那么就需要添加如下所示的代码。

```
Public Class Form1
    Private Sub Form1_Load(ByVal sender As Object, ByVal e As System.EventArgs) _
    Handles Me.Load
        MonthCalendar1.MaxDate = New DateTime(2020, 12, 31)
        MonthCalendar1.MinDate = New DateTime(2000, 1, 1)
        MonthCalendar1.ShowWeekNumbers = True
        MonthCalendar1.ShowToday = False
    End Sub
End Class
```

这样,当按 F5 键后,就会显示如图 3-42 所示的日历,并且能够选择的日期范围是 2000 年 1 月 1 日—2020 年 12 月 31 日。

图 3-42 具体运行界面

6. DateTimePicker 控件

DateTimePicker 控件即日期/时间控件,允许对日期和时间进行选择。与 MonthCalendar 的区别在于,每次进行选择时,需要单击列表旁边的下拉箭头,然后会弹出 MonthCalendar 供选择具体日期,选择完毕后就不会显示 MonthCalendar 了。DateTimePicker 控件的常用属性见表 3-19。

表 3-19 DateTimePicker 控件的常用属性

属 性	说 明
Checked	获取或设置是否用有效日期/时间值设置了 Value 属性且显示的值可以更新。默认值为 True，即用有效日期/时间值设置了 Value 属性且显示的值可以更新
CustomFormat	获取或设置自定义日期/时间格式字符串。如果要设置自定义的日期/时间格式，必须将 Format 属性值设置为 Custom。例如，如果要将日期和时间显示为 02/21/2017 12：00PM，就需要将此属性值设置为"MM/dd/yyyy hh：mm tt"
Enabled	获取或设置是否可以对用户交互做出响应
Format	获取或设置控件中显示的日期和时间格式。它有 4 种取值： Long：以用户操作系统设置的长时间格式显示日期/时间值。 例如，2019年 4月29日 Short：以用户操作系统设置的短时间格式显示日期/时间值。 例如，2019/ 4/29 Time：以用户操作系统设置的时间格式显示日期/时间值。 例如，10:39:09 Custom：以自定义格式显示日期/时间值。 例如，四月 29, 2019 - 星期一
ShowCheckBox	获取或设置是否在选定日期的左侧显示一个复选框，默认值为 False
ShowUpDown	获取或设置是否使用数值调节按钮控件调整日期/时间值，默认值为 False
Value	获取或设置分配给控件的日期/时间值

例如，可以通过如下代码为 DateTimePicker 控件设置开始选定的日期。

```
DateTimePicker1.Value=New DateTime(2019,1,1)
```

7．LinkeLabel 控件

LinkeLabel 控件 **A** 即超链接标签控件，它除了具有一般标签控件的功能外，还可以显示超链接，在控件的文本中可以指定多个超链接，每个超链接可在应用程序内执行不同的任务。例如，链接到某个文件、文件夹、窗体或网页。

LinkLabel 控件也有一些属性，用来设置链接前后的颜色以及外观样式。使用 LinkLabel 控件大致分为以下两个步骤。

(1) 首先使用 LinkArea 编辑器选择用来指示链接的文本内容。

(2) 编写相应的 LinkClicked 事件处理过程。

例 3-14：链接到另一个窗体和另一个网页。

首先选择"文件"→"新建项目"命令，在"新建项目"对话框内选择"Windows 窗体应用(.NET Framework)"，项目名称命名为 LinkLabel，单击"确定"按钮。

在窗体中添加两个超链接标签(LinkLabel1 和 LinkLabel2)，其 Text 属性分别为"你要链接到一个窗体，"和"还是要登录东北大学主页？"再添加一个窗体(Form2)。接下来设置 LinkArea 属性，在 LinkLabel 的属性窗口中选择 LinkArea，单击右侧的按钮"…"会弹出 LinkArea 编辑器，选中"窗体"，如图 3-43 所示，然后单击"确定"按钮，就为 LinkLabel1 设置好链接区域了。用同样的方法为 LinkLabel2 设置链接区域为"东北大学主页",设置好的界面如图 3-44 所示。

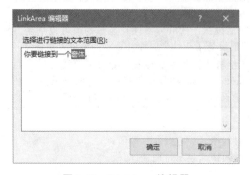

图 3-43 LinkArea 编辑器

图 3-44 例 3-14 的界面

接下来就需要编写相应的 LinkClicked 事件处理过程了。具体代码如下。

```
Public Class Form1
    Private Sub LinkLabel1_LinkClicked(ByVal sender As System.Object, ByVal e As _
System.Windows.Forms.LinkLabelLinkClickedEventArgs) Handles LinkLabel1_
LinkClicked
        Form2.Show()
    End Sub
    Private Sub LinkLabel2_LinkClicked(ByVal sender As System.Object, ByVal e As _
System.Windows.Forms.LinkLabelLinkClickedEventArgs) Handles LinkLabel2_
LinkClicked
        System.Diagnostics.Process.Start("http://www.neu.edu.cn")
    End Sub
End Class
```

其中,System.Diagnostics.Process.Start("URL")是启动浏览器的语句,如果要打开那个网址,只要把该网址写在双引号中即可。当按 F5 键运行该程序后,单击"窗体"会打开 Form2,单击"东大首页"会打开东北大学首页,如图 3-45 所示。

图 3-45 单击超链接标签后的执行结果

3.4 菜 单

菜单是标准的界面元素,是用户与应用程序进行交互的主要方式,用户对文档的大多数操作命令都可以从菜单中找到。为了能够提供强大的菜单设计功能,.NET 类库把菜单做成了标准的控件类供开发人员编程使用。

3.4.1 菜单的基本概念

菜单是用户界面的重要组成部分,用户可以根据需要定制不同风格的菜单,但是不论风格如何,根据菜单的使用方式可以分为下拉菜单和弹出式菜单。

下拉菜单是位于窗体顶部,窗体标题栏下的菜单,只要单击菜单栏中的菜单项,就可以进行相应的操作。

弹出式菜单是可在窗体内浮动的菜单,它独立于下拉菜单,只要在某个区域右击,就可以出现弹出式菜单。弹出式菜单的内容可能会根据右击区域的不同而不同。

下拉式菜单与弹出式菜单的组成结构大致相同,最大的差别在于,弹出式菜单是没有菜单标题的。下面通过下拉式菜单对菜单的基本组成结构进行说明,如图 3-46 所示。

图 3-46 菜单的基本组成结构

下拉式菜单中的一个主菜单称为主菜单栏,用于包括一个或多个选择项,如"文件""编辑""视图"等;这些选择项称为菜单标题;每个菜单标题下都包含一个列表,这些列表的文字部分即菜单项,如"新建""打开"等;列表中的横线就是分隔符,用于分隔不同类别的菜单项;有些菜单项后面会标有键盘的组合键,如果按下这个组合键,就相当于单击该菜单项,如按 Ctrl+O 组合键就相当于单击"文件"→"打开"命令;在每个菜单项的文字后面都有一个带括号和下画线的英文字母,这个英文字母就是该菜单项的热键,当程序运行后按 Alt+热键,就相当于单击与之对应的菜单项,如按 Alt+O 组合键就相当于单击"文件"→"打开"命令;有些菜单项的右侧有一个黑色的小三角,表示该菜单项还有下一级的子菜单。

3.4.2 下拉式菜单

创建下拉式菜单需要使用 MenuStrip 控件,它可以帮助我们轻松地创建 Microsoft Office 样式的菜单,可以通过添加快捷键、选中标签、图像和分隔符增强菜单的可用性和可读性。使用 MenuStrip 控件可以创建支持高级用户界面和布局的自定义菜单,如文本和图像排序的对齐等。建立菜单时,还需要对 MenuStrip 控件的一些属性进行设置。MenuStrip 控件的常用属性见表 3-20。

表 3-20 MenuStrip 控件的常用属性

属 性	说 明
Checked	获取或设置选中标记是否出现在菜单项文本的旁边。该值为布尔值。默认为 False,即不出现
Name	标识该对象的名称
Enabled	控制菜单是否可用。该值为布尔值。默认值为 True,即菜单可用
ShortcutKeys	获取或设置与 ToolStripMenuItem 关联的快捷键
ShowShortcutKeys	获取或设置与 ToolStripMenuItem 关联的快捷键是否显示在其旁边。该值为布尔值
Text	显示菜单标题
Visible	控制菜单项是否可见。该值为布尔值。默认值为 True,即菜单项可见
ShowItemToolTips	获取或设置是否为 MenuStrip 显示工具提示。该值为布尔值

创建下拉菜单很简单,一般分为以下 3 个步骤。

(1) 在窗体上添加 MenuStrip 控件。
(2) 设计菜单结构。
(3) 添加相应的事件处理过程。

本小节只介绍前两个步骤,第 3 个步骤在 3.4.3 节中介绍。

图 3-47 添加 MenuStrip 控件后的界面

例 3-15:创建一个具体的下拉式菜单。

首先选择"文件"→"新建项目"命令,在"新建项目"对话框内选择"Windows 窗体应用(.NET Framework)",项目名称命名为 Menu,单击"确定"按钮。在工具箱中选择 MenuStrip 控件并双击,这时在 Form1 中就添加了一个 MenuStrip1 工具栏对象,如图 3-47 所示。

接下来就可以设计菜单结构了,这里要设计的菜单结构见表 3-21。

表 3-21 菜单结构

菜单标题	菜单项	热键	快捷键	分隔符	菜单标题	菜单项	热键	快捷键	分隔符
文件		F			编辑		E		
	新建	N				剪切	T	Ctrl+X	
				有		复制	C	Ctrl+C	
	退出	X				粘贴	P	Ctrl+V	

根据表 3-21 所示的菜单结构，就可以把菜单内容逐一添加在 MenuStrip 中。首先添加菜单标题"文件"，在 MenuStrip1 顶部显示的"请在此处输入"单击，并输入"文件"，为了给它添加热键，需要使用"&"加上对应的英文字母，这样就会在英文字母下方出现下画线，表示其为热键。需要注意的是，英文字母两侧的括号是需要自己输入的，如图 3-48 所示。

图 3-48 添加菜单标题"文件"的过程

接下来添加另一个菜单标题"编辑"，它的添加方法与"文件"的添加方法相同，它的位置在"文件"右侧的"请在此处输入"，具体添加内容为"编辑(&E)"。"文件"有两个菜单项，并由分隔符分隔，这两个菜单项的添加方法与菜单标题的添加方法相同。首先添加"新建"菜单项，它的热键为 N，它的位置在"文件"菜单标题下方的"请在此处输入"，具体添加内容为"新建(&N)"。由于"新建"与"退出"不是同类别的菜单，因此需要一个分隔符将它们分开。

那么，如何添加分隔符呢？可以采用以下两种方法。

（1）在"新建"菜单项下方的"请在此处输入"直接输入"－"。

（2）在"新建"菜单项下方的"请在此处输入"处单击右侧的下拉按钮，会弹出如图 3-49 所示的选择列表，然后选择 Separator 即可。

添加了分隔符之后，可在其下方的"请在此处输入"添加"退出"菜单项（"退出(&X)"）。"编辑"菜单项的添加方法也是一

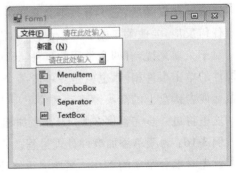

图 3-49 添加分隔符

样的,只是需要注意菜单项出现的位置。从表 3-21 中可以看到,"编辑"菜单项都具有快捷键,那么应该如何为菜单项添加快捷键呢?

首先选中需要添加快捷键的菜单项,然后对属性窗口中的 ShortcutKeys 属性进行设置,该属性的默认值为 None,即不存在快捷键,单击该属性值右边的下拉按钮,就会弹出如图 3-50 所示的一个选择界面。

在这里可以选择所需要的修饰符,它可以是 Ctrl、Shift 或者 Alt,也可以是它们的组合;具体的键值可以在下方的下拉列表中进行选择。假设需要为菜单项"剪切"添加快捷键 Ctrl+X,可以选择修饰符 Ctrl 和键值 X,如图 3-51 所示,用同样的方式为"复制"和"粘贴"添加快捷键。

 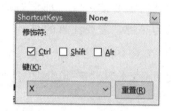

图 3-50　快捷键选择界面　　　　　图 3-51　为"剪切"添加快捷键

到此为止,完整的菜单结构设计完毕,按 F5 键后就可以看到菜单项的运行效果,如图 3-52 所示。

  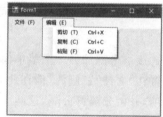

图 3-52　菜单运行结果

3.4.3　菜单的代码设计

完成菜单设计后,它本身并不会真正发挥作用,当单击任何一个菜单项时,系统不会做出任何反应,要使菜单能够真正起作用,需要编写相应的事件处理过程。

对于菜单来说,有两个常用的事件:Click 事件和 Select 事件。其中,Click 事件与其他控件的单击事件相同,也就是在单击某个菜单项时,会触发与之对应的 Click 事件。当把鼠标或者键盘上的箭头键移动到菜单项上时会触发 Select 事件。

这里将进一步完善例 3-15,为其添加相应的事件处理过程。

例 3-16:为菜单添加事件处理过程。

首先对部分菜单的 Name 属性进行修改,见表 3-22。

然后在界面上添加一个文本框(TextBox1),将其 Multiline 属性设置为 True,并进行拉伸,例 3-16 的界面如图 3-53 所示。

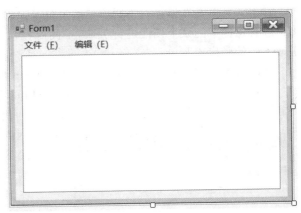

表 3-22　部分菜单 Name 属性

菜单项名称(Text 属性)	Name 属性
新建(&N)	mnuNew
退出(&X)	mnuExit
剪切(&T)	mnuCut
复制(&C)	mnuCopy
粘贴(&P)	mnuPaste

图 3-53　例 3-16 的界面

接下来就需要为菜单项添加 Click 事件了,以便它们能对用户的操作做出响应。具体代码如下。

```
Public Class Form1
    Private Sub mnuCut_Click(ByVal sender As System.Object, ByVal e As_
System.EventArgs) Handles mnuCut.Click
        TextBox1.Cut()
    End Sub
    Private Sub mnuCopy_Click(ByVal sender As_
System.Object, ByVal e As System.EventArgs) Handles mnuCopy.Click
        TextBox1.Copy()
    End Sub
    Private Sub mnuPaste_Click(ByVal sender As Object, ByVal e As_
System.EventArgs) Handles mnuPaste.Click
        TextBox1.Paste()
    End Sub
    Private Sub mnuExit_Click(ByVal sender As Object, ByVal e As_
System.EventArgs) Handles mnuExit.Click
        Me.Close()
    End Sub
    Private Sub mnnNew_Click(ByVal sender As Object, ByVal e As_
System.EventArgs) Handles mnuNew.Click
        TextBox1.Text = ""
    End Sub
End Class
```

编写完这些代码后,运行程序时就会发现通过菜单操作已经能对文本框中的文本进行剪切、复制、粘贴操作了;当单击"新建"时,会显示一个空的文本框;当单击"关闭"时,会退出应用程序。

3.4.4 弹出式菜单

弹出式菜单是在鼠标右击时弹出的菜单。弹出式菜单不显示在窗体的顶端，而要与窗体或者窗体中的某个控件进行关联，不同的控件可以关联相同的弹出式菜单，也可以关联不同的弹出式菜单。

弹出式菜单使用的控件为 ContextMenuStrip ，除了使用的控件与下拉式菜单不同外，弹出式菜单的创建是与下拉式菜单完全相同的，但是在设计完弹出式菜单后，必须将其与窗体或窗体中的某个控件进行关联。进行关联时，只将窗体或者控件的 ContextMenuStrip 属性设置为已经设计好的弹出式菜单名称即可。

例 3-17：创建弹出式菜单。

在例 3-16 的基础上创建弹出式菜单，在工具箱中选择 ContextMenuStrip 控件并双击，这时在 Form1 中就添加了一个 ContextMenuStrip1 工具栏对象，如图 3-54 所示。

添加菜单项的方法与创建下拉式菜单时使用的方法相同，只在 ContextMenuStrip 下面的"请在此处输入"输入菜单项即可，在这里为其添加的菜单项为"剪切""复制"和"粘贴"，添加完具体菜单项的弹出式菜单如图 3-55 所示。

图 3-54 添加弹出式菜单

接下来就需要将这个弹出式菜单与文本框(TextBox1)进行关联，否则在运行时是不会弹出该菜单的。具体做法：选中文本框(TextBox1)将其 ContextMenuStrip 属性设置为 ContextMenuStrip1，这样，当运行程序之后，只有在文本框内右击会弹出这个快捷菜单，如图 3-56 所示。

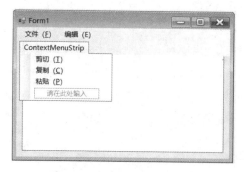

图 3-55 创建后的弹出式菜单

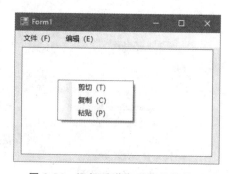

图 3-56 运行后弹出式菜单的效果

不过，这时单击任意一个菜单项是不会有任何反应的，因为还没有编写具体的事件处理过程。具体代码如下。

```
Private Sub 剪切TToolStripMenuItem_Click(ByVal sender As System.Object, ByVal e As_
    System.EventArgs) Handles 剪切ToolStripMenuItem.Click
        mnuCut.PerformClick()
```

Visual Basic.NET 窗体与控件

```
End Sub
Private Sub 复制 CToolStripMenuItem_Click(ByVal sender As Object, ByVal e As _
System.EventArgs) Handles 复制 CToolStripMenuItem.Click
    mnuCopy.PerformClick()
End Sub
Private Sub 粘贴 PToolStripMenuItem_Click(ByVal sender As Object, ByVal e As _
System.EventArgs) Handles 粘贴 PToolStripMenuItem.Click
    mnuPaste.PerformClick()
End Sub
```

在这段代码中调用的是与下拉式菜单对应菜单项的 PerformClick 方法，相当于每次单击弹出式菜单的菜单项，就会触发下拉式菜单中对应菜单项的事件处理过程。

3.5 工具栏与状态栏

工具栏和状态栏都是 Windows 应用程序的重要组成部分，其中工具栏是一组图标按钮组成的控件，通过单击其中的图标按钮，就可以执行相应的操作。通常，这些操作都是用户可以使用的最常用的函数或命令，它们都对应于菜单中的某个命令。状态栏一般是位于窗体底部的一个矩形区域。在这个区域中可以显示应用程序的提示信息或者当前状态等各种状态信息。

1. 工具栏

可以使用 ToolStrip 控件及其相关的类创建应用程序的工具栏。ToolStrip 控件是高度可配置、可扩展的控件，它提供了许多的属性、方法和事件，可用来自定义其外观和行为。它是 ToolStripButton、ToolStripComboBox、ToolStripSplitButton、ToolStripLabel、ToolStripSeparator、ToolStripDropDownButton、ToolStripProgressBar 和 ToolStripTextBox 对象的容器。

1) ToolStrip 控件属性

下面介绍几个 ToolStrip 控件的常用属性，具体说明见表 3-23。

表 3-23 ToolStrip 控件的常用属性

属 性	说 明
AutoSize	该值为布尔值。获取或设置是否自动调整控件的大小，以完整显示其内容
ImageList	获取或设置包含 ToolStrip 项上显示的图像的图像列表
Items	获取属于 ToolStrip 的所有项
ShowItemToolTips	获取或设置是否要在 ToolStrip 项上显示工具提示。该值为布尔值
Text	获取或设置与此控件关联的文本
Visible	获取或设置是否显示该控件。该值为布尔值

在 ToolStrip 控件中创建的按钮就是 ToolStripButton 对象。ToolStripButton 对象的常用属性见表 3-24。

表 3-24 ToolStripButton 对象的常用属性

属　性	说　明
BackColor	获取或设置该项的背景色
CanSelect	获取 ToolStripButton 是否可选。该值为布尔值
Checked	获取或设置是否已按下 ToolStripButton 按钮。该值为布尔值
Enabled	获取或设置是否启用了 ToolStripItem 的父控件。该值为布尔值
Font	获取或设置该项显示的文本字体
ForeColor	获取或设置该项的前景色
Height	获取或设置 ToolStripItem 的高度
Image	获取或设置 ToolStripItem 上的图像
ImageAlign	获取或设置 ToolStripItem 上的图像对齐方式
TextAlign	获取或设置 ToolStripItem 上的文本对齐方式
ToolTipText	获取或设置作为控件的 ToolTip 显示的文本
Visible	获取或设置是否显示该项。该值为布尔值
Width	获取或设置 ToolStripItem 的宽度

2）创建工具栏

如何创建工具栏呢？通常分为以下 3 个步骤。

（1）添加工具栏及其中的对象。

（2）设置工具栏的属性。

（3）编写相应的事件处理过程。

一般来说，工具栏中的每项都应与菜单中的具体命令对应。

例 3-18：工具栏的创建。

首先选择"文件"→"新建项目"命令，在"新建项目"对话框内选择"Windows 窗体应用(.NET Framework)"，项目名称命名为 ToolStrip，单击"确定"按钮。

然后在工具箱中选择 ToolStrip 控件 并双击，这时在 Form1 中就添加了一个 ToolStrip1 工具栏对象，如图 3-57 所示。这时单击工具条右侧的下拉按钮，就会弹出如图 3-58 所示的选择列表，可以根据需要选择不同的对象，在这里选择两个 Button 对象，这时的界面如图 3-59 所示。

接下来对 ToolStrip 上的对象进行属性设置，在 ToolStrip1 的空白处右击，从弹出的菜单中选择"编辑项"，这时会弹出"项集合编辑器"对话框，如图 3-60 所示。

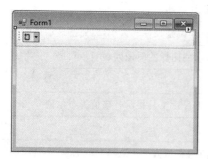

图 3-57 添加 ToolStrip1 后的界面

图 3-58　ToolStrip 的选择列表

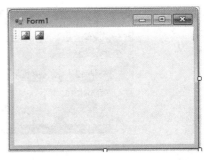

图 3-59　添加两个 Button 后的界面

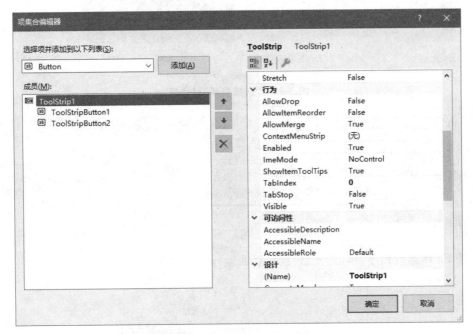

图 3-60　"项集合编辑器"对话框

在这个对话框中,可以对各个对象进行添加、删除,改变它们的排列顺序和设置其属性。首先选择 ToolStripButton1,将其 Text 属性设置为"复制",然后单击 Image 属性值右侧的省略号按钮,会打开如图 3-61 所示的"选择资源"对话框。

在图 3-61 中单击"导入"按钮,然后选择已经准备好的图片,就可以为"复制"按钮添加图标文件了。用同样的方法将 ToolStripButton2 的 Text 属性设置为"粘贴",Image 属性设置为已经准备好的图片。

添加对象的属性后,就需要对相应的事件过程进行编码。Visual Studio 2017 的工具栏中的每个按钮都有自己单独的 Click 事件,通过编写其 Click 事件,可以完成相应的功能。这里通过 MessageBox 显示信息说明 Click 事件被触发了。具体代码如下。

```
Public Class Form1
    Private Sub ToolStripButton1_Click(ByVal sender As System.Object, ByVal e As_
    System.EventArgs) Handles ToolStripButton1.Click
```

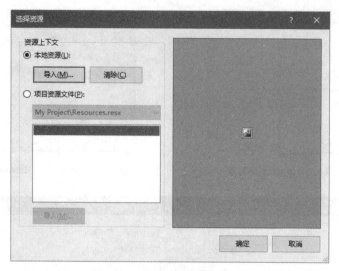

图 3-61 "选择资源"对话框

```
        MessageBox.Show("复制文本")
    End Sub
    Private Sub ToolStripButton2_Click(ByVal sender As System.Object, ByVal e As_
System.EventArgs) Handles ToolStripButton2.Click
        MessageBox.Show("粘贴文本")
    End Sub
End Class
```

按 F5 键运行程序,单击"复制"按钮后的运行结果如图 3-62 所示。

图 3-62 例 3-18 的程序运行结果

2. 状态栏

可以使用 StatusStrip 控件为窗体添加状态栏。通常,StatusStrip 控件可以包括 ToolStripStatusLabel 对象(显示指示状态的文本或者图标)、ToolStripProgressBar 控件 (显示进程的完成状态)、ToolStripDropDownButton 控件、ToolStripSplitButton 控件。

1) StatusStrip 控件属性

使用 StatusStrip 控件时,也需要对其属性进行设置。StatusStrip 控件的常用属性见

表 3-25 StatusStrip 控件的常用属性

属 性	说 明
AutoSize	获取或设置是否自动调整控件的大小，以便完整显示。该值为布尔值
BackColor	获取或设置 StatusStrip 的背景色
BackgroundImage	获取或设置在控件中显示的背景图像
Font	获取或设置用在控件中显示文本的字体
ForeColor	获取或设置 StatusStrip 的前景色
Height	获取或设置控件的高度
Name	获取或设置控件的名称
Text	获取或设置与此控件关联的文本
Visible	获取或设置是否显示该控件。该值为布尔值
Width	获取或设置控件的宽度

表 3-25。

2）创建状态栏

创建状态栏的步骤与创建工具栏的过程一样，也分为 3 个步骤，只是具体的设置有所区别。具体步骤如下。

（1）添加状态栏控件及其中的对象。

（2）设置状态栏的属性。

（3）编写相应的事件处理过程。

例 3-19：状态栏的创建。

首先选择"文件"→"新建项目"命令，在"新建项目"对话框内选择"Windows 窗体应用（.NET Framework）"，项目名称命名为 StatusStrip，单击"确定"按钮，然后在工具箱中选择 StatusStrip 控件 并双击，这时在 Form1 的下方就添加了一个 StatusStrip1 工具栏对象，如图 3-63 所示。单击工具条右侧的下拉按钮，就会弹出如图 3-64 所示的选择列表，可以根据需要选择不同的对象，这里我们选择一个 StatusLabel 对象和一个 ProgressBar 对象，这时界面如图 3-65 所示。

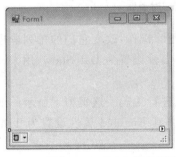

图 3-63 添加 StatusStrip1 后的界面

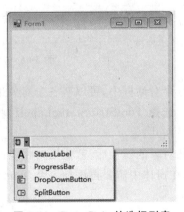

图 3-64 StatusStrip 的选择列表

图 3-65　添加 StatusLable 和 ProgressBar 后的界面

接下来就需要对 StatusStrip 上的对象进行属性设置了。在 StatusStrip1 的空白处右击，从弹出的快捷菜单中选择"编辑项"命令，这时会弹出"项集合编辑器"对话框，如图 3-66 所示。

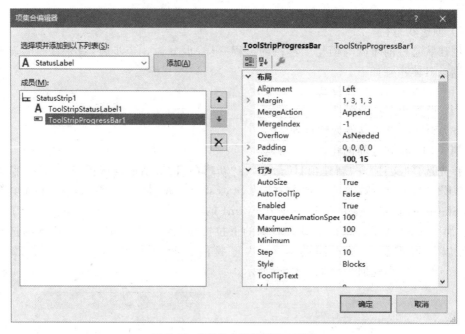

图 3-66　"项集合编辑器"对话框

在这个对话框中，可以对各个对象进行添加、删除操作，改变它们的排列顺序和设置其属性。选择 ToolStripStatusLabel1，将其 Name 属性设置为 DateShow，用来动态显示当前是星期几。

添加对象的属性后，就需要对相应的事件过程进行编码。这里为了显示一个进度条的变化，在窗体中需要再添加一个 Timer 控件，并将其 Enabled 属性设置为 True。具体代码如下。

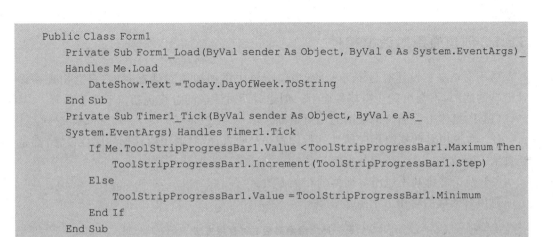

```
Public Class Form1
    Private Sub Form1_Load(ByVal sender As Object, ByVal e As System.EventArgs)_
    Handles Me.Load
        DateShow.Text = Today.DayOfWeek.ToString
    End Sub
    Private Sub Timer1_Tick(ByVal sender As Object, ByVal e As_
    System.EventArgs) Handles Timer1.Tick
        If Me.ToolStripProgressBar1.Value < ToolStripProgressBar1.Maximum Then
            ToolStripProgressBar1.Increment(ToolStripProgressBar1.Step)
        Else
            ToolStripProgressBar1.Value = ToolStripProgressBar1.Minimum
        End If
    End Sub
End Class
```

按 F5 键可以看到程序的运行结果如图 3-67 所示。

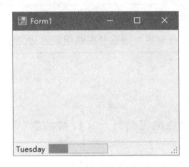

图 3-67　例 3-19 的程序运行结果

3.6　通用对话框

Visual Basic 2017 提供了 8 个通用对话框,分别为打开文件对话框(OpenFileDialog)、文件保存对话框(SaveFileDialog)、文件浏览对话框(FolderBrowseDialog)、字体对话框(FontDialog)、颜色对话框(ColorDialog)、打印对话框(PrintDialog)、打印预览对话框(PrintPreviewDialog)和页面设置对话框(PageSetupDialog)。通过使用这些对话框,可以轻松地实现 Windows 应用程序的标准对话框,省去很多设计这些对话框的时间,提高了编程效率。需要注意的是,通用对话框本身并不能为我们完成任何功能,如果要实现确定的功能,如保存或打开文件,还需要通过编写具体代码来实现。

这里我们只对文件对话框、颜色对话框和字体对话框进行介绍,其他对话框的使用方法与这几个对话框的使用方法类似,这里不再介绍。

3.6.1 创建通用对话框控件

通用对话框在设计时是不可见的,当向窗体中添加通用对话框时,它只会出现在设计窗口的底部,不会出现在窗体界面上。创建通用对话框的过程包括以下 3 个步骤。

(1) 向窗体中添加所需要的通用对话框。

(2) 对通用对话框的相应属性进行设置。一般来说,对通用对话框的属性设置,都是通过编码完成的。

(3) 根据需要调用通用对话框的相关方法。

通用对话框的常用方法见表 3-26。

表 3-26 通用对话框的常用方法

方 法	说 明
Dispose	释放通用对话框占用的资源
Reset	将所有对话框选项重新设置为默认值
ShowDialog	运行通用对话框。在调用该方法之前,需要设置好所有需要的属性

3.6.2 文件对话框

与文件操作相关的通用对话框包括打开文件对话框(OpenFileDialog)和保存文件对话框(SaveFileDialog)。

1. 打开文件对话框

打开文件对话框可以让我们浏览计算机以及网络中任何计算机上的文件夹,并可以选择要打开的一个或者多个文件,并且会返回选定文件的路径和名称,但是它本身并不能真正实现打开文件的功能,需要自行编写相应的代码。打开文件对话框的常用属性见表 3-27。

表 3-27 打开文件对话框的常用属性

属 性	说 明
AddExtension	获取或设置如果用户省略扩展名时,对话框是否自动在文件名中添加扩展名。默认值为 True
CheckFileExists	获取或设置如果用户指定不存在的文件名,对话框是否显示警告。默认值为 True
CheckPathExists	获取或设置如果用户指定不存在的路径,对话框是否显示警告。默认值为 True
DefalutExt	获取或设置默认文件扩展名
DereferenceLinks	获取或设置对话框是否返回快捷方式引用的文件位置,或者是否返回快捷方式的位置。默认值为 True

续表

属 性	说　明
FileName	获取或设置一个包含在文件对话框中选定的文件名的字符串。默认值为控件对象名称
FileNames	获取对话框中所有选定文件的文件名
Filter	获取或设置当前文件名筛选器字符串,该字符串决定对话框的"另存为文件类型"或者"文件类型"框中出现的选择内容
FilterIndex	获取或设置文件对话框中当前选定筛选器的索引。默认值为 1
InitialDirectory	获取或设置文件对话框显示的初始目录
MultiSelect	获取或设置对话框是否允许选择多个文件。默认值为 False
ReadOnlyChecked	获取或设置是否选定只读复选框。默认值为 False
RestoreDirectory	获取或设置是否在关闭对话框前还原当前目录。默认值为 False
ShowHelp	获取或设置是否在对话框中显示"帮助"按钮。默认值为 False
ShowReadOnly	获取或设置对话框中是否包含只读复选框。默认值为 False
Title	获取或设置文件对话框标题
ValidateNames	获取或设置对话框是否只接受有效的 Win32 文件名。默认值为 True

下面看一下如何创建一个打开文件对话框。

首先需要设置 Filter 属性,决定要显示哪些文件类型,具体格式如下。

```
打开文件对话框对象.Filter="名称1|*.扩展名1|名称2|*.扩展名2|…|名称N|*.扩展名N"
```

假设可以打开的文件类型包括所有文件和 EXE 文件,则可以用如下语句:

```
OpenFileDialog1.Filter = "所有文件(*.*)|*.*|EXE 文件(*.exe)|*.exe"
```

其次需要设置 FilterIndex 属性,决定哪个文件扩展名首先显示在筛选器中,默认值为 1,如果要在筛选器中显示第 2 个扩展名,可以用如下语句:

```
OpenFileDialog1.FilterIndex = 2
```

如果要加载文件,则需要使用 RichTextBox 或者 PictureBox 等控件;如果要运行可执行文件,则需要调用 Shell()函数,具体语法如下。

```
Shell(文件名)
```

其中文件名包括可执行文件的路径。

例 3-20:创建打开文件对话框。

首先选择"文件"→"新建项目"命令,在"新建项目"对话框内选择"Windows 窗体应用(.NET Framework)",项目名称命名为 OpenFileDialog,单击"确定"按钮。

在窗体上添加一个 RichTextBox(RichTextBox1),一个按钮(Button1),其 Text 属

性设置为"打开文件",和一个 OpenFileDialog1,具体界面如图 3-68 所示。

图 3-68　具体界面

然后添加如下代码。

```
Public Class Form1
    Private Sub Button1_Click(ByVal sender As System.Object, ByVal e As_
    System.EventArgs) Handles Button1.Click
        OpenFileDialog1.Filter ="所有文件(*.*)|*.*|EXE 文件(*.exe)|*.exe|_
        RTF 文件 (*.rtf)|*.rtf"
        OpenFileDialog1.FilterIndex =3
        If OpenFileDialog1.ShowDialog =Windows.Forms.DialogResult.OK Then
            '如果扩展名为.EXE,则运行该可执行文件
            If Microsoft.VisualBasic.Right(OpenFileDialog1.FileName, 3) = _
            "exe" Then
                Shell(OpenFileDialog1.FileName)
                '如果扩展名为.RTF,则在 RichTextBox1 中加载该文件
            ElseIf Microsoft.VisualBasic.Right(OpenFileDialog1.FileName, 3) = _
            "rtf" Then RichTextBox1.LoadFile(OpenFileDialog1.FileName)
            End If
        End If
    End Sub
End Class
```

按 F5 键后,当单击"打开文件"按钮时,会弹出如图 3-69 所示的打开文件对话框。

从图 3-69 中可以看到,"文件名"默认值为打开文件对话框的名称,"文件类型"是设置的,首先显示 RTF 文件,这时可以通过浏览选择要打开的文件。如果要打开 EXE 文件,可以在"文件类型"中选择"EXE 文件(*.exe)",找到要打开的可执行文件,然后单击"打开"按钮,就可以运行该 EXE 文件了,如图 3-70 所示。

如果要打开 RTF 文件,可以在"文件类型"中选择"RTF 文件(*.rtf)",找到要加载的 RTF 文件,然后单击"打开"按钮,就可以在 RichTextBox1 中加载该 RTF 文件了,如图 3-71 所示。

第 3 章　Visual Basic.NET 窗体与控件

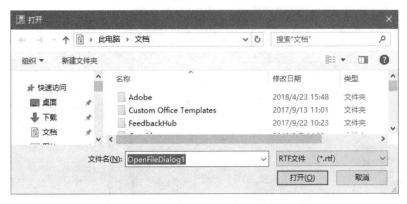

图 3-69　打开文件对话框

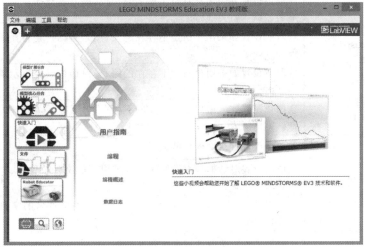

图 3-70　打开 EXE 文件的过程

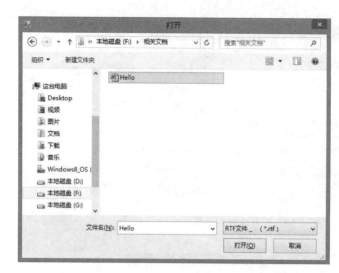

图 3-71 具体运行界面

2. 保存文件对话框

在保存文件对话框中可以选择需要保存文件的位置和名称,但是它本身并不能真正实现保存文件的功能,需要自行编写相应的代码。保存文件对话框的常用属性见表 3-28。

表 3-28 保存文件对话框的常用属性

属　性	说　明
AddExtension	获取或设置如果用户省略扩展名时,对话框是否自动在文件名中添加扩展名。默认值为 True
CheckFileExists	获取或设置如果用户指定不存在的文件名,对话框是否显示警告。默认值为 True
CheckPathExists	获取或设置如果用户指定不存在的路径,对话框是否显示警告。默认值为 True
CreatePrompt	获取或设置如果用户指定的文件不存在,对话框是否允许用户创建该文件。默认值为 True
DefaultExt	获取或设置默认文件扩展名
DereferenceLinks	获取或设置对话框是否返回快捷方式引用的文件位置,或者是否返回快捷方式的位置。默认值为 True
FileName	获取或设置一个包含在文件对话框中选定的文件名的字符串。默认值为控件对象名称
FileNames	获取对话框中所有选定文件的文件名
Filter	获取或设置当前文件名筛选器字符串,该字符串决定对话框的"另存为文件类型"或者"文件类型"框中出现的选择内容
FileterIndex	获取或设置文件对话框中当前选定筛选器的索引。默认值为 1

续表

属　性	说　　明
InitialDirectory	获取或设置文件对话框显示的初始目录
OverwritePrompt	获取或设置如果用户指定的文件名已存在,是否显示警告。默认值为 True
RestoreDirectory	获取或设置是否在关闭对话框前还原当前目录。默认值为 False
ShowHelp	获取或设置是否在对话框中显示"帮助"按钮。默认值为 False
Title	获取或设置文件对话框标题
ValidateNames	获取或设置对话框是否只接受有效的 Win32 文件名。默认值为 True

例 3-21:创建保存文件对话框。

在例 3-20 的基础上创建保存文件对话框。在 Form1 中添加一个 SaveFileDialog (SaveFileDialog1)和一个按钮(Button2),其 Text 属性设置为"保存文件",例 3-21 的界面如图 3-72 所示。

图 3-72　例 3-21 的界面

添加如下代码。

```
Private Sub Button2_Click(ByVal sender As System.Object, ByVal e As _
    System.EventArgs) Handles Button2.Click
    SaveFileDialog1.Filter ="所有文件(*.*)|*.*|RTF文件(*.rtf)|*.rtf"
    SaveFileDialog1.FilterIndex =2
    If SaveFileDialog1.ShowDialog =Windows.Forms.DialogResult.OK Then
        RichTextBox1.SaveFile(SaveFileDialog1.FileName)
    End If
End Sub
```

按 F5 键后,在 RichTextBox1 中输入文本"保存文件对话框演示",然后单击"保存文件"按钮,就会弹出保存文件对话框,通过浏览选择保存目录,并把要保存的文件命名为"演示",文本框中的内容就会保存在硬盘上了,如图 3-73 所示。

图 3-73　具体运行界面

3.6.3　颜色与字体对话框

1. 颜色对话框

颜色对话框(ColorDialog)用来设置标准的 Windows 颜色对话框,可以在这个颜色对话框中选择调色板中的颜色,也可以创建并选择自定义颜色。颜色对话框的常用属性见表 3-29。

表 3-29　颜色对话框的常用属性

属　　性	说　　　　明
AllowFullOpen	获取或设置用户是否可以使用该对话框定义自定义颜色。默认值为 True
AnyColor	获取或设置该对话框是否显示基本颜色集中可用的所有颜色。默认值为 False
Color	获取或设置用户选定的颜色。默认值为 Black
FullOpen	获取或设置用户创建自定义颜色的控件在对话框打开时是否可见。默认值为 False
ShowHelp	获取或设置在颜色对话框中是否显示"帮助"按钮。默认值为 False
SolidColorOnly	获取或设置对话框是否限制用户只选择纯色。默认值为 False

2. 字体对话框

字体对话框(FontDialog)用来设置应用程序中需要的字体。字体对话框的常用属性见表 3-30。

表 3-30　字体对话框的常用属性

属　　性	说　　明
AllowScriptChange	获取或设置用户能否更改"脚本"组合框中指定的字符集，以显示除当前所显示字符集以外的字符集。默认值为 True
AllowSimulations	获取或设置是否允许图形设备接口字体模拟。默认值为 True
AllowVectorFonts	获取或设置是否允许选择矢量字体。默认值为 True
AllowVerticalFonts	获取或设置是否允许选择垂直字体。默认值为 True
Color	获取或设置选定字体的颜色。默认值为 Black
FixedPitchOnly	获取或设置是否只允许选择固定距字体。默认值为 False
Font	获取或设置选定的字体
FontMustExist	获取或设置是否指定当前用户试图选择不存在的字体或者样式时的条件错误。默认值为 False
MaxSize	获取或设置用户可选择的最大磅值
MinSize	获取或设置用户可选择的最小磅值
ScriptsOnly	获取或设置是否允许为所有非 OEM 和 Symbol 字符集以及 ANSI 字符集选择字体。默认值为 False
ShowApply	获取或设置是否包含"应用"按钮
ShowColor	获取或设置是否显示颜色选择
ShowEffects	获取或设置是否允许用户指定删除线、下画线和文本颜色选择的控件
ShowHelp	获取或设置是否显示"帮助"按钮

字体对话框的默认设置如图 3-74 所示；如果 ShowColor 属性设置为 True，那么对话框的效果如图 3-75 所示；如果 ShowEffects 属性设置为 False，那么对话框的效果如图 3-76 所示；如果 ShowApply 属性设置为 True，那么对话框的效果如图 3-77 所示。

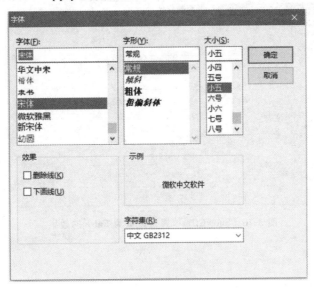

图 3-74　字体对话框的默认设置

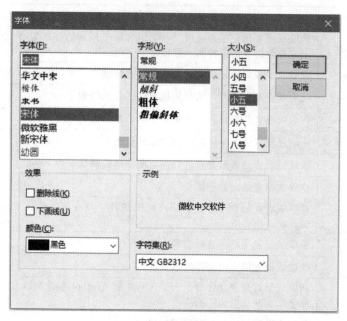

图 3-75　ShowColor 属性设置为 True 的效果

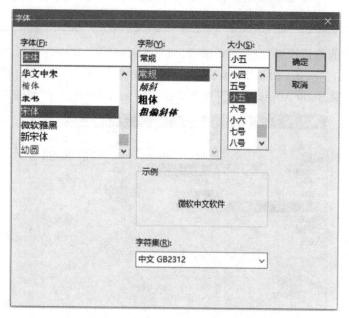

图 3-76　ShowEffects 属性设置为 False 的效果

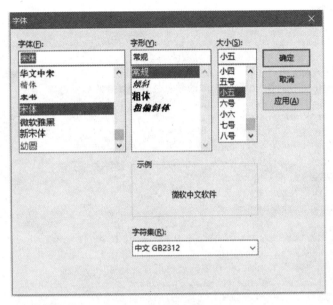

图 3-77 ShowApply 属性设置为 True 的效果

例 3-22:颜色对话框和字体对话框的使用。

首先选择"文件"→"新建项目"命令,在"新建项目"对话框内选择"Windows 窗体应用(.NET Framework)",项目名称命名为 ColorandFontDialog,单击"确定"按钮。

在窗体上添加 1 个标签、1 个字体对话框、1 个颜色对话框和 3 个按钮,具体属性设置见表 3-31,例 3-22 的界面如图 3-78 所示。

表 3-31 具体属性设置

类 型	Name 属性	Text 属性
标签	lblShow	颜色与字体的设置
字体对话框	FontDialog1	
颜色对话框	ColorDialog1	
按钮	btnForeColor	前景色
	btnBackColor	背景色
	btnFont	字体

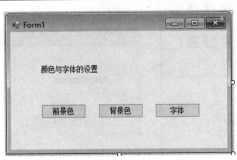

图 3-78 例 3-22 的界面

具体代码如下。

```
Public Class Form1
    Private Sub btnForeColor_Click(ByVal sender As System.Object, ByVal e As _
    System.EventArgs) Handles btnForeColor.Click
        '当单击"确定"按钮后,将选取的颜色设置为标签的前景色
        If ColorDialog1.ShowDialog =Windows.Forms.DialogResult.OK Then
            lblShow.ForeColor =ColorDialog1.Color
        End If
    End Sub
    Private Sub Form1_Load(ByVal sender As Object, ByVal e As _
    System.EventArgs) Handles Me.Load
        '显示颜色设置
        FontDialog1.ShowColor =True
    End Sub
    Private Sub btnBackColor_Click(ByVal sender As Object, ByVal e As _
    System.EventArgs) Handles btnBackColor.Click
        '当单击"确定"按钮后,将选取的颜色设置为标签的背景色
        If ColorDialog1.ShowDialog =Windows.Forms.DialogResult.OK Then
            lblShow.BackColor =ColorDialog1.Color
        End If
    End Sub
    Private Sub btnFont_Click(ByVal sender As Object, ByVal e As _
    System.EventArgs) Handles btnFont.Click
        '设置完字体后,若不单击"取消"按钮,就将所选取的设置给指定的标签
        If FontDialog1.ShowDialog <>Windows.Forms.DialogResult.Cancel Then
            lblShow.Font =FontDialog1.Font
            lblShow.ForeColor =FontDialog1.Color
        End If
    End Sub
End Class
```

按 F5 键后,单击"前景色"或"背景色"按钮都会弹出颜色对话框,选择某一颜色后单击"确定"按钮,标签的前景色和背景色就会发生相应的变化,如图 3-79 所示。

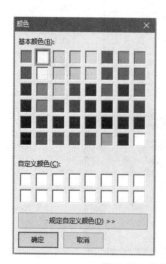

图 3-79 选择前景色和背景色的效果

第 3 章　Visual Basic.NET 窗体与控件　　**133**

单击"字体"按钮后,会弹出字体对话框,可以根据需要进行设置,只要不单击"取消"按钮,所做的设置都会体现在标签的文本中,如图 3-80 所示。

图 3-80　设置字体的效果

3.7　综合应用实例

假设需要开发一个小程序,能够进行 2 个 2 位整数的四则运算。

具体说明:用户可选择运算方式,其中运算方式包括加、减、乘、除 4 种运算;用户还可以有 4 个功能选择,即计算、批改、出题、退出,只有进行了相应的功能选择后,与之对应的按钮才可用。如果单击"批改"按钮,那么可以显示"√"或者"×";如果单击"出题"按钮,就会重新出题。

首先要对程序的界面进行设计。

根据题意分析,要显示可选择的运算方式,而且这 4 种运算应该是互斥的,所以可以使用单选按钮表示加、减、乘、除;要显示可选择的功能,而这 4 种功能不是互斥的,所以可以使用复选框表示要选择的功能;而运算方式和功能选择分别属于两种类别,所以可以使用两个 GroupBox;要响应对应的功能,就需要有 4 个按钮;为了显示批改结果,需要用标签显示批改结果(因为批改结果不应该被修改);为了显示两个整数和运算结果,可以使用文本框,还可以使用几个标签显示提示信息。综合应用实例的界面如图 3-81 所示。

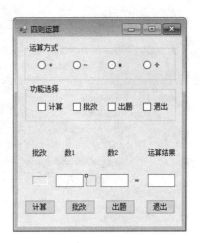

图 3-81　综合应用实例的界面

各个控件的设置见表 3-32。

表 3-32　各个控件的设置

类型	Name 属性	Text 属性	类型	Name 属性	Text 属性
窗体	Form1	四则运算	按钮	btnCT	出题
标签	Label1	批改		btnTC	退出
	Label2	数1	单选按钮	rbAdd	+
	Label3	数2		rbSub	-
	Label4	运算结果		rbMul	*
	Label5	=		rbDiv	÷
	lblPG		复选框	chkJS	计算
	lblOpt			chkPG	批改
文本框	txtNum1			chkCT	出题
	txtNum2			chkTC	退出
	txtResult		GroupBox	GroupBox1	运算方式
按钮	btnJS	计算		GroupBox2	功能选择
	btnPG	批改			

下面具体分析程序的执行过程。

首先在程序运行起来后就产生2个2位整数，默认情况下选择加法运算，然后可以选择其他运算方式；其次要进行功能选择，只有功能被选择，相应的按钮才生效，才能对单击事件进行响应。

为了每次单击"出题"按钮后能产生不同的2个整数，需要使用 Random 类提供的 Next 方法产生不同的随机数。当单击"批改"按钮时可以进行批改，也可以在"运算结果"文本框中输入完运算结果按回车键直接批改。具体代码如下。

```
Public Class Form1
    Dim Num1 As Integer
    Dim Num2 As Integer
    Dim rndnumber As New Random
    Private Sub Form1_Load(ByVal sender As Object, ByVal e As System.EventArgs) _
    Handles Me.Load
        Num1 = rndnumber.Next(100)
        Num2 = rndnumber.Next(100)
        txtNum1.Text = Num1.ToString
        txtNum2.Text = Num2.ToString
        lblOpt.Text = "+"
        lblPG.Text = "  "
        btnJS.Enabled = False
```

```
        btnPG.Enabled = False
        btnCT.Enabled = False
        btnTC.Enabled = False
End Sub
'单击"+"单选按钮后产生的事件
Private Sub rbAdd_Click(ByVal sender As Object, ByVal e As_
System.EventArgs) Handles rbAdd.Click
        lblOpt.Text = "+"
        txtResult.Text = ""
        lblPG.Text = " "
End Sub
'单击"-"单选按钮后产生的事件
Private Sub rbSub_Click(ByVal sender As Object, ByVal e As_
System.EventArgs) Handles rbSub.Click
        lblOpt.Text = "-"
        txtResult.Text = ""
        lblPG.Text = " "
End Sub
'单击"*"单选按钮后产生的事件
Private Sub rbMul_Click(ByVal sender As Object, ByVal e As_
System.EventArgs) Handles rbMul.Click
        lblOpt.Text = "×"
        txtResult.Text = ""
        lblPG.Text = " "
End Sub
'单击"÷"单选按钮后产生的事件
Private Sub rbDiv_Click(ByVal sender As Object, ByVal e As_
System.EventArgs) Handles rbDiv.Click
        lblOpt.Text = "÷"  :   txtResult.Text = ""  :   lblPG.Text = " "
End Sub
'单击"计算"按钮后产生的事件
Private Sub btnJS_Click(ByVal sender As Object, ByVal e As_
System.EventArgs) Handles btnJS.Click
        lblPG.Text = " "
        '如果"+"单选按钮被选中,则进行加法运算
        If rbAdd.Checked = True Then
            txtResult.Text = Num1 + Num2
        End If
        '如果"-"单选按钮被选中,则进行减法运算
        If rbSub.Checked = True Then
            txtResult.Text = Num1 - Num2
        End If
        '如果"*"单选按钮被选中,则进行乘法运算
        If rbMul.Checked = True Then
            txtResult.Text = Num1 * Num2
        End If
        '如果"÷单选按钮被选中,则进行除法运算
        If rbDiv.Checked = True Then
            txtResult.Text = ( Num1 / Num2 * 100) / 100
```

```vb
        End If
    End Sub
    '如果一个单选按钮被选中且做题正确,则显示"√",否则显示"×"
    Public Sub PG()
        lblPG.Text = "×"
        If rbAdd.Checked And Convert.ToInt32(txtResult.Text) = Num1 + Num2 Then
            lblPG.Text = "√"
        End If
        If rbSub.Checked And Convert.ToInt32(txtResult.Text) = Num1 - Num2 Then
            lblPG.Text = "√"
        End If
        If rbMul.Checked And Convert.ToInt32(txtResult.Text) = Num1 * Num2 Then
            lblPG.Text = "√"
        End If
        If rbDiv.Checked And Convert.ToInt32(txtResult.Text) = (Num1 / Num2 * _
            100) / 100 Then lblPG.Text = "√"
        End If
    End Sub
    '单击"批改"按钮后产生的事件
    Private Sub btnPG_Click(ByVal sender As Object, ByVal e As _
    System.EventArgs) Handles btnPG.Click
        PG()
    End Sub
    '单击"出题"按钮后产生的事件
    Private Sub btnCT_Click(ByVal sender As Object, ByVal e As _
    System.EventArgs) Handles btnCT.Click
        '随机产生两个两位整数
        Num1 = rndnumber.Next(100)
        Num2 = rndnumber.Next(100)
        txtNum1.Text = Num1.ToString
        txtNum2.Text = Num2.ToString
        txtResult.Text = ""
        lblPG.Text = "   "
    End Sub
    '勾选"退出"按钮后产生的事件
    Private Sub btnTC_Click(ByVal sender As Object, ByVal e As _
    System.EventArgs) Handles btnTC.Click
        End
    End Sub
    '勾选"计算"复选框后产生的事件
    Private Sub chkJS_Click(ByVal sender As Object, ByVal e As _
System.EventArgs) Handles chkJS.Click
        '如果"计算"复选框被选中,那么"计算"按钮有效,否则无效
        If chkJS.Checked Then
            btnJS.Enabled = True
        Else
            btnJS.Enabled = False
```

```vb
            End If
        End Sub
        '勾选"批改"复选框后产生的事件
        Private Sub chkPG_Click(ByVal sender As Object, ByVal e As_
        System.EventArgs) Handles chkPG.Click
            '如果"批改"复选框被选中,那么"批改"按钮有效,否则无效
            If chkPG.Checked Then
                btnPG.Enabled = True
            Else
                btnPG.Enabled = False
            End If
        End Sub
        '勾选"出题"复选框后产生的事件
        Private Sub chkCT_Click(ByVal sender As Object, ByVal e As_
        System.EventArgs) Handles chkCT.Click
            '如果"出题"复选框被选中,那么"出题"按钮有效,否则无效
            If chkCT.Checked Then
            btnCT.Enabled = True
            Else
                btnCT.Enabled = False
            End If
        End Sub
        '勾选"退出"复选框后产生的事件
        Private Sub chkTC_Click(ByVal sender As Object, ByVal e As_
        System.EventArgs) Handles chkTC.Click
            '如果"退出"复选框被选中,那么"退出"按钮有效,否则无效
            If chkTC.Checked Then
                btnTC.Enabled = True
            Else
                btnTC.Enabled = False
            End If
        End Sub
        '在"运算结果"文本框中输入数据后产生的事件
        Private Sub txtResult_KeyDown(ByVal sender As Object, ByVal e As _
        System.Windows.Forms.KeyEventArgs) Handles txtResult.KeyDown
            '如果按回车键,并且"批改"按钮有效,那么就调用批改过程
            '否则等待用户继续输入
            If e.KeyCode = Keys.Enter Then
                If btnPG.Enabled Then
                    PG()
                Else
                    txtResult.Focus()
                End If
            End If
        End Sub
End Class
```

综合应用实例的程序运行结果如图 3-82 所示。

图 3-82 综合应用实例的程序运行结果

从图 3-82 的运行结果可以看出，勾选"批改"和"出题"复选框，且选中"－"运算后，只有"批改"按钮和"出题"按钮有效。输入完运算结果后单击"批改"按钮或者直接在文本框中按回车键，都会显示批改的结果，运算结束后单击"出题"按钮，会产生两个新的数，然后可以重新选择运算方式和需要的功能。

3.8 小 结

本章主要介绍 Windows 窗体的属性、方法和事件、常用的控件、菜单以及通用对话框等内容。它们都是 Windows 用户界面的基本组成元素。应该熟练掌握每种控件的适用范围以及它的常用属性、方法和事件，以便在程序设计的时候能够灵活、准确地使用。另外需要注意的是，通常界面的设计绝不应是简单的控件堆砌，而应该注重界面布局的平衡与对称。一定要保持界面的简洁，不要把整个界面中的控件摆放得过于松散或者过于拥挤；也不要在一个界面中使用过多的颜色，这样做会加大用户的阅读负担，分散用户的注意力。

练 习 题

1. 如果不希望用户通过文本框进行输入，只用文本框显示信息，就需要将 ReadOnly 属性设置为_____。

2. 文本框控件的 Text 属性允许的文本长度最大为____个字符。

3. 当 CheckBox 控件和 RadioButton 控件的____属性值为 True 时，表示该控件被选中。

4. 计时器控件的 Interval 属性单位为____。

5. Panel 控件与 GroupBox 控件的区别是什么？

6. OpenFileDialog 控件和 SaveFIleDialog 控件能否自己打开并读写文件的内容？

7. 创建一个类似 Word 的多文档编辑器，它提供菜单栏、工具栏和状态栏（只显示当前时间即可），可在其窗体中新建、打开、编辑和保存多个 RTF 文件，在编辑过程中允许用户根据需要对文本的颜色、字体进行设置，允许用户对文本进行剪切、复制和粘贴操作，还允许用户对多文档窗口的排列方式进行操作。

第4章

Visual Basic.NET 面向对象技术

4.1 类和对象

面向对象程序设计是目前程序设计的主要方法,它解决了早期结构化程序设计重用性方面的问题,提高了开发效率。面向对象程序设计主要建立在类和对象的基础之上。

4.1.1 类的基本概念及其主要特性

类在面向对象程序设计中很重要,它是对具有相同数据和相同操作的一组相似对象的定义,也是对具有相同属性和行为的一组相似对象进行抽象。类是对象的模板,它包含所创建对象的状态描述和方法定义。

类具有抽象、封装、继承和多态等特性,这些特性对提高代码的可重用性非常有用。这4种特性也是面向对象程序设计语言的重要组成部分,如果不具有这4种特性,就不能称之为面向对象的程序设计语言。

这里主要介绍的特性是类的抽象性。关于类的封装、继承和多态,将在4.3节中详细介绍。

人们在对事物进行思考时往往是对抽象的概念进行思考,而不是对具体的事物。例如,对于电灯(对象),人们在乎的是它能否照明(抽象),而不是由具体零部件组成的整体(实体)。通过这样的抽象,就可以专注于对象抽象的功能和特性,而不需要考虑对象的一些具体实体组成。抽象是将要解决的问题划分出与之相关的一组对象,它能够有效降低问题的复杂性。

4.1.2 对象的基本概念及使用

"对象"就是存在的一切事物。它可以是看得到、摸得着或者感觉得到的事物,即人们常说的"东西"。例如,一个人、一辆汽车、一只狗等。

在面向对象设计中的对象是类的一个实例,包括数据及其方法。例如,一个文本框、一个对话框都可以看作一个对象。对象只有在定义类之后才能创建。创建对象的具体语法如下:

```
Dim|Public|Private 对象名 As [New] 类名([参数])
```

其中，Dim、Public 和 Private 中的 Dim 最常用；New 关键字用来调用构造函数对对象进行初始化，为可选项；"参数"为可选项。

创建一个对象并不是最终目的，之所以要创建对象，是为了能够使用它。那么，应该如何使用对象呢？对象的使用分为 3 种方式。

1. 调用对象的方法

具体格式如下：

```
对象名.方法名([实参列表])
```

例如，

```
Me.Close()
```

2. 设置对象的属性

具体格式如下：

```
对象名.属性名=属性值
```

例如，

```
Label1.Text ="Hello world!"
```

3. 读取对象的属性

具体格式如下：

```
变量 =对象名.属性名
```

例如，

```
Name =TextBox1.Text
```

如果一个对象变量使用完毕，那么应该如何释放它呢？
具体语法如下：

```
对象变量名 =Nothing
```

需要说明的是，将 Nothing 赋值给对象变量可以释放对象变量所保存的对象引用，但是这样做不一定能保证立即释放对象的资源。因此，如果要立即释放对象的资源，应尽量使用对象的 Dispose 方法，只有当变量的生存周期大于垃圾回收器检测孤立对象所需的时间时，才应将对象变量设置为 Nothing。

4.1.3 类的创建

在 Visual Basic.NET 中使用 Class 语句创建一个类,具体语法如下:

```
Public Class 类名

End Class
```

例如,要创建一个名为 FirstClass 的类,可以采用以下步骤。

首先,打开或创建一个 Windows 应用程序项目。

其次,在"项目"菜单中单击"添加类"命令或者在解决方案资源管理器中的项目名称上右击,然后从弹出的快捷菜单中选择"添加"→"类"命令,这时会弹出如图 4-1 所示的对话框。

图 4-1 "添加新项"对话框

从图 4-1 中可以看到,默认的类名为 Class1,可以对它进行修改,如改为 FirstClass,然后单击"添加"按钮,就添加了 FirstClass 类。这时在代码编辑器中可以看到已经添加的类框架,如图 4-2 所示。

除此之外,在"解决方案资源管理器"窗口中也可以看到增加了一个 FirstClass.vb 文件,如图 4-3 所示。

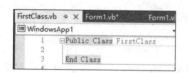

图 4-2 FirstClass.vb 代码编辑窗口

图 4-3 "解决方案资源管理器"窗口

需要说明的是,类在 Visual Basic.NET 中是以代码块的形式存在的,因此它可以出现在窗体或模块文件中或者项目内的单独文件中以及单独的项目中。如果出现在窗体或模块文件中,就需要自行添加创建类的代码。

4.1.4 类中变量的声明

创建了类之后,就可以为其添加数据成员了。类的数据成员包括变量和常量。成员变量是指在类中声明的变量,当程序运行时适用于每一个单独对象的变量。类中变量的声明与一般变量的声明一样,只不过通常都会使用 Private 关键字修饰。

例如,在 FirstClass 类中声明两个变量:Name 和 Age,具体代码如下:

```
Public Class FirstClass
    Private Name As String
    Private Age As Integer
End Class
```

4.2 属性、方法和事件

属性、方法和事件都是类的组成部分。属性表示对象包含的信息,是对象的性质或者是描述对象的数据,其目的是为了方便操作与控制对象。每个对象都有属性,并且在建立对象时,就赋予了它们许多属性。改变对象的属性,可以控制对象在程序中的作用。

属性的设置有两种方法:一种方法是通过属性窗口定义,如一个控件对象的名称、是否可见等;另一种方法是通过编写代码设置,如文本的内容。

方法是为了让对象实施一个动作或者执行一项任务的途径。也就是说,告诉对象应该处理的事情是什么。每个对象都包含对数据进行操作的代码段,即方法。例如,列表框(ListBox)具有 Add()、Remove()和 Clear()等方法对列表中的内容进行添加、删除和清除等操作。

事件是预先定义好的某种特定动作,由用户或者系统激活。每个对象都规定了一些可响应的事件,如对象内容的更改、鼠标的单击等。

事件就是对象所要完成的任务。例如,单击一个命令按钮就是一个事件,事件每发生一次,就将引发的一条消息发送至操作系统;操作系统处理该消息并广播给其他窗口;然后,每个窗口根据自身处理该消息的指令采取适当的操作。

事件驱动应用程序与"过程化"应用程序不同,它不会按照预先规定好的顺序执行代码,而是由用户、操作系统、其他应用程序,甚至应用程序本身触发,根据响应事件的不同而执行不同的代码段,因此应用程序每次运行时执行的代码路径都可能不同。

总之,事件可以看作一个响应对象行为的动作。每个事件都与某段代码相关,以便在该事件发生时进行相应的处理,这段代码称作"事件过程"。

4.2.1 使用 Property 语句定义属性

在 Visual Basic.NET 中通常将字段声明为 Private,这意味着该字段只能在该类中使

用。那么,如何从类的外部访问字段呢?需要使用 Property 语句定义属性,具体语法如下:

```
Private 变量名 As 数据类型
[Public|ReadOnly|WriteOnly] Property 属性名() As 数据类型
    Get
        'Get 属性过程
        Return 变量名
    End Get
    Set(ByVal Value As 数据类型)
        'Set 属性过程
        变量名=Value
    End Set
End Property
```

其中,在定义属性之前必须先声明一个 Private 变量,而且变量的数据类型和属性的数据类型应该一致,在属性定义内包括两个属性过程:Get 属性过程和 Set 属性过程。其中,Get 属性过程用于返回属性值,即返回在类中声明并用于存储属性值的局部变量值;Set 属性过程用于设置属性值,它有一个参数(默认为 Value,也可以根据需要对其名称进行修改),这个参数的数据类型与属性的数据类型相同。每当属性值被更改时,Value 都会传递给 Set 属性过程,在该过程内对其进行验证,并将其存储在一个局部变量中。

声明属性时必须包括 Property 关键字,它可由 Public、ReadOnly 或 WriteOnly 关键字修饰。如果使用 Public 关键字修饰,则属性定义中必须包含 Get 属性过程和 Set 属性过程;如果使用 ReadOnly 关键字修饰,则属性定义中只包含 Get 属性过程,即只能读取属性值,不能设置属性值;如果使用 WriteOnly 关键字修饰,则属性定义中只包含 Set 属性过程,即只能设置属性值,不能读取属性值。下面举例说明如何定义属性。

例 4-1:使用 Property 语句设置汽车的速度为可读可写属性,汽车的重量为只读属性。具体代码如下:

```
Private m_Speed As Integer          '汽车的速度
Private m_Weight As Integer         '汽车的重量
'设置汽车的速度为可读可写属性
Public Property Speed() As Integer
    Get
        Return m_Speed              '返回属性值
    End Get
    Set(ByVal value As Integer)
        m_Speed = value             '设置属性值
    End Set
End Property
'设置汽车的重量为只读属性
Public ReadOnly Property Weight() As Integer
    Get
        Return m_Weight             '返回属性值
    End Get
```

4.2.2 用 Sub 和 Function 创建方法

类的方法就是在类中声明 Sub 或 Function 过程,表示对象可以执行的操作。

需要说明的是,如果不希望某个方法与类的特定实例关联时,需要用到共享方法。共享方法使用关键字 Shared 修饰。共享方法可以直接从类中调用,不用首先创建该类的实例。共享方法不能用 Overridable、NotOverridable 或 MustOverride 关键字修饰。模块中声明的方法是隐式共享的,不能显示使用 Shared 关键字修饰。

例 4-2:直接调用类中的共享方法,具体代码如下:

```
Class ShareClass
    Shared Sub SharedSub()
        MessageBox.Show("共享方法")
    End Sub
End Class

Sub ShareTest()
    ShareClass.SharedSub()          '调用共享方法
End Sub
```

下面介绍方法重载、构造函数和析构函数。

1. 方法重载

方法重载是指在同一个类中具有相同的过程名,但是参数的个数和类型并不相同的过程。进行方法重载时,需要使用 Overloads 关键字。

例 4-3:在类中编写一个"加法"方法,能够实现两个整数、小数的相加以及 3 个整数的相加。

首先进行一下简单的分析,由于要实现两个整数的相加、两个小数的相加和 3 个整数的相加,所以需要使用 3 个重载实现这 3 个功能。下面创建一个类(Class1),然后添加代码,具体代码如下:

```
Public Class Class1
    Public Overloads Function Add(ByVal x As Integer, ByVal y As Integer)_
As Integer
        Return x +y                 '两个整数相加
    End Function
    Public Overloads Function Add(ByVal x As Double, ByVal y As Double) As Double
        Return x +y                 '两个小数相加
    End Function
    Public Overloads Function Add(ByVal x As Integer, ByVal y As Integer,_
ByVal z As Integer) As Integer
        Return x +y +z              '3个整数相加
    End Function
End Class
```

这样就创建了可以重载的方法,下一步是在需要的地方进行调用。这里假设项目中有一个窗体 Form1,在窗体上添加一个按钮(Button1),当单击 Button1 按钮时,会弹出一个消息对话框,显示对两个整数、小数以及 3 个整数的计算结果,具体代码如下:

```
Private Sub Button1_Click(ByVal sender As System.Object, ByVal e As_
    System.EventArgs) Handles Button1.Click
    Dim myAdd As New Class1            '创建类 Class1 的实例 myAdd
    Dim intResult As Integer
    Dim dblResult As Double
    Dim intResult1 As Integer
    intResult = myAdd.Add(6, 4)        '调用实例 myAdd 的方法
    dblResult = myAdd.Add(4.1, 2.2)    '调用实例 myAdd 的方法
    intResult1 = myAdd.Add(2, 3, 4)    '调用实例 myAdd 的方法
    MessageBox.Show("两个整数、小数以及 3 个整数相加的结果分别为:" & _
                    intResult.ToString & "," & dblResult.ToString & "," & _
                    intResult1.ToString)
```

2. 构造函数

构造函数可以用来做一些对象初始化的动作,如分配内存、开启数据文件等。

类中可以创建参数多样化的构造函数,但是构造函数的名称一定要叫作 New,它是一个 Sub 过程,可以根据所传入的参数调用不同的构造函数。如果类中没有定义构造函数,系统会采用默认的构造函数,即不含任何参数的构造函数。

3. 析构函数

在释放对象之前,公共语言运行库(CLR)会为定义析构函数的对象自动调用 Finalize 方法。Finalize()析构函数可以用来完成释放对象时的一些清理工作,控制系统资源的释放。例如,释放所分配的内存、关闭数据文件等。由于执行 Sub Finalize()会有轻微的性能降低,因此应当只在需要显式释放对象时再定义 Sub Finalize()方法。Finalize()析构函数是只能从其所属类或者派生类调用的受保护的方法,当销毁对象时,系统自动调用 Finalize()析构函数。关于构造函数和析构函数的使用和示例,参见 MSND 中的"使用构造函数和析构函数"。

4.2.3 用 Event 语句声明事件

事件与方法有些类似,唯一的区别就是方法中必须预先定义好所需要执行的代码,而事件则是在声明对象时才由编程人员针对具体的需要编写事件过程。例如,一个按钮对象 Button1 本身就有 Move()方法,这是在 Button 类中预先定义好的,而 Button1_Click 事件则必须在类外编写相关的代码。也就是说,在类中只定义事件的名称和参数,而事件过程则是在对象使用时才加以定义。

.NET 框架中的大多数类都有预定义的响应事件,用户也可以自定义类的一个或多个处理响应事件,为类添加事件时使用 Event 语句,声明中包括事件的名称以及使用的参数。

具体语法如下:

```
Public Event 事件名([参数列表])
```

其中,参数列表为可选项,其格式与过程的参数列表相同,但是它不能具有返回值、可选参数或者 ParamArray 参数。

例如,Public Event Event1(ByVal Value As Single)

这个事件的名称为 Event1,而且只有一个单精度参数 Value。从这里可以看到事件的定义就是这么简单,当把一个事件添加到类中后,此类的对象就可以触发该事件,但是要使该事件真正发生,必须使用 RaiseEvent 语句对其进行触发。

例如,RaiseEvent Event1(Value)

从这里可以看出事件的触发有点像调用一般的过程,只不过需要使用 RaiseEvent 命令调用由 Event 语句声明的事件。需要注意的是,事件的触发必须在声明该事件的类内完成。例如,派生类中不能触发从基类继承的事件。

事件过程就是事件触发后执行的相应代码用来对事件做出响应。可以将除函数之外的任何有效过程用作事件过程,这是因为事件过程不能将值返回给事件源。在事件过程生效之前,必须将事件过程与事件进行关联。建立此关联有两种方法。

1. 使用 WithEvents 语句和 Handles 子句

WithEvents 语句和 Handles 子句指定了事件过程的方法。WithEvents 语句所声明对象触发的事件可以由任何过程用该事件的 Handles 子句处理。虽然 Handles 子句是关联事件与事件过程的标准方法,但是它仅限于在编译时关联事件与事件过程。下面举一个简单的例子进行说明。

例 4-4:假设需要对人的体重和身高根据 BMI 指数(BMI 指数=体重(千克)/身高^2(米^2))判断一个人是否重度肥胖(BMI 指数>40)。如果一个人是重度肥胖,那么就给出提示信息:"您迫切需要减肥!"。

具体界面如图 4-4 所示。其中包括 4 个标签(Label1~Label4)分别用来显示提示信息,两个文本框(txtWeight 和 txtHeight)分别用来输入体重和身高,以及一个按钮(Button1)用来计算。

首先需要在项目中添加一个名为 BMIClass 的类,然后添加事件 Fat 的声明和事件触发代码。BMIClass 类的具体代码如下:

图 4-4 具体界面

```
Public Class BMIClass
    Public Event Fat()            '声明事件
    Public Sub BMI(ByVal value1 As Double, ByVal value2 As Double)
```

```
        Dim value As Integer
        value = value1 / (value2 * value2)
        If value > 40 Then
            RaiseEvent Fat()                    '触发事件
        End If
    End Sub
```

然后打开 Form1.vb，在其中添加代码：Dim WithEvents person As BMIClass，添加此行代码后，就可以在左侧的对象中选择 person，然后在右侧选择事件 Fat，这时系统会自动添加事件过程的框架，如图 4-5 所示。

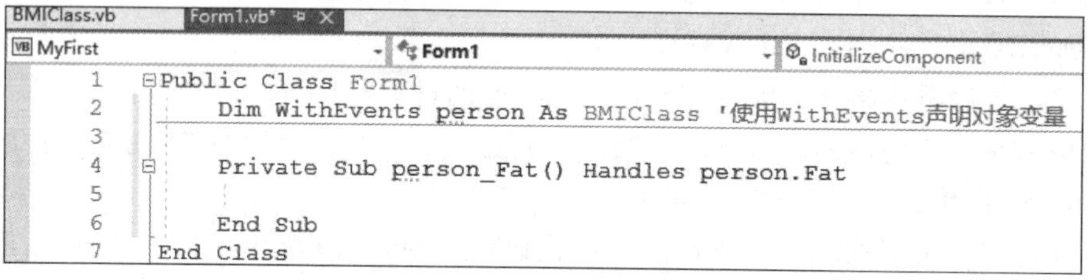

```
BMIClass.vb    Form1.vb*
 MyFirst                    ▼  Form1                        ▼  InitializeComponent
 1  □Public Class Form1
 2        Dim WithEvents person As BMIClass  '使用WithEvents声明对象变量
 3
 4  □    Private Sub person_Fat() Handles person.Fat
 5
 6        End Sub
 7  End Class
```

图 4-5 添加事件过程

这时就可以添加事件过程的代码以及 Button1 的 Click 事件了，具体代码如下：

```
Public Class Form1
    Dim WithEvents person As BMIClass          '使用WithEvents声明对象变量

    Private Sub person_Fat() Handles person.Fat
        MessageBox.Show("您迫切需要减肥！")
    End Sub

    Private Sub Button1_Click(ByVal sender As Object, ByVal e As _
    System.EventArgs) Handles Button1.Click
        person = New BMIClass                  '创建对象
        Dim weight As Double
        Dim height As Double
        weight = Convert.ToDouble(txtWeight.Text)
        height = Convert.ToDouble(txtHeight.Text)
        person.BMI(weight, height)
    End Sub
End Class
```

至此，所有代码都已经编写完毕，运行之后输入 104 和 1.6，这时 BMI 指数就会大于 40，于是 Fat 事件被触发，显示"您迫切需要减肥！"，运行结果如图 4-6 所示。

WithEvents 语句与 Handles 子句通常是事件过程的最佳选择，可以使得对事件处理的编码和调试更加容易，而且也方便阅读。但是，使用 WithEvents 时有一些限制。

（1）不能使用 WithEvents 声明对象变量。也就是说，声明变量时必须指定类名，而不能声明为 Object。

图 4-6　运行结果

（2）不能使用 WithEvents 声明共享事件。

（3）不能使用 WithEvents 或 Handles 处理来自结构的事件。

（4）不能创建 WithEvents 变量数组。

（5）WithEvents 变量允许单个事件过程处理一类或者多类事件，或者一个或多个事件过程处理同类事件。

2．使用 AddHandler 和 RemoveHandler 语句

AddHandler 和 RemoveHandler 语句允许在运行时动态地将事件与一个或多个事件过程连接或者断开，而且不要求使用 WithEvents 声明对象变量，因此 AddHandler 和 RemoveHanlder 语句要比 Handles 子句更加灵活。如果打算处理共享事件或者结构中的事件，就必须使用 AddHandler。AddHandler 和 RemoveHandler 语句的具体语法：

AddHandler|RemoveHandler 对象.事件名,AddressOf 事件过程

AddHandler 和 RemoveHandler 语句中有两个参数，第一个参数是事件的定义，它来自事件发送器（如控件）的事件名和计算委托的表达式；第二个参数是事件过程的地址。

将例 4-4 中的事件过程与事件关联语句换成 AddHandler 语句的代码如下：

```
Public Class Form1
    Private Sub TooFat()
        MessageBox.Show("您迫切需要减肥!")
    End Sub

    Private Sub Button1_Click(ByVal sender As Object, ByVal e As_
    System.EventArgs) Handles Button1.Click
        Dim person As New BMIClass '创建对象
        AddHandler person.Fat, AddressOf TooFat
        Dim weight As Double
        Dim height As Double
        weight =Convert.ToDouble (txtWeight.Text)
```

```
        height =Convert.ToDouble (txtHeight.Text)
        person.BMI(weight, height)
    End Sub
End Class
```

4.3 封装、继承、多态

前面已经介绍了类与对象的概念,并且介绍了类的特性之一———抽象,本节将介绍类的另外 3 个特性:封装、继承和多态。

4.3.1 封装

封装对于人们来说相当于隐私,一旦隐私遭到破坏,人就失去了原有的独立性,其特征就不复存在了,也就失去了一个人应有的尊严。

对象也有类似的特征,它或多或少都有属于自己内部的私有部分,如属性和方法等。这些部分必须是外界无法直接接触到的,只有这样,才能确保对象的完整性。例如,对大部分人来说,汽车(对象)只是用来驾驶(方法)的,而汽车内部零部件的操作(内部的运作方法)并不需要人们了解。假如自行拆开汽车更换零部件(破坏封装),那么很可能因弄坏汽车使其丧失原有的功能。因此,对象必须将私有部分封装在对象内部,而只提供相应的方法、属性,让用户通过这些方法、属性访问对象,这样才能保持对象的完整性。那么,如何保证对象的完整性呢?

这就需要将数据结构和用于操作该数据结构的所有方法都封装在对象的类定义中,使得外界无法直接存取该对象内部的数据结构,而只能通过对象开放的存取接口进行存取,从而保证了对象的完整性。例如,使用自动提款机提款时,只能通过提款机提供的屏幕与按钮,经过密码认证后才能进行提款,而不能直接从提款机内取出现金,这样才能确保提款过程的正确性。

例如,在 Visual Basic .NET 中,可以使用 TextBox1.Text 获取文本框的文本属性,使用 TextBox1.Move(10,10)调用移动方法。除了使用文本框提供的公开接口(属性、方法和事件)外,无法直接存取文本框 TextBox1 对象内部的数据,这就是所说的封装。

封装可以有效隐藏对象内部的复杂设计,而只将有用的界面提供给外部使用,这样做可以大幅度提升软件的生产力。例如,以往使用传统 Windows SDK 设计一个空白窗体程序时,至少需要上百行代码,而现在用 Visual Basic 设计不需要写任何代码,这就是"消息封装"带来的好处。

4.3.2 继承的实现与范围

继承就是从一个简单的类(父类或基类)派生出一个新类(派生类或继承类)。派生类继承了基类的所有属性、方法和事件等。派生类还可以定义自己的属性和方法。默认情况下,在 Visual Basic .NET 中创建的所有类都是可以继承的。继承使得在一个类的基础上只做一些改动就可以产生新类,减少程序开发的复杂性,并增强其灵活性。在.NET 的类框架中,所有类都是直接或者间接地派生于 System.Object 类,用户自定义的类也派生于 System.Object 类。

Visual Basic 中只允许单一继承,即派生类只能有一个基类。如果要防止公开基类中的受限项,那么派生类的访问类型必须与基类的一样或者比基类受限更多。例如,Public 类不能继承 Friend 类或者 Private 类,Friend 类不能继承 Private 类。实现继承很简单,需要使用 Inherits 语句。继承的具体语法如下:

```
[Public|Friend|Private] Class 派生类名
    Inherits 基类名
    ...
End Class
```

使用 Inherits 语句,可以使派生类继承并且扩展基类中所定义的属性、方法、事件、字段和常数等。如果派生类不进行任何扩展,而只拥有基类同样的方法、属性、变量等,用处是不大的,之所以使用继承,就是为了让派生类在继承基类特性的基础上具有额外的功能和特性。通过以下代码看一下如何使用 Inherits 语句。

```
Public Class Animal
    Public name As String
End Class

Public Class Dog
    Inherits Animal
    Public Sub Bite()
        ...
    End Sub
End Class
```

从这段代码中可以看到,Animal 是基类,它包含一个字符串类型的变量 name,Dog 是继承于 Animal 的派生类,它除了包含 Animal 类中包含的变量 name,还包含一个方法 Bite。那么,在类中的方法、属性、变量在访问权限上有怎样的限制呢?类中的方法、属性、变量是否在访问上受限,主要取决于声明时使用的修饰关键字 Private、Public 和 Protected。类中成员的保护级别见表 4-1。

表 4-1 类中成员的保护级别

访问方式	Private	Protected	Public
在类中访问自己类中的成员	可以访问	可以访问	可以访问
在派生类中访问基类中的成员	不可以访问	可以访问	可以访问
在声明的对象上使用类定义的成员	不可以访问	不可以访问	可以访问

如果使用 Private 声明成员,表示不想让类中所定义的成员被外界访问,而只能在类中进行引用,有些类似于局部变量;使用 Protected 声明成员,表示除了可以在基类中使

用外，也允许子类进行访问；使用 Public 声明成员，就会使其变成类的一个接口，允许任何来自外界的直接访问。

前面介绍的语法是如何创建派生类，它是针对派生类而言的。其实，类在创建的时候就可以进行限制，包括是否该类不能被继承，是否该类只能用作基类，涉及两个关键字 NotInheritable 和 MustInherit。

1. NotInheritable 关键字——防止将该类用作基类

默认情况下，所有类都可以被继承，所以当不希望某个类被继承的时候，就需要使用 NotInheritable 关键字进行修饰。例如，有一个类 First，不希望这个类被其他类继承，那么就可以使用如下的代码：

```
NotInheritable Class First
    ...
End Class
```

这时，任何想通过 Inherits 语句产生 First 类的派生类都会出现错误。

2. MustInherit 关键字——该类只能用作基类

MustInherit 类只是基类的一个不完整类型，它无法直接创建实例，只能把它们创建为派生类的基类实例。如果对 MustInherit 类使用 New 运算符，就会产生错误。MustInherit 类可以包含 MustOverride 成员。如果一个常规类派生于 MustInherit 类时，该类就必须包含所有继承的 MustOverride 成员的具体实现。例如，有如下代码：

```
MustInherit Class X
    Public MustOverride Sub A()
End Class
MustInherit Class Y
    Inherits X
    Public Sub Y()
        ...
    End Sub
End Class
Public Class Z
    Inherits B
    Public Overrides Sub A()          '具体实现
        ...
    End Sub
End Class
```

4.3.3　窗体的继承和应用

为了不必每次需要窗体时都从头开始创建一个新的窗体，可以通过从基窗体继承创建新的 Windows 窗体。为了能够从一个窗体继承，就需要包含该窗体的文件或者命名空间必须编译成可执行的文件或 DLL。窗体的继承可以通过两种方法实现：以编程方式继承窗体和使用"继承选择器"继承窗体。

1. 以编程方式继承窗体

首先需要在派生类中添加对命名空间的引用，这个命名空间要包含其继承的窗体；然后在类定义中使用 Inherits 语句实现窗体的继承。需要注意的是，如果基窗体包含在命名空间中，那么一定要先写该窗体的命名空间，后面跟一个句点，最后是基窗体本身的名称。

例如，要创建一个名为 frmNew 的新窗体，它继承自命名空间 Namespace1 中的 frmOld 窗体，就可以写成如下的代码：

```
Public Class frmNew
    Inherits Namespace1.frmOld
    ...
End Class
```

需要注意的是，继承窗体时，如果调用两次事件过程，可能会出现问题，因为每个事件都由基类和派生类共同处理。

2. 使用"继承选择器"继承窗体

使用"继承选择器"对话框是继承窗体或者其他对象的最简便的方法。通过该对话框，就可以利用已经创建的代码或者用户界面了。使用"继承选择器"创建新窗体一般分为以下 5 个步骤。

（1）创建基窗体。
（2）添加基窗体中的控件。
（3）生成类库。
（4）创建包含从基窗体继承的窗体项目。
（5）添加继承窗体。

例 4-5：使用"继承选择器"创建从现有窗体继承的 Windows 窗体。

第一步，创建基窗体。执行"文件"→"新建项目"命令，在打开的"新建项目"对话框中创建一个名为 BaseForm 的 Windows 应用程序。在这里把它创建为类库，因此需要在"解决方案资源管理器"中的 BaseForm 项目节点处右击，从弹出的菜单中选择"属性"，在项目属性中将应用程序类型从"Windows 应用程序"改为"类库"。

第二步，添加基窗体中的控件。向基窗体中添加控件时，如果希望继承者能够修改其属性，就需要将控件的 Modifiers 属性设置为 Protected；如果不希望继承者修改其属性，就需要将控件的 Modifiers 属性设置为 Private。在这里向窗体中添加两个按钮，其中将一个按钮的 Text 属性设置为"你好"，Name 属性设置为 btnProtected，Modifiers 属性设置为 Protected，这样，从 Form1 继承的窗体就可以对该控件的属性进行修改了；将另一个按钮的 Text 属性设置为"再见"，Name 属性设置为 btnPrivate，Modifiers 属性设置为 Private，这样，从 Form1 继承的窗体就不能对该控件的属性进行修改。然后分别为这两个按钮添加 Click 事件过程。

在 btnProtected 的 Click 事件中添加代码 MessageBox.Show("你好！欢迎光临")，在 btnPrivate 的 Click 事件中添加代码 MessageBox.Show("再见！请慢走")。此时，基窗体的界面如图 4-7 所示。

第三步，生成类库。首先将项目进行保存，然后执行"生成"→"生成 BaseForm"命令，这样就可以生成该类库了。

第四步，创建包含从基窗体继承的窗体项目。执行"文件"→"添加"→"新建项目"命令，在打开的"新建项目"对话框中创建一个名为 InheritanceForm 的 Windows 应用程序。

第五步，添加继承窗体。在"解决方案资源管理器"中的 InheritanceForm 项目节点处右击，执行"添加"→"添加 Windows 窗体"命令。在"添加新项"的对话框中，从左侧的"已安装的模板"中选择 Windows Forms 选项，在模板中选择"继承的窗体"，然后单击"添加"按钮。从弹出的"继承选择器"对话框中选择 BaseForm 项目中的 Form1，然后单击"确定"按钮。这时在 InheritanceForm 项目中就会创建一个继承于 BaseForm 的派生窗体 Form2，如图 4-8 所示。

图 4-7 基窗体的界面

图 4-8 派生窗体界面

从图 4-8 中可以看到，在派生窗体的控件左上角都有 符号，用来表示该控件是继承的控件。

当单击"你好"按钮时，可以看到该控件左上角的符号没有发生变化，而且可以调整其大小并对其属性进行修改，如图 4-9 所示。

当单击"再见"按钮时，可以看到该控件左上角的符号上多了一个锁头的符号，而且该控件的大小不可以调整，属性窗口也变灰，表示属性不能被修改，如图 4-10 所示。

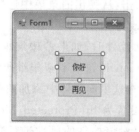

图 4-9 对受保护按钮的属性进行修改

图 4-10 对私有按钮不能进行任何修改

到此为止，在没有添加任何代码的情况下，就已经创建了一个简单的继承窗体，接着就可以运行它了。首先在"解决方案资源管理器"中的"解决方案 BaseForm"处右击,从弹出的菜单中选择"属性"命令,然后在"单启动项目"中选择 InheritanceForm。接下来在 InheritanceForm 项目的属性页中,将"启动窗体"设置为 Form2(继承的窗体),最后按 F5 键就可以运行这个窗体了,例 4-5 程序的运行结果如图 4-11 所示。单击"你好"按钮,会弹出如图 4-11(a)所示的窗体,显示"你好!欢迎光临"。单击"再见"按钮,会弹出如图 4-11(b)所示的窗体,显示"再见!请慢走"。

(a)"你好"窗体   (b)"再见"窗体

图 4-11 例 4-5 程序的运行结果

4.3.4 多态

多态是指对象的相同方法在不同实例的运行过程中结果不同的性质。对象有了多态的特性,就可以简化很多对象的处理过程。程序运行时会根据不同的对象,选择适当的对象过程运行。

如果派生类需要针对基类的方法进行修改或者增加新的功能,就可以在派生类中重新定义原本继承自基类中的方法。这时需要在基类的方法中使用 Overridable 语句定义该方法,表示这个方法允许派生类重新定义,然后在派生类中重新以 Overrides 语句定义这个同名方法,表示这个方法要覆盖掉父类中该方法的定义。例如,有如下的代码:

```
Public Class Calculate                '基类
    Public x As Integer
    Public y As Integer
    '允许派生类覆盖的方法
    Public Overridable Function Result() As String
        Return "结果为:"
    End Function
End Class
Public Class CalculateAdd             '派生类
    Inherits Calculate                '继承 Calculate 类
    '修改基类中的方法 Result
    Public Overrides Function Result() As String
        Return MyBase.Result() & (x + y).ToString
    End Function
End Class
Public Class Form1
    Private Sub Button1_Click(ByVal sender As System.Object, ByVal e As_
    System.EventArgs) Handles Button1.Click
        Dim A As New Calculate
        A.x = 1
        A.y = 2
        '调用基类中的 Result 方法
```

```
            MessageBox.Show(A.Result(), "调用基类的Result方法")
        End Sub
        Private Sub Button2_Click(ByVal sender As System.Object, ByVal e As_
        System.EventArgs) Handles Button2.Click
            Dim B As New CalculateAdd
            B.x = 2
            B.y = 4
            '调用派生类中的Result方法
            MessageBox.Show(B.Result(), "调用派生类的Result方法")
        End Sub
End Class
```

从这段代码中可以看到,当执行A.Result()时,就是调用基类中的Result方法;当执行B.Result()时,就是调用派生类中的Result方法。在派生类CalculateAdd的代码段中可以看到使用了MyBase调用基类的方法。这里MyBase是指基类,而MyBase.Result是指基类中的Result方法。但是需要注意的是,如果继承的层数很多时,不可以重复使用MyBase,如MyBase.MyBase.Method1()是错误的。

程序执行时,单击Button1按钮,会弹出如图4-12所示的消息对话框;单击Button2按钮,会弹出如图4-13所示的消息对话框。

上面这个例子还不算是真正的多态,而且也不容易看出这么做有什么好处。下面举一个更具体的例子看一下什么是多态。

例4-6:假设要对两个整数进行简单的加、减、乘、除运算,并能够显示其计算结果,具体界面如图4-14所示。

图4-12 调用基类的Result()方法

图4-13 调用派生类的Result()方法

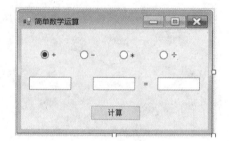

图4-14 具体界面

其中各个控件及其属性设置见表4-2。

表4-2 控件及其属性设置

类型	Name 属性	Text 属性	Checked 属性
窗体	Form1	简单数学运算	
标签	Label1		
	Label2	=	

续表

类型	Name 属性	Text 属性	Checked 属性
文本框	txtNum1		
	txtNum2		
	txtResult		
按钮	btnCal	计 算	
单选按钮	radAdd	＋	True
	radSub	－	False
	radMul	×	False
	radDiv	÷	False

具体创建步骤如下。

（1）新建项目，项目的名称为 Polymorphism。

（2）创建如图 4-14 所示的界面，并按表 4-2 进行属性设置。

（3）创建类模块 Calculate.vb 并添加代码。具体代码如下：

```
Public Class Calculate            '基类
    Private m_Num1 As Integer
    Private m_Num2 As Integer
    Public Property Num1() As Integer
        Get
            Return m_Num1
        End Get
        Set(ByVal value As Integer)
            m_Num1 = value
        End Set
    End Property
    Public Property Num2() As Integer
        Get
            Return m_Num2
        End Get
        Set(ByVal value As Integer)
            m_Num2 = value
        End Set
    End Property
    '允许派生类覆盖的方法
    Public Overridable Function Result() As Integer

    End Function
End Class
Public Class CalculateAdd          '加法类
    Inherits Calculate
    '修改基类中的 Result 方法
```

```
    Public Overrides Function Result() As Integer
        Return Num1 + Num2
    End Function
End Class
Public Class CalculateSub            '减法类
    Inherits Calculate
    '修改基类中的 Result 方法
    Public Overrides Function Result() As Integer
        Return Num1 - Num2
    End Function
End Class
Public Class CalculateMul            '乘法类
    Inherits Calculate
    '修改基类中的 Result 方法
    Public Overrides Function Result() As Integer
        Return Num1 * Num2
    End Function
End Class
    Public Class CalculateDiv        '除法类
        Inherits Calculate
        '修改基类中的 Result 方法
        Public Overrides Function Result() As Integer
            Return Num1 / Num2
        End Function
End Class
```

(4) 编写 Form1.vb 代码。具体代码如下:

```
Public Class Form1
    Dim Cal As Calculate
    Dim CalAdd As New CalculateAdd
    Dim CalSub As New CalculateSub
    Dim CalMul As New CalculateMul
    Dim CalDiv As New CalculateDiv
    Private Sub radAdd_CheckedChanged(ByVal sender As Object, ByVal e As _
    System.EventArgs) Handles radAdd.CheckedChanged
        Label1.Text = "+"
        Cal = CalAdd                   'Cal 指向 CalAdd
    End Sub
    Private Sub radSub_CheckedChanged(ByVal sender As Object, ByVal e As _
    System.EventArgs) Handles radSub.CheckedChanged
        Label1.Text = "-"
        Cal = CalSub                   'Cal 指向 CalSub
    End Sub
    Private Sub radMul_CheckedChanged(ByVal sender As Object, ByVal e As _
    System.EventArgs) Handles radMul.CheckedChanged
        Label1.Text = "×"
        Cal = CalMul                   'Cal 指向 CalMul
```

```
        End Sub
        Private Sub radDiv_CheckedChanged(ByVal sender As Object, ByVal e As_
        System.EventArgs) Handles radDiv.CheckedChanged
            Label1.Text ="÷"
            Cal =CalDiv              'Cal 指向 CalDiv
        End Sub
        Private Sub btnCal_Click(ByVal sender As Object, ByVal e As_
        System.EventArgs) Handles btnCal.Click
            Cal.Num1 =Convert.ToInt32(txtNum1.Text)
            Cal.Num2 =Convert.ToInt32 (txtNum2.Text)
            txtResult.Text =Cal.Result.ToString
        End Sub
End Class
```

(5) 按 F5 键运行该程序,例 4-6 程序的运行结果如图 4-15 所示。

选中任何一个单选按钮(RadioButton)时,都会触发 CheckedChanged 事件。在每个单选按钮(RadioButton)的 CheckedChanged 事件中,将 Cal 动态绑定到对应的对象上。例如,选择"－"(radSub)时,会执行 Cal = CalSub。因此,在"计算"(btnCal)按钮的 Click 事件中,只需要设置 Cal 的 Num1 和 Num2 属性,然后调用 Cal.Result()方法就可以返回计算结果了。这样做有什么好处呢?

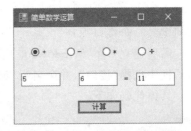

图 4-15 例 4-6 程序的运行结果

如果需要加入其他的计算方式,只需要再次继承 Calculate 类,创建一个相应的 Result()方法,然后在程序中声明一个与之对应的对象变量,最后再新增加一个单选按钮,并在其 CheckedChanged 事件中动态绑定 Cal 到这个对象即可,并不需要修改"计算"按钮(btnCal)的 Click 事件,这样做比通过条件语句逐一检查单选按钮的状态再进行计算要灵活得多。

4.4 接　　口

前面介绍了类的继承,了解到类只支持单继承,为了解决多继承的问题,引入了接口的概念。因为一个类可以实现一个或多个接口,而接口不实现成员,只声名成员,所以就不存在多继承的路径问题。

接口只是一个抽象概念,不能被直接实例化。例如,车可以跑,人可以跑,马可以跑。可以定义一个"会跑的物质",它可以是车,也可以是人或者马。可以看到实例化的车、人、马,可是却不能说"这个东西就是一个会跑的物质,但它并不是车、人或者马"。

接口只是说明了它具有什么样的功能,可以提供什么样的信息,但是无法得知这些功能和信息究竟是什么,是如何提供的,就像是"会跑的物质",知道它可以跑,但是它具体怎么跑就不知道了。

4.4.1 接口的定义

Interface 语句是定义接口的语句,用来声明接口的名称及其中的成员。具体语法如下:

```
[Public | Private | Protected | Friend | Protected Friend | Shadows] Interface 接口名
    [Inherits 接口[,接口]]
    [[Default] Property 属性过程名]
    [Function 成员名]
    [Sub 成员名]
    [Event 成员名]
End Interface
```

其中,Interface 表明要定义的是一个接口;Inherits 是可选项,表示该接口是否继承于其他接口,如果一个接口继承两个及两个以上的接口,则需要用逗号分隔开;在接口中可以声明过程、方法和事件,其声明方法与类中一样,只不过它不包含具体实现。那么,如何定义一个接口呢?

需要建立一个"Windows 应用程序"项目,执行"项目"→"添加新项"命令,从弹出的对话框中选择"接口",并命名为 IMyFirst,然后在 IMyFirst.vb 中添加声明语句。

具体代码如下:

```
Public Interface IMyFirst
    Property stuName() As String '声明属性
    Function GetScore(ByVal x As Single) As Single '声明方法
    Event CalComplete() '声明事件
End Interface
```

在 IMyFirst 接口中,声明了一个名为 stuName 的属性,一个命名为 GetScore()的方法以及名为 CalComplete 的事件,这样就完成了一个接口的定义。

4.4.2 接口的实现

接口的实现需要使用 Implements 语句。具体语法如下:

```
Implements 接口名[,接口名,…]
Implements 接口名.成员名[,接口名.成员名,…]
```

其中,第一个 Implements 语句在声明类名之后出现,表示该类实现了哪些接口;第二个 Implements 语句在具体的属性名、方法名或事件名后使用,表示该属性、方法或事件是对接口中哪个属性、方法或事件的实现。

例 4-7:利用接口实现学生期末成绩和平时成绩的同名方法。

(1) 首先建立一个"Windows 应用程序"项目,然后执行"项目"→"添加模块"命令,建立一个模块文件 Module1.vb。在模块代码窗口中定义一个接口 IMyFirst,声明 1 个 Function 过程 GetScores。具体代码如下:

```
Module Module1
    Public Interface IMyFirst
        Function GetScores(ByVal x As Single) As Single  '声明 Function 过程
    End Interface
End Module
```

(2) 在模块 Module1 中定义实现 IMyFirst 接口的类 stuInfo。具体代码如下：

```
Public Class stuInfo                              '用 stuInfo 类实现接口
    Implements IMyFirst                           '用 Implements 语句指定接口
    Public Function GetScore (ByVal x As Single) As Single Implements _
    IMyFirst.GetScores
        Return x * 0.8
    End Function
End Class
```

(3) 在模块 Module1 中定义另一个实现 IMyFirst 接口的类 stuMessage。具体代码如下：

```
Public Class stuMessage                           '用 stuMessage 类实现接口
    Implements IMyFirst                           '用 Implements 语句指定接口
    Public Function GetScore(ByVal x As Single) As Single Implements_
    IMyFirst.GetScores
        Return x * 0.2
    End Function
End Class
```

(4) 在窗体代码中建立一个通用过程 ShowScore。具体代码如下：

```
Private Sub ShowScore(ByVal obj As IMyFirst, ByVal S As String, ByVal score_
As Single)
    MessageBox.Show(S & "成绩为" & obj.GetScores(score),"显示成绩")
End Sub
```

(5) 在窗体上建立一个按钮(Button1)，并编写 Click 事件。具体代码如下：

```
Private Sub Button1_Click(ByVal sender As System.Object, ByVal e As_
System.EventArgs) Handles Button1.Click
    Dim obj1 As Object =New stuInfo
    Dim obj2 As Object =New stuMessage
    ShowScore(obj1, "期末", 85)                   '计算期末成绩
    ShowScore(obj2, "平时", 85)                   '计算平时成绩
End Sub
```

程序运行后，单击 Button1 按钮，会先后弹出两个消息对话框显示期末成绩和平时成绩，例 4-7 程序的运行结果如图 4-16 所示。

前面已经介绍了接口的定义和实现，那么什么时候需要使用接口呢？

图 4-16 例 4-7 程序的运行结果

当有一个功能，它需要操作不同类的实例完成一个目的相同的方法时，就可以把这些目的相同的方法作为接口实现。例如，有一些类，它们之间没有继承关系，但是这些类都可以显示字符串。具体代码如下：

```
'图书类,可以显示书名
Public Class Book
    Inherits Media
    Private m_Name As String
    Public Function Display() As String
        Return m_Name
    End Function
End Class

'LCD 显示器类,可以显示显示器屏幕上面的内容
Public Class LCD
    Inherits ComputerService
    Private m_DisplayComment As String
    Public Function Display() As String
        Return m_DisplayComment
    End Function
End Class

'用户类,可以显示用户的姓名
Public Class User
    Inherits Person
    Private m_FirstName, m_LastName As String
    Public Function Display () As String
        Return m_FirstName & "." & m_LastName
    End Function
End Class
```

现在希望能够把这些显示内容通过 Console 输出到控制台上面，由于它们不是同一个类继承的，所以可以有两种选择。

（1）为每一个类编写一个函数，分别对应于一个类的显示函数。

（2）使用一个函数，用 Object 代替这些类，使用动态绑定实现。

那么，会有什么问题呢？

首先，上述做法代码复杂，而且如果新加入了其他类，就不得不再编写一个函数。其

次,不安全,如果传递了一个没有相应方法的实例,就会引发异常。那么,如何使用接口解决这些问题呢?

由于接口是不依照类的继承关系存在的,需要首先定义一个接口,它包含一个 Display 方法,则说明了符合这个接口的所有实例都必然有这样一个方法,名字叫作 Display,没有参数,并且返回字符串。具体代码如下:

```
Public Interface IDisplayer
    Function Display() As String
End Interface
```

这个 Display 方法没有内容,也没有限定如何显示,只是可以被用于显示。现在使用这个接口封装已有的 3 个类,让它们实现这个接口。这相当于告诉编译器,这 3 个接口规定的功能,能够说明怎样显示。具体代码如下:

```
'图书类,可以显示书名
Public Class Book
    Inherits Media
    Implements IDisplayer
    Private m_Name As String
    Public Function Display() As String Implements IDisplayer.Display
        Return m_Name
    End Function
End Class

' LCD 显示器类,可以显示显示器屏幕上面的内容
Public Class LCD
    Inherits ComputerService
    Implements IDisplayer
    Private m_DisplayComment As String
    Public Function Display () As String Implements IDisplayer.Display
        Return m_DisplayComment
    End Function
End Class

'用户类,显示用户的姓名
Public Class User
    Inherits Person
    Implements IDisplayer
    Private m_FirstName, m_LastName As String
    Public Function Display() As String Implements IDisplayer.Display
        Return m_FirstName & "." & m_LastName
    End Function
End Class
```

显示函数的具体代码如下:

```
Public Sub Display(ByVal idr As IDisplayer)
    MessageBox.Show(idr.Display)
End Sub
```

其中,参数 idr 的类型是一个接口 IDisplayer,它传递的是实现了这个接口的某个类的实例,所以直接调用接口函数 Display,就可以调用到这个接口实例里面的 Display 函数,它肯定存在,因为它实现了接口,如果不存在,编译器就会报错,因此可以在不知道实例类型的情况下使用方法,而且它很安全。

如果需要加入一个新的类,如 Company 类,只要让它也实现了这个接口,就可以直接使用这个函数了。接口也允许继承,而且允许多继承,但是接口只能从接口继承。例如,IDisplayer 接口继承了两个.NET 的接口。具体代码如下:

```
Public Interface IDisplayer
    Inherits ICloneable, IComparer
    Function Display() As String
End Interface
```

其中,ICloneable 接口表示此接口支持复制;IComparer 接口表示此接口支持比较。

现在,上述 3 个类出现了编译错误,因为现在只实现了 IDisplayer 的函数 Display,基接口的函数 Display 还没有实现,所以还必须实现基接口的虚成员。以 Book 为例,需要稍加改动。具体代码如下:

```
'图书类,显示书名
Public Class Book
    Inherits Media
    Implements IDisplayer
    Private m_Name As String
    Public Sub New(ByVal Name As String)
        m_Name = Name
    End Sub
    Public Function Display1() As String Implements IDisplayer.Display
        Return m_Name
    End Function
    Public Function Compare(ByVal x As Object, ByVal y As Object) _
    As Integer Implements System.Collections.IComparer.Compare
        Dim bx, by As Book
        If TypeOf x Is Book AndAlso TypeOf y Is Book Then
            bx = CType(x, Book)
            by = CType(y, Book)
            Return String.Compare(bx.m_Name, by.m_Name)
        End If
    End Function
    Public Function Clone() As Object Implements System.ICloneable.Clone
        Return New Book(m_Name)
    End Function
End Class
```

图书类实际上包含了 3 个接口：IDisplayer、ICloneable 和 IComparer。但是使用时，ICloneable 和 IComparer 接口不会出现，它的函数会被当作 IDisplayer 实现。

例如，如下代码：

```
Public Sub Display(ByVal idr As IDisplayer)
    MessageBox.Show(idr.Display)
    Dim o As Object =idr.Clone
End Sub
```

总之，当发现一些毫不相干的类，却有一个共同的操作，它们的参数和返回值一致，而恰恰要在某一个（或几个）地方频繁使用的时候，不妨将这些相同的部分用接口实现，但是前提条件是这些操作对设计逻辑来讲属于相同的操作，不要为了使用接口而使用接口。

4.5 综合应用实例

假设要实现对只包含会员编号、会员姓名和常用电话的会员信息进行打印预览，可以使用如图 4-17 所示的界面。

图 4-17 综合应用实例的界面

其中包含 3 个标签（Label1～Label3），分别用来显示提示信息；3 个文本框（txtID、txtName 和 txtPhone），分别用来接收用户输入的会员编号、会员姓名和常用电话；1 个按钮（Button1），其 Text 属性设置为"打印预览"，用来实现打印预览。图 4-17 所示的界面非常简单，但是如何实现功能呢？

在这里需要添加 3 个类和 1 个接口。类和接口的名称及说明见表 4-3。

表 4-3 类和接口的名称及说明

类型	名 称	说 明
类	Person	为 Customer 类的基类
	Customer	具体的会员信息类，派生于 Person 类
	ObjectPrinter	含有打印对象的所有公共代码
接口	IPrintableObject	包含打印预览所需的方法，以便重用

Person 类的具体代码如下：

```
Public MustInherit Class Person
    Private mID As String =""
    Private mName As String =""
    Public Property ID() As String
        Get
            Return mID
        End Get
        Set(ByVal value As String)
            mID =value
        End Set
    End Property
    Public Property Name() As String
        Get
            Return mName
        End Get
        Set(ByVal value As String)
            mName =value
        End Set
    End Property
End Class
```

IPrintableObject 接口的具体代码如下：

```
'System.Drawing命名控件提供标准化打印设置
Imports System.Drawing
Public Interface IPrintableObject
    Sub PrintPreview()
    Sub RenderPage(ByVal sender As Object, ByVal e As _
    System.Drawing.Printing.PrintPageEventArgs)
End Interface
```

该接口能确保任何实现 IPrintableObject 的对象都含有 PrintPreview 方法，所以可以调用合适的打印类型，还确保了该对象含有 RenderPage 方法，该方法可以由该对象实现，将对象的数据发送至打印页。

虽然执行所有必须的代码可以在 Customer 对象中直接进行打印，但是这并不是一个好的方法，因为一些代码在任何实现 IPrintableObject 的对象中都是相同的，所以最好使这部分代码共享。因此，使用类 ObjectPrinter，它是一个架构类，该类与任何特定的应用程序无关，但是可用于任何使用 IPrintableObject 的应用程序中。

ObjectPrinter 类的具体代码如下：

```
'为了使用.NET系统类库提供的内容打印支持,导入两个命名空间
Imports System.Drawing
Imports System.Drawing.Printing
Public Class ObjectPrinter
    'MyDoc含有对打印机输出的引用,printObject用来保存对要打印的事件对象的引用
```

```vbnet
    Private WithEvents MyDoc As PrintDocument
    Private printObject As IPrintableObject
    Public Sub Print(ByVal obj As IPrintableObject)
        printObject = obj
        MyDoc = New PrintDocument
        MyDoc.Print()
    End Sub
    '显示对象的打印预览
    Public Sub PrintPreview(ByVal obj As IPrintableObject)
        Dim PPdlg As PrintPreviewDialog = New PrintPreviewDialog
        printObject = obj
        MyDoc = New PrintDocument
        PPdlg.Document = MyDoc
        PPdlg.ShowDialog()
    End Sub
    '捕获由.NET打印机制自动引发的PrintPage事件
    Private Sub PrintPage(ByVal sender As Object, ByVal e As _
    System.Drawing.Printing.PrintPageEventArgs) Handles MyDoc.PrintPage
        printObject.RenderPage(sender, e)
    End Sub
End Class
```

有了上面的代码，应用程序对象本身就可以确定其数据应该如何输出到页面上。下面看一下Customer类的具体代码：

```vbnet
Public Class Customer
    Inherits Person
    Implements IPrintableObject
    Private mPhone As String = ""
    Public Property Phone() As String
        Get
            Return mPhone
        End Get
        Set(ByVal value As String)
            mPhone = value
        End Set
    End Property
    '使用一个ObjectPrinter对象处理打印预览方面的共同细节
    Private Sub Print() Implements IPrintableObject.PrintPreview
        Dim p As New ObjectPrinter
        p.PrintPreview(Me)
    End Sub
    '将对象的数据置于打印页面上
    Private Sub RenderPage(ByVal sender As Object, ByVal e As _
    System.Drawing.Printing.PrintPageEventArgs) Implements _
    IPrintableObject.RenderPage
        Dim PrintFont As New Font("Arial", 10)
        Dim lineheight As Single = PrintFont.GetHeight(e.Graphics)
```

```
            Dim leftmargin As Single = e.MarginBounds.Left
            Dim yPos As Single = e.MarginBounds.Top
            e.Graphics.DrawString("会员编号:" & ID, PrintFont, Brushes.Black, _
            leftmargin, yPos, New StringFormat)
            yPos += lineheight
            e.Graphics.DrawString("会员姓名:" & Name, PrintFont, Brushes.Black, _
            leftmargin, yPos, New StringFormat)
            yPos += lineheight
            e.Graphics.DrawString("常用电话:" & Phone, PrintFont, Brushes.Black, _
            leftmargin, yPos, New StringFormat)
            e.HasMorePages = False
    End Sub
End Class
```

最后编写 Button1 的 Click 事件，实现在单击"打印预览"按钮时创建一个新的 Customer 对象，并对其 ID、Name 和 Phone 属性进行设置，通过对象的 IPrintableObject 接口调用 PrintPreview() 方法，并使用 CType() 方法获取该对象。具体代码如下：

```
Public Class Form1
    Private Sub Button1_Click(ByVal sender As System.Object, ByVal e As _
    System.EventArgs) Handles Button1.Click
        Dim obj As New Customer
        obj.Name = txtID.Text
        obj.ID = txtName.Text
        obj.Phone = txtPhone.Text
        CType(obj, IPrintableObject).PrintPreview()
    End Sub
End Class
```

到此为止，所有的代码编写完毕，当按下 F5 键后，就可以在文本框中输入具体的会员编号、会员姓名和常用电话，然后当单击"打印预览"按钮时，就会弹出综合应用实例的打印预览界面，如图 4-18 所示。

图 4-18　综合应用实例的打印预览界面

4.6 小 结

本章主要介绍了 Visual Basic 的面向对象技术。为了提高程序的独立性、重用性和开发效率,需要使用 Visual Basic 的面向对象技术。首先,要掌握如何创建类,包括类的声明、类中变量的声明、属性的定义以及方法的创建;其次,要掌握如何声明类的事件、如何触发事件、如何定义事件过程以及将事件过程与事件相关联;最后,为了增强程序的灵活性和开发效率,还需要掌握如何实现继承、多态和接口。

练 习 题

1. 类的特性包括抽象性、封装性、____和多态性。一般来说,如果一种语言支持这 4 个特性,才可以被看作是面向对象程序设计语言。

2. 创建一个名为 Student 的类,它包括学生的姓名和该学生两门功课成绩的平均分计算。其中学生姓名和两门功课的成绩可由用户录入,当单击"求平均分"按钮时,能够以消息对话框显示学生的姓名和平均成绩(界面自定)。

3. 简述类中事件的实现机制。

4. 举例说明类继承的基本语法结构,并说明 NotIhheritable 与 MustInherit 修饰符的区别。

5. 举例说明接口的定义与实现。

第 5 章

Visual Basic.NET 文件

5.1 Visual Basic .NET 文件概述

在计算机上运行的应用程序需要存储数据和使用数据,数据可以被存储在应用程序的虚拟内存地址空间中,但这种数据存储方式存在以下3方面问题。

(1) 存储空间不够。有些应用程序需要存储、管理和使用的数据是海量的,数据无法全部存放在虚拟内存地址空间中。例如,航空系统、银行系统等应用系统。

(2) 无法长期保存。当应用程序结束运行时,系统会收回分配给应用程序的地址空间,存储在这里的数据也就丢失了。此外,当发生系统故障或断电事故,而导致计算机被迫停止运行时,内存中的数据也将丢失。

(3) 应用程序间数据共享困难。很多情况下,一个应用程序需要与其他应用程序共享数据,如果数据存放在应用程序自身的地址空间中,其他应用程序无法直接访问,会造成应用程序间数据共享困难。

为了解决这些问题,应用程序需要把数据存储在外存中。文件系统是操作系统的一个子系统,负责管理存储在外存中的数据。应用程序对外存数据的操作是通过文件系统完成的,文件系统向应用程序提供一个抽象层,在这个抽象层上,数据被组织在一个个文件中。文件是一组相关数据的有序集合,每个文件都有一个文件名,应用程序可以通过文件系统对指定文件名的文件进行各种操作,包括打开文件,从文件中读取数据,将数据写入文件等操作。文件又被包含在目录中,一个目录不仅可以包含文件,还可以包含其他目录。计算机内的目录和文件一起构成一个层次结构。

数据在文件中的结构称作文件的结构。按照不同的分类标准,文件可以分为不同的类型。根据文件的结构和类型的不同,需要采用不同的方式对文件进行存取。下面分别介绍文件的结构和文件的类型。

5.1.1 文件的结构

数据在文件中可以有多种不同的结构。3 种常用的文件结构为字节序列、记录序列和树形结构,如图 5-1 所示。

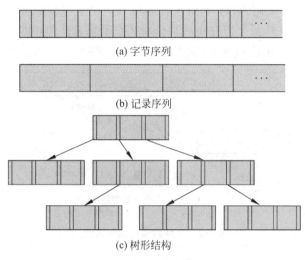

图 5-1 常见的文件结构

(1) 字节序列形式的文件结构：图 5-1(a)所示为字节序列形式的文件结构。在文件系统看来，在这种结构的文件内，数据只是简单的字节序列，文件系统不负责解释其意义。字节序列的意义由使用它的应用程序负责解释，应用程序可以一次读取任意长度字节或者一次写入任意长度字节。这样的文件结构使应用程序在存储和使用数据的时候拥有更大的灵活性。

(2) 记录序列形式的文件结构：图 5-1(b)所示为记录序列形式的文件结构。这种结构的文件是记录的序列，记录和记录之间可以用空格、回车等分隔符分开。如果文件内所有记录的长度相同，即文件的记录是定长记录，记录之间可以没有分隔符。

(3) 树形文件结构：图 5-1(c)所示为树形文件结构。这种结构的文件是由记录构成的树。树形结构的文件中，记录之间通过指针相互连接，记录在键上的值决定了记录在树形结构中的位置。这种结构的文件可以快速查询键值为某个特定值或在某个范围内的记录。

5.1.2 文件的类型

按照不同的分类标准，可以把文件分成不同的类型。按照数据的特性，可以把文件分为程序文件和数据文件；按照代表的对象，可以分为普通文件和设备文件；按存储数据的编码方式，可以分为文本文件和二进制文件；按照文件的访问方式和存储方式，可以分为顺序文件和随机文件。

(1) 程序文件和数据文件：程序文件存储的是计算机程序的源代码或可执行程序，如.exe、.vb、.c、.h 等。数据文件中存储的是普通的用户数据，如实验报告、学生成绩等。

(2) 普通文件和设备文件：普通文件代表的是存储在外存上的有序数据集，可以是数据文件，也可以是程序文件，而设备文件代表的是与主机相连的各种外部设备，如显示器、打印机、键盘等。在操作系统中，一般会把外部设备看作一个文件来管理，一个外部设备对应一个设备文件，对该文件的读和写就是对该外部设备的输入/输出。

（3）文本文件和二进制文件：文本文件的每一个字节存放的都是一个 ASCII 码，代表一个字符。二进制文件是把内存中的数据原样输出到文件中。如果有一个整数 1000，在内存中占 2B，若按 ASCII 码输出，则占 5B；若按二进制输出，则占 2B，如图 5-2 所示。

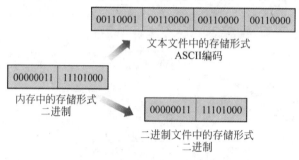

图 5-2　文件数据的编码方式

（4）顺序文件和随机文件：按顺序访问方式建立的文件称为顺序文件。顺序文件的记录一般是变长记录，即文件记录的长度不相同。顺序文件的记录是顺序存放的，记录和记录之间用空格、回车等分隔符隔开。对于顺序文件，根据记录在文件中的顺序无法直接得到该记录在文件中的位置。例如，要读取文件中的第 7 条记录，因为无法直接知道该记录在文件中的位置，所以只能按顺序读取前面的记录，一直读到第 7 条记录。随机文件的记录是定长的记录。因此，只要知道记录在文件中的顺序，就可以知道记录在文件中的位置。

5.1.3　Visual Basic .NET 文件访问方法

在 Visual Basic .NET 中对文件和目录的访问可以通过 FileSystem 模块、System.IO 模型和 My.Computer.FileSystem 对象实现。

（1）FileSystem 模块：早期的 Visual Basic 提供一些用于直接访问文件的语句和方法。Visual Basic .NET 仍然保留了这种直接访问文件的方法，只是语句格式略有改变，这些方法都包含在 FileSystem 模块中。

（2）System.IO 模型：.NET 平台的 System.IO 模型提供了一个面向对象的方法访问文件系统。Microsoft 公司推荐使用 System.IO 模型访问文件系统。System.IO 模型以流的方式实现对文件的读写。这种方式不但灵活，而且可以保证编程接口的统一。

（3）My.Computer.FileSystem 对象：为了缩短应用程序的开发周期，提高执行效率，.NET 平台又提供了 My.Computer.FileSystem 对象，用来取代 FileSystem 模块。

由于 My.Computer.FileSystem 对象用于取代 FileSystem 模块，所以本书将不介绍使用 FileSystem 模块访问文件系统的方法。本书主要介绍后两种技术，在 5.2 节中介绍如何使用 System.IO 模型提供的类，按照面向对象的方法，以流的形式读写文件；在 5.3 节中介绍如何利用 My.Computer.FileSystem 对象直接访问文件系统。

5.2　System.IO 模型

System.IO 模型提供了一个面向对象的方法访问文件系统。System.IO 模型的文件读写基于流的概念。流可以被抽象地看为一个字节序列，有起始端和末尾端，并且利用游标指示当前的读写位置，如图 5-3 所示。

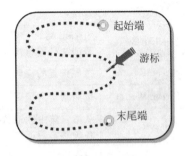

图 5-3　流的示意图

在 Visual Basic.NET 中，很多数据都可以被看作流，这些数据可以来自内存，也可以来自文件或网络。可以通过 Read、Write、Seek 等基本操作访问流所代表的数据。Read 操作从游标所在位置起读取流的数据，并存放到指定的数据结构中。Write 操作将数据从游标所在位置起写入流中。Seek 操作将游标移动到流的指定位置。将不同来源的数据统一看作流，就可以用同一套方法访问不同来源的数据了，Visual Basic.NET 将这些方法封装在 Stream 类中。

Stream 类是一个 MustInherit 的抽象类，Visual Basic.NET 用 Stream 类的不同子类代表不同种类的流，见表 5-1。Stream 类的某些子类有可能只提供 Stream 类中定义的部分方法，而非全部方法，这是因为这些子类代表的流在特性上不适合支持某些操作。要在应用程序中判断一个流是否支持某种操作，可在其对应的子类上调用 CanRead、CanWrite 和 CanSeek 等方法。有些子类在实现 Stream 类定义的方法时，可能会使用缓存，以提高性能，可以使用 Flush 函数将缓存内的数据立即写入对应流中，并清空缓存。

表 5-1　Visual Basic.NET 中常见的流

流 名 称	对应的类	代表的数据
文件流	FileStream	代表文件数据
内存缓冲流	BufferredStream	代表来自另外一个流的数据
内存流	MemoryStream	代表内存中以无符号字节形式存储的数据
网络流	NetworkStream	代表来自 TCP/IP Socket 的数据
加密流	CryptoStream	代表对其他流的数据加密后得到的数据

System.IO 命名空间提供了许多类和枚举类型，以支持数据流的处理，其中一些类和枚举用于实现文件的创建与删除、读写文件、复制文件、移动文件和重命名等操作。使用 System.IO 命名空间时，要加入语句 Imports System.IO。表 5-2 列出了 System.IO 命名空间中与文件操作有关的常用类。

表 5-2　System.IO 命名空间中与文件操作有关的常用类

常用类名称	主要功能说明
File	提供 Static 方法，用于创建文件、打开文件、复制文件、移动文件和删除文件，以及创建用于读写文件的 FileSream 对象
Directory	提供 Static 方法，用于创建目录、移动目录、遍历子目录，Directory 类不能被继承
FileStream	Stream 类的子类，支持同步和异步的文件读写操作。利用 FileStream 不但可以对普通文件进行操作，还可以对设备文件进行操作
StreamReader	按照指定的编码方式从一个流中读取字符数据
StreamWriter	按照指定的编码方式将字符数据写入一个流
BinaryReader	从指定流中读取数据，可以按指定编码读取字符数据，也可以按二进制形式读取各种基本数据类型数据或读取指定长度字节
BinaryWriter	向指定流中写入数据，可以按指定编码写入字符数据，也可以按二进制形式写入各种基本数据类型数据或写入指定长度字节

　　File 类和 Directory 类提供的 Static 方法可用于完成文件或目录的创建、删除、复制、移动和重命名等操作，这些操作都可以利用 My.Computer.FileSystem 对象提供的方法完成。这里主要介绍如何利用 FileStream 类打开和关闭文件，如何利用 StreamReader 类和 StreamWriter 类读写文本文件数据，以及如何利用 BinaryReader 类和 BinaryWriter 类读写二进制文件数据。

5.2.1　文件的打开与关闭

　　要打开一个文件，只要根据该文件的路径创建一个 FileStream 类的实例对象即可。创建一个 FileStream 对象，要指定文件的路径和打开文件的模式，还可以指定读写的权限。语法格式如下：

```
Dim 对象名 =New FileStream（文件名,打开模式［,读写权限］）
```

　　其中文件名是一个可以包括驱动器名和路径的字符串。打开模式用来确定如何打开或创建文件，其值为 FileMode 枚举类型。FileMode 枚举类型的常用成员见表 5-3。

表 5-3　FileMode 枚举类型的常用成员

成员名称	功　　能
FileMode.Create	创建一个新文件，如果文件已经存在，将被新的文件取代。可与 FileAccess.Write 或 FileAccess.ReadWrite 同时使用
FileMode.OpenOrCreate	如果指定文件已存在，则打开文件，否则创建新文件
FileMode.Open	打开已存在的文件，如果文件不存在，则出错
FileMode.Append	打开已存在文件并将游标移动到文件末尾，如果文件不存在，则创建新文件。只能与 FileAccess.Write 同时使用，写入的新数据将追加到原文件的末尾

读写权限用来确定 FileStream 对象访问文件的方式,该参数的值为 FileAccess 枚举类型。FileAccess 枚举类型的成员见表 5-4。FileAccess 枚举类型的成员可以利用位逻辑运算 Or 组合起来使用。例如,可以利用位逻辑 Or 将 FileAccess.Read 和 FileAccess.Write 组合起来,表示读写文件的访问方式。

表 5-4　FileAccess 枚举类型的成员

成员名称	功　　能
FileAccess.Read	读文件的访问方式,表示可以从文件读出数据。可与 FileAccess.Write 组合,表示读写文件的访问方式
FileAccess.ReadWrite	读写文件的访问方式,表示既可以从文件中读出数据,也可以将数据写入文件
FileAccess.Write	写文件的访问方式,表示可以将数据写入文件。可与 FileAccess.Read 组合,表示读写文件的访问方式

下面语句通过创建一个 FileStream 对象,打开 C 盘根目录下一个名为 Text.txt 的文件,如果该文件不存在,则生成一个新文件,对打开的文件可以执行读操作和写操作。

```
Dim File1 New FileStream ("C:\Text.txt", FileMode.OpenOrCreate, FileAccess.ReadWrite )
```

可以通过调用 FileStream 对象的 Close()方法关闭与 FileStream 对象对应的文件,并释放该 FileStream 对象占用的系统资源。FileStream 对象提供的主要属性和方法见表 5-5,用法举例中出现的 Instance 是一个已经创建的 FileStream 对象。

表 5-5　FileStream 对象提供的主要属性和方法

名称	说　　明	举　　例
Close	释放 FileStream 对象,关闭文件	Instance.Close
Flush	清空缓存,将缓存内的数据写入文件	Instance.Flush
Seek	将游标移到指定位置,位置以参照点和偏移量的形式给出	Dim offset As Integer '偏移量 Dim origin As SeekOrigin '参照点 Dim returnValue As Long '移动后游标位置 returnValue=Instance.Seek(origin, offset)
Position	属性,用于获取或设定游标的当前位置	value = instance.Position '获取游标位置 instance.Position = value '设置游标位置
Length	属性,文件流的长度(以字节数计)	Dim value As Long value = instance.Length

Seek()方法和 Positon 属性都可用来移动游标位置。Seek()方法中,移动位置利用参照点和偏移量给出,Position 属性利用距离文件开始端的绝对位置给出所需移动位置。如果指定的位置超出了文件的长度,文件会被扩展。Seek()方法中用来指定参照点参数值的类型是 SeekOrigin,成员见表 5-6。

表 5-6　SeekOrigin 枚举类型的成员

名　称	说　明
Begin	流的起始端
Current	游标当前位置
End	流的末尾端

可以利用 Length 和 Position 属性判断游标当前位置是不是文件末尾，如下面代码所示。

```
If s.Length = s.Position Then
    Console.WriteLine("End of file has been reached.")
End If
```

5.2.2　文本文件的读写操作

读写文本文件可以通过 StreamReader 和 StreamWriter 类完成。StreamReader 类可用于读取文本文件中的数据。StreamWriter 类可用于把数据写入文本文件。使用 StreamReader 和 StreamWriter 类读写文件的第一步是创建它们的对象，可以使用 FileStream 对象创建 StreamReader 和 StreamWriter 对象，这样创建的 SreamReader 和 StreamWriter 对象用于对 FileStream 对象代表的文件进行读写文本数据的操作。

1. 创建 StreamReader/StreamWriter 对象

利用 FileStream 对象创建 SreamReader 和 StreamWriter 对象的语法格式如下：

```
Dim 对象名 As New StreamReader ( FileStream 对象 [,编码方式])
Dim 对象名 As New StreamWriter (FileStream 对象 [,编码方式])
```

其中编码方式用来指示利用 StreamReader 读文本文件或用 StreamWriter 写文本文件时采用的编码方式。如果未指定，则采用 UTF-8 编码方式。编码方式可以由 Encoding 类的 Static 属性给出，这些属性见表 5-7。Encoding 类定义在 System.Text 命名空间中，直接使用 Encoding 类时要加入语句 Imports System.Text。

表 5-7　Encoding 类中可用于指定编码方式的 Static 属性

属性名	说　明
Encoding.ASCII	按照 ASCII（7bit）字符集编码
Encoding.BigEndianUnicode	按照 UTF-16 格式编码，字节排序方式为 Big-Endian
Encoding.Default	按照系统当前 ANSI 代码页编码
Encoding.Unicode	按照 UTF-16 格式编码，字节排序方式为 Little-Endian
Encoding.UTF32	按照 UTF-32 格式编码，字节排序方式为 Little-Endian

续表

属性名	说　明
Encoding.UTF7	按照 UTF-7 格式编码
Encoding.UTF8	按照 UTF-8 格式编码

例如,可以利用 5.2.1 节中创建的 FileStream 对象 File1,创建用于以 ASCII 编码方式读 Text.txt 文件的 StreamReader 对象和用于以 ASCII 编码方式写 Text.txt 文件的 StreamWriter 对象,如下面代码。

```
Dim File1Reader As New StreamReader ( File1, Encoding.ASCII )
Dim File1Writer As New StreamWriter ( File1, Encoding.ASCII )
```

创建 StreamReader 对象或 StreamWriter 对象的时候,可以使用 FileStream 对象创建,也可以直接使用文件名创建。使用文件名创建的 StreamReader 和 StreamWriter 可用来以文本方式读写与该文件名对应的文件。利用文件名创建 StreamReader 和 StreamWriter 的语法格式如下:

```
Dim 对象名 As New StreamReader (文件名[,编码方式])
Dim 对象名 As New StreamWriter (文件名[, True | False,编码方式])
```

其中,参数文件名用于指定要读写的文本文件的名称,参数编码方式用于指定读写文本文件时采用的编码方式。创建 SreamWriter 对象时,StreamWriter 构造函数的第二个参数类型为 Boolean,如果将该参数设为 True,则写入文件的数据被追加到文本文件的末尾,如果将该参数设为 False 或省略该参数,则写入文件的数据覆盖原来的数据。

2. 读取文本文件数据

创建一个 StreamReader 对象后,就可以通过该 SreamReader 对象调用各种方法,读取与该 StreamReader 对象对应的文本文件中的数据,常用的方法见表 5-8,其用法举例代码中出现的 Instance 是一个已经创建的 StreamRead 对象。

表 5-8　**StreamReader 类中用于读数据的主要方法和属性**

名　称	说　明	用法举例
Read	读入下一个字符	Dim returnValue As Integer returnValue = instance.Read '可用 Convert.ToChar 转换成字符
	读取指定个数的字符,并存储到指定的存储空间中,返回实际读取的字符个数	Dim buffer As Char() '用于存放读取字符串的存储空间 Dim index As Integer '存储空间中开始存放的位置 Dim count As Integer '读取的字符的个数 Dim returnValue As Integer '用于存放返回值 returnValue = instance.Read(buffer, index, count)
ReadLine	读入下一行字符串	Dim returnValue As String returnValue = instance.ReadLine

续表

名称	说明	用法举例
ReadToEnd	从流的当前位置读到流的末尾	Dim returnValue As String returnValue = instance.ReadToEnd
Peek	返回下一个字符，但并不读入该字符	Dim returnValue As Integer returnValue = instance.Peek
EndOfStream	判断当前位置是否为文件末尾	If Not instance.EndOfStream Then '如果不是文件末尾 …'读数据 End If
Close	释放 StreamReader 对象，并关闭当前流	instance.Close

读入多少字节长度的数据，游标就会移动多少字节的距离，但 Peek 方法并不移动游标，只是返回游标当前位置上的字符。如果游标的当前位置是文件末尾，此时游标位置上没有字符，如果调用 Peek 方法，则返回－1 值。可以利用 Peek 方法判断是否已读到文件的末尾，如下面的代码所示。

```
If Instance.Peek =-1 then
    Console.WriteLine("End of file has been reached.")
End if
```

例 5-1：读取指定文本文件中的数据，程序界面如图 5-4 所示，在窗体上创建 1 个文本框和 4 个命令按钮。文本框用于显示读取的数据，4 个命令按钮分别用于选择要打开的文件，一次读入一个字符，一次读入一行字符，一次读入从当前位置到文件末尾的全部字符。

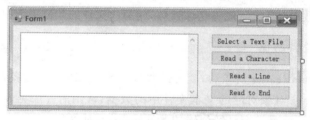

图 5-4 读文本文件程序界面

1) 设计用户界面

各控件属性设置见表 5-9，表中没有涉及的控件属性采用系统默认值。

表 5-9 控件属性设置

控件名称	属性	属性值	控件名称	属性	属性值
Button1	Text	Select a Text File	Button4	Text	Read to End
	Enabled	True		Enabled	False
Button2	Text	Read a Character	TextBox1	Text	Empty
	Enabled	False		ScrollBars	Vertical
Button3	Text	Read a Line		Multiline	True
	Enabled	False		WordWrap	True

可以看到，除了 Select a Text File 按钮，其他按钮的 Enabled 属性都设置成了 False，这是为了防止用户在还没有打开文件的情况下通过这些按钮执行读文件的操作。此外，加入一个 OpenFileDialog 控件。Select a Text File 按钮让用户通过 FileOpenDialog 窗体选择要打开的文件。

2）编写程序代码

```vb
Imports System.IO                '为了使用 FileStream、StreamReader、SreamWriter 等类
Imports System.Text              '为了使用 EnCoding 类

Public Class Form1
    Dim reader As StreamReader   '用于参照生成的 StreamReader 对象

    '单击 Buttton1(Select a Text File)按钮执行此方法,选择要打开的文件,创建对应的 FileStream 对象,
    '并利用创建的 FileStream 对象进一步创建 StreamReader 对象
    Private Sub Button1_Click(ByVal sender As System.Object, ByVal e As System.EventArgs) _
        Handles Button1.Click
    OpenFileDialog1.ShowDialog()     '利用 OpenFileDialog 获得要打开的文件的名称
    Dim file1 As New FileStream(OpenFileDialog1.FileName, FileMode.OpenOrCreate, FileAccess.Read)
    reader = New StreamReader(file1, Encoding.ASCII)
    Button2.Enabled = True
    Button3.Enabled = True
    Button4.Enabled = True
End Sub

'单击 Button2(Read a Character)按钮执行此方法,利用 Read 方法读取一个字符,并追加到 TextBox 的 Text 属性上
Private Sub Button2_Click_1(ByVal sender As System.Object, _
        ByVal e As System.EventArgs) Handles Button2.Click
Dim onechar As Char
  If reader.peek >-1 then
    onechar = Convert.ToChar(reader.Read) '读取一个字节,并转换为字符数据
    TextBox1.Text + = onechar
  End if
End Sub

'单击 Button3(Read a Line)按钮执行此方法,利用 ReadLine 方法读取一行字符,加上 Carriage Return
'符并追加到 TextBox 的 Text 属性上
Private Sub Button3_Click(ByVal sender As System.Object, ByVal e As System.EventArgs) Handles Button3.Click
    Dim linestr As String
    If reader.peek>-1 then
```

```
        linestr = reader.ReadLine
        TextBox1.Text += linestr & Chr(13) & Chr(10)
                                            '读取一行后追加 Carriage Return 符号
     End if
End Sub

'单击 Read to End 按钮执行此方法,利用 ReadToLine 方法读取从当前位置到文件末尾的
'所有字符,并追加到 TextBox 的 Text 属性上
Private Sub Button4_Click(ByVal sender As System.Object, ByVal e As System.
EventArgs) Handles
     Button4.Click
     Dim allstr As String
     allstr = reader.ReadToEnd
     TextBox1.Text += allstr
   End Sub
End Class
```

3. 向文本文件写入数据

创建一个 StreamWriter 对象后,就可以通过该 SreamWriter 对象调用各种方法,向与该 StreamWriter 对象对应的文本文件写入数据。常用的方法如表 5-10,用法举例代码中出现的 Instance 是一个已经创建的 StreamWriter 对象。

表 5-10 SreamWriter 类中用于将数据写入文件的主要方法和属性

名 称	说 明	用 法 举 例
Write	有多种重载的形式,用于将各种不同类型的数据以文本数据的形式写入文件。包括基本数据类型（Char，Boolean，Int32，Int64，Uint32，Uint64，Decimal，Single,Double 等）,字符串、对象等数据	'将各种基本数据类型数据以文本形式写入文件,例如: Dim value As Double instance.Write(value)
		Dim buffer As Char() '定义一个字符数组 Dim index As Integer Dim count As Integer '将字符数组内的所有字符写入文件 instance.Write(buffer) '将字符数组中从 index 开始的 count 个字符写入文件 instance.Write(buffer, index, count)
		Dim value As String instance.Write(value) '将字符串写入文件
WriteLine	有多种重载的形式,用于将不同类型的数据（类似于 Write)以文本的形式写入文件,并在后面加上行结束符	instance.WriteLine '向文件写入一个行结束符
		其他重载方法与 Write 类似,区别是 WriteLine 方法多写入一个行结束符,例如: Dim value As String instance.Write(value) '将 String+行结束符写入文件

续表

名称	说明	用法举例
Flush	将缓存内的所有数据写入对应的文件流中,并清空缓存	instance.Flush
Close	释放 SreamWriter 对象,关闭当前流	instance.Close

例 5-2：将数据写入指定文件中。程序界面如图 5-5 所示,在窗体上创建 1 个文本框和 3 个命令按钮。文本框用于显示读取的数据,3 个命令按钮分别用于选择要打开的文件,将输入的个人信息写入文件,根据文件内容刷新文本框内容。创建 4 个文本框和 1 个组合框,用于输入个人信息,包括 Name、Age、Sex、Phone 和 E-mail。

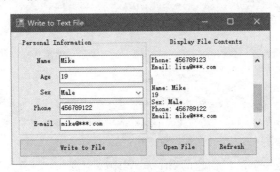

图 5-5 写文本文件程序界面

1) 设计用户界面

各控件属性设置见表 5-11,表中没有涉及的控件属性采用系统默认值。

表 5-11 控件属性设置

控件名称	说明	属性	属性值
Button1	将记录内容写入文件	Text	Write to File
Button2	选择并打开一个文件	Text	Open File
Button3	刷新显示的文件内容	Text	Refresh
TextBox1	显示文件内容	Text	Empty
		ScrollBars	Vertical
		Multiline	True
		WordWrap	True
TextBox2	输入姓名	Text	Empty
TextBox3	输入年龄	Text	Empty
TextBox4	输入电话	Text	Empty
TextBox5	输入 E-mail 地址	Text	Empty
ComboBox1	输入性别	Items	Male,Female

2) 编写程序代码

```vb
Imports System.IO                    '为了使用 FileStream、StreamReader、SreamWriter 等类
Imports System.Text                  '为了使用 EnCoding 类

Public Class Form1
    Dim file1 As FileStream          '用于参照生成的 FileStream 对象
    Public Event refre()             '事件定义,当显示的文件内容需要刷新的时候,唤起此事件

    '事件 refre 发生时执行此方法,建立一个新的 StreamReader 对象,从文件中重新读取全
    '部内容,并刷新 Textbox1(显示文件内容的文本框)
    Private Sub myrefresh() Handles Me.refre
        file1.Seek(0, SeekOrigin.Begin)          '将游标移至文件开始端
        Dim freader As New StreamReader(file1)   '创建 StreamReader 对象
        TextBox1.Clear()
        TextBox1.Text += freader.ReadToEnd       '读取文件从游标当前位置到末尾的全部内容
    End Sub

    '单击 Bottun2(Open File)时执行此方法,选择要打开的文件,创建对应的 FileStream 对
    '象,利用创建的 FileStream 对象进一步创建 StreamReader 对象,读取文件中的全部内容
    Private Sub Button2_Click(ByVal sender As System.Object, ByVal e As _
    System.EventArgs) Handles Button2.Click
        '判断是否已有文件被打开,若有,则关闭文件,并清空 TextBox1(Display File
        ' Contents)
        If Not (file1 Is Nothing) Then
            file1.Close()                        '关闭文件
            TextBox1.Clear()
        End If
        OpenFileDialog1.ShowDialog()             '选择要打开的文件名
        Try
            file1 = New FileStream(OpenFileDialog1.FileName, _
            FileMode.OpenOrCreate, FileAccess.ReadWrite)
                                                 '以读写方式打开文件,游标在开始端
        Catch ex As System.IO.IOException
            MsgBox("can not open file"+OpenFileDialog1.FileName)
            Exit Sub
        End Try
        Dim freader As New StreamReader(file1)   '创建 StreamReader 对象
        TextBox1.Text +=freader.ReadToEnd        '读取文件从游标当前位置到末尾的全部内容
        Button1.Enabled = True                   '可向文件中写入数据
        Button3.Enabled = True                   '可根据文件内容刷新 TextBox1(Display File Contents)
    End Sub
    '单击 Button1(Write to File)时执行此程序,验证输入的年龄和 Email,创
    '建 SreamWriter 对象,将输入的内容写入文件,并刷新 TextBox1(Display File Contents)
```

```
Private Sub Button1_Click(ByVal sender As System.Object, ByVal e As System.
EventArgs) _
    Handles Button1.Click
    Dim age As Integer =Val(TextBox3.Text)    '将年龄信息由字符串转换成整型
    '验证年龄是否为 12～40 岁
    If age <=12 Or age >=40 Then
        MsgBox("Incorrect input: age (12-40)")
        Exit Sub
    End If
    '验证输入的邮箱地址是否符合规范
    If Not (TextBox5.Text Like "?*@*.*") Then
        MsgBox("Incorrect input: Email")
        Exit Sub
    End If
    Dim fwriter As New StreamWriter(file1) '使用 file1 创建 StreamWriter 对象
    fwriter.WriteLine("Name: " & TextBox2.Text)
                                             '以文本形式写入姓名(字符串),并换行
    fwriter.WriteLine(age)                   '以文本形式写入年龄(整形),并换行
    fwriter.WriteLine("Sex: "&ComboBox1.Text)
                                             '以文本形式写入性别(字符串),并换行
    fwriter.Write ("Phone: "&TextBox4.Text)  '以文本形式写入电话(字符串)
    fwriter.WriteLine()  '换行
    fwriter.WriteLine("Email: " & TextBox5.Text)
                                             '以文本形式写入 Email(字符串)
    fwriter.WriteLine()                      '换行
    fwriter.WriteLine()                      '写入一个空行,作与一组输入的分隔
    fwriter.Flush()                          '将缓冲区内的数据全部写入文件
    RaiseEvent refre()                       '唤起 refre 事件
End Sub
End Class
```

5.2.3 二进制文件的读写操作

读写二进制文件可以通过 BinaryReader 和 BinaryWriter 类完成。BinaryReader 类可用于读取二进制文件内的数据,BinaryWriter 类可用于把数据写入二进制文件。使用 BinaryReader 和 BinaryWriter 类读写文件的第一步是创建它们的对象,可以使用 FileStream 对象创建 BinaryReader 和 BinaryWriter 对象,这样创建的 BinaryReader 和 BinaryWriter 对象用于对 FileStream 对象代表的文件进行读写二进制数据的操作。

1. 创建 BinaryReader/BinaryWriter 对象

利用 FileStream 对象创建 BinaryReader 和 BinaryWriter 对象的语法格式如下:

```
Dim 对象名 As New BinaryReader ( FileStream 对象[,编码方式])
Dim 对象名 As New BinaryWriter (FileStream 对象[,编码方式])
```

其中编码方式用来指定读取或写入字符或字符串时采用何种编码方式,如果缺省,则采用 UTF8 编码方式。此编码方式在读取或写入字符或字符串数据时有意义,其他情况下无意义。下面语句创建一个与文件"c:\binary.txt"对应的 FileStream 对象,然后利用这个 FileStream 对象创建 BinaryReader 和 BinaryWriter 对象,用于以二进制形式读写"c:\binary.txt"文件。

```
Dim File2 New FileStream ("C:\binary.txt", FileMode.OpenOrCreate,_
FileAccess.ReadWrite )
Dim File2Reader As New BinaryReader ( File2 )
Dim File2Writer As New BinaryWriter ( File2 )
```

如果创建 FileStream 对象时的读取权限是 FileAccess.ReadWrite,则表示既可以读,也可以写与该 FileStream 对象对应的文件。也就是说,我们既可以根据该 FileStream 对象创建 BinaryReader 对象,也可以根据该 FileStream 对象创建 BinaryWriter 对象,BinaryReader 和 BinaryWriter 对象不能直接根据文件名创建。

2. 读取二进制文件数据

创建一个 BinaryReader 对象后,就可以通过该 BinaryReader 对象调用各种方法,以读取与该 BinaryReader 对象对应的二进制文件中的数据,常用的方法见表 5-12。用法举例代码中出现的 Instance 是一个已经创建的 BinaryRead 对象。

表 5-12 BinaryReader 类中用于读数据的主要方法和属性

名 称	说 明	用 法 举 例
Read	有 3 个重载的方法,分别是读一个字符、读指定个数的字符、读指定个数的字节	Dim returnValue As Integer returnValue = instance.Read '读一个字符
		Dim buffer As Byte() '字节数组,用于存放读取的数据 Dim index As Integer '开始存放的位置(在字节数组中) Dim count As Integer '指定读取的字节数 Dim returnValue As Integer '用于存放实际读取的字节数 '读取 count 个字节,从 buffer 中 index 处开始存放 returnValue = instance.Read(buffer, index, count)
		Dim buffer As Char() '用于存放读取字符的字符数组 Dim index As Integer '开始存放的位置(在字符数组中) Dim count As Integer '指定读取的字符数 Dim returnValue As Integer '用于存放实际读取的字符数 '读取 count 个字符,从 buffer 中的 index 处开始存放 returnValue = instance.Read(buffer, index, count)

续表

名 称	说 明	用 法 举 例
ReadBoolean	读布尔值数据	'读取各种基本数据类型 Dim bovalue As Boolean bovalue=instance.ReadBoolean Dim bvalue As Byte bvalue=instance.ReadByte Dim cvalue As Char cvalue=instance.Readchar Dim devalue As Decimal devalue=instance.ReadDecimal Dim svalue As Single svalue=instance.ReadSingle Dim duvalue As Double duvalue=instance.ReadDouble
ReadByte	读一个字节	
ReadChar	读一个字符	
ReadDecimal	读一个十进制数据	
ReadSigle	读一个单精度浮点数据	
ReadDouble	读一个双精度浮点数据	
ReadInt16	读2B带符号整型数据	
ReadInt32	读4B带符号整型数据	
ReadInt64	读8B带符号整型数据	
ReadUInt16	读2B无符号整型数据	
ReadUInt32	读4B无符号整型数据	
ReadUInt64	读8B无符号整型数据	
ReadChars	读取指定个数的字符	Dim count As Integer Dim returnValue As Char() returnValue=instance.ReadChars(count) '读 count 个字符
ReadBytes	读取指定个数的字节	Dim count As Integer Dim returnValue As Byte() returnValue=instance.ReadBytes(count) '读 count 个字节
ReadString	读取一个字符串	Dim returnValue As String returnValue = instance.ReadString '读字符串
PeekChar	返回下一个字符,但并不读入该字符,游标不移动	Dim returnValue As Integer returnValue = instance.PeekChar
Close	释放 StreamReader 对象,并关闭当前流	instance.Close

3. 向二进制文件写入数据

创建一个 BinaryWriter 对象后,就可以通过该 BinaryWriter 对象调用各种方法,向与该 BinaryWriter 对象对应的二进制文件写入数据了。常用的方法见表 5-13。用法举例代码中出现的 instance 是一个已经创建的 BinaryWriter 对象。

例 5-3:将数据以二进制形式写入指定文件中,并对比以文本形式读取的数据和以二进制形式读取的数据。程序界面如图 5-6 所示,2 个较大的文本框分别用于显示以文本形式和二进制形式读取的文件内容,其余的文本框和组合框控件用于输入学生信息,Write to File 按钮用于将输入的学生信息以二进制形式写入指定文件中。

表 5-13　BinaryWriter 类中用于写数据的主要方法和属性

名　称	说　明	用　法　举　例
Write	有多种重载的形式，用于将各种不同类型的数据写入文件，包括基本数据类型（Boolean，Byte，Char，Int32，Int64，Uint32，Uint64，Decimal，Single，Double）、字节数组、字符数组、字符串等数据类型	'将各种基本数据类型数据以二进制形式写入文件 Dim value As Double Instance.Write(value) Dim buffer As Byte( )　'定义一个字节数组 Dim index As Integer Dim count As Integer '将字节数组内的所有字节写入文件 instance.Write(buffer) '将字节数组中从 index 开始的 count 个字节写入文件 Instance.Write(buffer, index, count) Dim value As String Instance.Write(value)　'将字符串写入文件
Seek	移动与 BinaryWriter 对应的文件流中游标的位置	Dim offset As Integer　'用于指定偏移量 Dim origin As SeekOrigin　'参照点，SeekOrigin 枚举类型 Dim returnValue As Long　'接收返回值（游标位置） '将游标移动到距参照点 origin 的偏移量为 offset 的位置 returnValue = instance.Seek(offset, origin)
Flush	将缓存内的所有数据写入对应文件流，清空缓存	Instance.Flush
Close	释放 BianryWriter 对象，关闭与其对应的文件流	Instance.Close

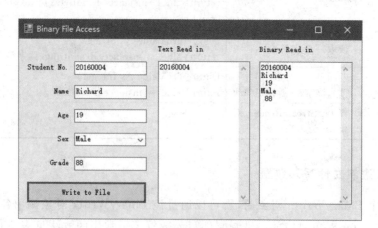

图 5-6　访问二进制文件程序界面

1) 设计用户界面

各控件属性设置见表 5-14，表中没有涉及的控件属性采用系统默认值。

表 5-14 控件属性设置

控件名称	说 明	属 性	属 性 值
Button1	将学生信息内容写入文件	Text	Write To File
TextBox1	显示以文本形式读取的数据	Text	Empty
		ScrollBars	Vertical
		Multiline	True
TextBox2	显示以二进制形式读取的数据	Text	Empty
		ScrollBars	Vertical
		Multiline	True
TextBox3	输入学号	Text	Student No.
TextBox4	输入姓名	Text	Name
TextBox5	输入年龄	Text	Age
TextBox6	输入成绩	Text	Grade
ComboBox1	输入性别	Items	Male, Female

2）编写程序代码

```
Imports System.IO

Public Class Form1
    Dim file1 As FileStream            '参照 FileStream 对象
    Dim bwriter As BinaryWriter        '参照 BinaryWrtier 对象
    Dim breader As BinaryReader        '参照 BinaryReader 对象
    Dim treader As StreamReader        '参照 StreamReader 对象
    Public Event refre()               '事件定义,当显示的文件内容需要刷新的时候,唤起此事件

    Private Sub Form1_Load(ByVal sender As System.Object, ByVal e As_
System.EventArgs) Handles MyBase.Load
        Try
          file1 =New FileStream("d:\temp3.txt", FileMode.OpenOrCreate,_
          FileAccess.ReadWrite)
        Catch except As System.IO.FileLoadException
          MsgBox("can not open file d:\temp3.txt")
          Exit Sub
        End Try
        breader =New BinaryReader(file1)
        treader =New StreamReader(file1)    '创建 StreamReader 对象
        bwriter =New BinaryWriter(file1)
        RaiseEvent refre()                  '唤起 refre 事件
    End Sub
```

```vb
'事件 refre 发生时执行此方法,分别以文本形式和二进制形式读取文件全部内容,并刷新 Textbox1
'(File Contents in Text)和 Textbox2(File Contents in Binary)
Private Sub myrefresh() Handles Me.refre
    file1.Seek(0, SeekOrigin.Begin)                '将游标移至文件开始端
    TextBox1.Clear()                               '清空 Textbox1
    TextBox1.Text &= treader.ReadToEnd             '读取文件从游标当前位置到末尾的全部内容
    file1.Seek(0, SeekOrigin.Begin)                '将游标移至文件开始端
    TextBox2.Clear()                               '清空 Textbox2
    Do While (file1.Length - file1.Position) >= 60
        TextBox2.Text &= breader.ReadChars(16)     '读取 16 个字符(学号)
        TextBox2.Text &= Environment.NewLine
        TextBox2.Text &= breader.ReadChars(20)     '读取 20 个字符(姓名)
        TextBox2.Text &= Environment.NewLine
        TextBox2.Text &= Str(breader.ReadDouble)   '读取一个 Double 类型值(年龄)
        TextBox2.Text &= Environment.NewLine
        TextBox2.Text &= breader.ReadChars(8)      '读取 8 个字符(性别)
        TextBox2.Text &= Environment.NewLine
        TextBox2.Text &= Str(breader.ReadDouble)   '读取 16 个字符(成绩)
        TextBox2.Text &= Environment.NewLine
        TextBox2.Text &= Environment.NewLine       '在 TextBox2 中区分相邻记录
    Loop
End Sub

'单击 Button1(Write to File)时执行此程序,将学生信息以二进制形式写入文件
Private Sub Button1_Click_1(ByVal sender As System.Object, ByVal e As _
System.EventArgs) _
Handles Button1.Click
    '检查输入值是否符合规范,这里检查了最低规范,即不能为空,而且不能超出长度范围
    If TextBox3.Text.Length = 0 Or TextBox4.Text.Length = 0 Or _
    TextBox5.Text.Length = 0 Or TextBox6.Text.Length = 0 Or _
    ComboBox1.Text.Length = 0 Or TextBox3.Text.Length > 16 Or _
    TextBox4.Text.Length > 20 Or ComboBox1.Text.Length > 8 Then
        MsgBox("illegal input")
        Exit Sub
    End If
    file1.Seek(0, SeekOrigin.End)                  '将游标移动到文件末尾
    Dim snum(16) As Char
    Dim sname(20) As Char
    Dim sex(10) As Char
    '将输入的学号信息复制到字符数组
    TextBox3.Text.CopyTo(0, snum, 0, TextBox3.Text.Length)
    '将输入的姓名信息复制到字符数组
    TextBox4.Text.CopyTo(0, sname, 0, TextBox4.Text.Length)
    '将输入的性别信息复制到字符数组
    ComboBox1.Text.CopyTo(0, sex, 0, ComboBox1.Text.Length)
    bwriter.Write(snum, 0, 16)                     '将 16 个字符(学号)写入文件
    bwriter.Write(sname, 0, 20)                    '将 20 个字符(姓名)写入文件
```

```
        bwriter.Write(Convert.ToDouble (TextBox5.Text))
        '将一个 Double 类型的数据(年龄)写入文件
        bwriter.Write(sex, 0, 8)                '将 8 个字符(性别)写入文件
        bwriter.Write(Convert.ToDouble (TextBox6.Text))
        '写入一个 Double 类型的数据(成绩)
        bwriter.Flush()                         '将缓存内的数据写入文件流,清空缓存
        RaiseEvent refre()                      '唤起事件 refre
    End Sub
End Class
```

5.3 My.Computer.System 对象

My.Computer.Filesystem 对象提供用于访问文件、目录和磁盘驱动器的方法。为了缩短应用程序的开发周期,Visual Basic .NET 提供了一些新的特征,My 就是其中之一。My 提供的各种函数用来访问与应用程序和运行时环境相关的各种信息和默认对象。My 提供的函数被组织在对象中,其顶层对象如图 5-7 所示。My 的一个对象可以看成是一个命名空间或一个具有 Shared 成员函数的类。

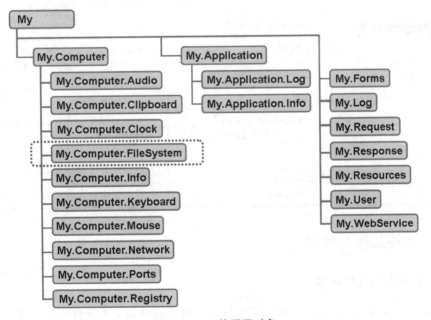

图 5-7 My 的顶层对象

其中,My. Computer. FileSystem 对象的方法用于直接访问文件系统。可以利用 My. Computer. FileSystem 提供的方法读写文本文件和二进制文件,也可以做其他一些文件和目录操作,包括创建/删除文件或目录、移动文件或目录、复制文件或目录、文件或目录的重命名等。My. Computer. FileSystem 的主要方法见表 5-15。

表 5-15　My.Computer.FileSystem 的主要方法

分类	方法	说明
读/写文本文件	ReadAllText()	读取文本文件的所有内容
	OpenTextFieldParser()	创建一个 TextFieldParser 对象
	OpenTextFileReader()	创建一个 StreamReader 对象
	WriteAllText()	向文本文件一次写入全部数据
	OpenTextFileWriter()	创建一个 StreamWriter 对象
读/写二进制文件	ReadAllBytes()	读取二进制文件的所有字节
	WriteAllBytes()	向二进制文件一次写入全部数据
文件的其他操作和对目录的操作	CreateDirectory()	创建目录
	CreateFile()	创建文件
	DeleteDirectory()	删除目录
	DeleteFile()	删除文件
	CopyDirectory()	复制目录
	CopyFile()	复制文件
	MoveDirectory()	移动目录
	MoveFile()	移动文件
	RenameDirectory()	目录的重命名
	RenameFile()	文件的重命名
	DirectoryExists()	判断目录是否存在（存在返回真）
	FileExists()	判断文件是否存在（存在返回真）
	GetDirectories()	返回所有子目录的路径
	GetFiles()	返回指定目录内所有文件的路径

5.3.1　文件的读写操作

1. 读取文本文件内容

　　My.Computer.FileSystem 对象主要提供 3 种方式读取文本文件数据。第一种方式用 ReadAllText 方法一次将文件全部内容以字符串形式读出；第二种方式用来访问以记录形式组织起来的文本文件，既可以访问用分隔符区分相邻记录的文件，也可以访问定长记录（记录的各构成域为定长）的文件；第三种方式用 OpenTexFileReader 方法生成一个 StreamReader 对象，然后通过 StreamReader 对象以文本形式读取文件内容。前面已介绍过利用 StreamReader 对象读文本文件，下面主要介绍如何用前两种方式读取文本文件数据。

My.Computer.FileSystem 对象的 ReadAllText 方法用于读取文本文件的全部内容。ReadAllText 方法将读取的内容存放到一个字符串变量中。ReadAllText 的语法格式如下：

```
ReadAllText(FileName[,Encoding])
```

其中，FileName 参数用于指定要读取信息的文本文件路径名，Encoding 参数用于指定文本文件的编码方式，编码方式由 System.Text.Encoding 类的 Static 属性给出。下面的代码从文本文件 text.txt 中读取所有内容，读取的内容被存放在字符串变量 fileContents 中，fileContents 的内容通过 Message Box 显示给用户。

```
Dim fileContents As String
fileContents =My.Computer.FileSystem.ReadAllText("C:\text.txt")
MsgBox(fileContents)
```

如果读取的文本文件采用了拓展的编码方式，调用 ReadAllText 方法时需要给出文本文件的编码方式。下面的代码读取利用 UTF32 编码的文本文件。

```
Dim fileContents As String
fileContents =My.Computer.FileSystem.ReadAllText("C:\text.txt",_
System.Text.Encoding.UTF32)
MsgBox(fileContents)
```

文本文件中的数据可以按照记录的形式组织，同时需要有一种方法能够区分相邻记录。经常使用的方法有 3 种，分别是使用特殊符号作为分隔不同记录的标识、直接使用定长记录或者在每一条记录的前面存储该记录的长度。可以使用 TextFieldParser 对象提供的方法按一次读取一个记录的方式读取用分隔符区分相邻记录的文本文件或定长记录的文本文件。为此，首先要创建一个 TextFieldParser 对象，创建时要指定对应的文本文件路径。例如，下面的代码创建了一个 TexFieldParser 对象 DRReader，可用于按照一次读取一个记录的方式读取"C：\test.txt"文件中的记录。

```
Using DRReader As New Microsoft.VisualBasic.FileIO.TextFieldParser("C:\test.txt")
```

如果"C：\test.txt"文件中的记录是按照分隔符区分的，则需要设置 TextFieldParser 对象 TextFieldType 属性的值为 FileIO.FieldType.Delimited，并且需要通过 SetDelimiters 方法告诉 TextFieldParser 对象哪个字符是对应文件的分隔符。下面的代码表示与 DRReader 对象对应的文件是用分隔符区分相邻记录的，分隔符为 ","。

```
DRReader.TextFieldType =FileIO.FieldType.Delimited
DRReader.SetDelimiters(",")
```

如果"C：\test.txt"文件中的记录是定长的，即组成记录的各个域的长度是固定的，则需要设置 TextFieldParser 对象的 TextFieldType 属性值为 FileIO.FieldType.FixedWidth，并且需要通过 SetFieldWidth 方法通知 TexFieldParser 对象构成记录的各个数据域的长度。下面的代码表示要读取的文件为定长记录的文件,每个记录包含4个数据域,长度分别为5,10,11,6。

```
DRReader.TextFieldType =Microsoft.VisualBasic.FileIO.FieldType.FixedWidth
DRReader.SetFieldWidths(5, 10, 11, 6)
```

可以通过这样设置的 TextFileParser 对象,按照一次读取一条记录的方式,利用循环控制结构读取对应文件中的全部记录,如下面的代码所示。

```
Dim currentRow As String()                      '存放读取的记录
While Not DRReader.EndOfData
    Try
        currentRow =DRReader.ReadFields()       //读取一条记录
        Dim currentField As String
        For Each currentField In currentRow     //遍历记录的每一个域
            MsgBox(currentField)
        Next
    Catch ex As Microsoft.VisualBasic.FileIO.MalformedLineException
        MsgBox("Line " & ex.Message & "is not valid and will be skipped.")
    End Try
  End While
End Using
```

上面的代码中,为了读取一条记录,使用了 TextFieldParser 对象的 ReadFields()方法。除上面提到的一些方法和属性外,TextFieldParser 对象提供的主要属性或方法见表 5-16。

表 5-16　TextFieldParser 对象提供的主要属性或方法

属性或方法	说　明
EndOfData	对应文件流的游标是否指向文件末尾,若是,则返回真,否则返回假
LineNumber	当前游标所在的位置位于文本文件的第几行
PeekChars	返回从游标当前位置向后 n(参数给出)个字符,不推进游标位置
ReadLine	读文本文件的一行,以字符串形式返回
ReadToEnd	读文本文件的全部内容,以字符串形式返回
Close	关闭对应的文件流

2. 向文本文件写入数据

利用 My.Computer.FileSystem 对象向文本文件写入数据的方式有两种:第一种方式为利用 WriteAllText()方法将字符串数据写入文件;第二种方式为利用 OpenTexFileWriter()方法生成一个 StreamWriter 对象,通过这个 StreamWriter 对象向文本文件写入数据。下面将介绍如何用第一种方法读取文本文件数据。

My.Computer.FileSystem 对象的 WriteAllText()方法用于将指定字符串写入指定的文本文件。WriteAllText 的语法格式如下：

```
WriteAllText ( fileName, string, True | False[, encoding] )
```

其中第一个参数 fileName 是要写入数据的文本文件的路径名；第二个参数 string 是要写入文件的字符串；第三个参数是一个布尔值，此值为 True 表示将写入的数据追加到文件的末尾，此值为 False 表示写入数据将覆盖文件中原有的数据；第四个参数用来指定写入文件的字符数据采用何种编码方式。第四个参数可缺省，缺省时按照 UTF-8 编码标准编码。调用一次 WriteAllText，写入一个字符串，可以利用循环结构将多个相关的字符串写入文件，如下面的代码所示。

```
For Each foundFile As String In My.Computer.FileSystem.GetFiles("C:\Work")
    foundFile = foundFile & vbCrLf
    My.Computer.FileSystem.WriteAllText("C:\Work\FileList.txt", foundFile, True)
Next
```

代码中利用 My.Computer.FileSytstem 对象的 GetFiles()方法获取"C：\Work"目录下的所有文件名，然后通过循环结构每次循环调用 WriteAllText()函数写入一个文件名，把"C：\Work"目录下的所有文件名写入"C：\Work\FileList.txt"文件。

3. 二进制文件的读写操作

My.Computer.FileSystem 对象的 ReadAllBytes()方法用于读取二进制文件的全部内容，WriteAllBytes 方法用于将字节数组以二进制形式写入文件，语法格式如下：

```
ReadAllBytes( fileNname )
WriteAllBytes ( fileName, byteArray, True | False)
```

其中 fileName 是要读写的二进制文件的路径名。WriteAllByte()方法的第二个参数 byteArray 是一个字节数组，是要写入文件的数据；第三个参数是一个布尔值，此值为 True 表示将写入的数据追加到文件的末尾，此值为 False 表示写入数据将覆盖文件中原有的数据。如果路径名为 fileName 的文件不存在，WriteAllByte()方法会自动生成一个文件。

```
Dim jpgdata( ) As Byte
Jpgdata = My.Computer.FileSystem.ReadAllBytes("C:\temp\trees.jpg")
My.Computer.FileSystem.WriteAllBytes ("C:\temp1\trees.jpg", True)
```

上面的程序代码将"C：\temp"目录下的"trees.jpg"文件复制到"C：\temp1"目录下。方法是：先调用 ReadAllBytes 以二进制形式读取文件的全部内容，然后利用 WriteAllBytes 将读取的全部内容写入新的文件中。

例 5-4：将学生信息以定长文本记录的形式写入文件，并利用 TextFieldParser 对象提供的方法顺序访问文件内的各记录，程序界面如图 5-8 所示。窗体左面的各控件用于输入学生信息,并将输入的学生信息以定长记录形式写入文件,右面的各控件用于按输入的顺序遍历文件内的学生记录并显示出来。

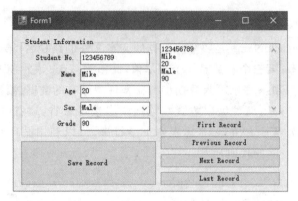

图 5-8 读定长记录文件程序界面

1) 设计用户界面

各控件属性设置见表 5-17,表中没有涉及的控件属性采用系统默认值。

表 5-17 控件属性设置

控件名称	说明	属性	属性值
Button1	读取下一行记录	Text	Next Record
Button2	读取上一行记录	Text	Previous Record
Button3	读取第一行记录	Text	First Record
Button4	读取最后一行记录	Text	Last Record
Button5	添加一行新记录	Text	Save Record
TextBox1	输入学号	Text	Empty
TextBox2	输入姓名	Text	Empty
TextBox3	输入年龄	Text	Empty
TextBox4	输入成绩	Text	Empty
ComboBox1	输入性别	Items	Male,Female
TextBox5	显示文件内容	Text	Empty
		ScrollBars	Vertical
		Multiline	True
		WordWrap	True

2) 编写程序代码

```
Imports System.IO
Imports Microsoft.VisualBasic.FileIO
```

```vb
Public Class MyFileIO
    Dim file1 As FileStream             '参照 FileStream 对象
    Dim swriter As StreamWriter         '参照 StreamWriter 对象
    Dim record As Integer               '当前显示的记录位于文件的第几行
    Dim linenum As Integer              '文件中记录的总数

    '打开文件,计算文件中记录的总数
    Private Sub MyFileIO_Load(ByVal sender As System.Object, ByVal e As_
    System.EventArgs) Handles MyBase.Load
        Try
            file1 = New FileStream ( " d: \ temp. txt ", FileMode.OpenOrCreate, FileAccess.ReadWrite)
        Catch except As System.IO.FileLoadException
            TextBox1.Text ="can not open file d:\temp.txt"
            Exit Sub
        End Try
        swriter =New StreamWriter(file1)    '创建 StreamWriter 对象
        record = 0
        linenum = file1.Length \ 60         '记录数据 58 个字节+2 个字节换行符
    End Sub

    '单击 Button5(Save Record)执行此方法,将输入的数据按定长文本记录的形式写入文件
    Private Sub Button5_Click(ByVal sender As System.Object, ByVal e As_
    System.EventArgs) Handles Button5.Click
        Dim snum(19) As Char                '长度为 20 的字符数组,用来存放学号
        TextBox1.Text.CopyTo(0, snum, 0, TextBox1.Text.Length)
        '将输入的学号复制到字符数组 snum
        Dim sname(15) As Char               '长度为 16 的字符数组,用来存放姓名
        TextBox2.Text.CopyTo(0, sname, 0, TextBox2.Text.Length)
        '将输入的姓名复制到字符数组 sname
        Dim sage(5) As Char                 '长度为 6 的字符数组,用来存放年龄
        TextBox3.Text.CopyTo(0, sage, 0, TextBox3.Text.Length)
        '将输入的年龄复制到字符数组 sage
        Dim ssex(7) as Char                 '长度为 8 的字符数组,用来存放性别
        ComboBox1.Text.CopyTo(0, ssex, 0, ComboBox1.Text.Length)
        '将输入的性别复制到字符数组 ssex
        Dim sgrade(7) As Char               '长度为 8 的字符数组,用来存放成绩
        TextBox4.Text.CopyTo(0, sgrade, 0, TextBox4.Text.Length)
        '将输入的成绩复制到字符数组 sgrade
        file1.Seek(0, SeekOrigin.End)       '将游标移动到文件末尾
        swriter.Write(snum, 0, 20)          '写学号
        swriter.Write(sname, 0, 16)         '写姓名
        swriter.Write(sage, 0, 6)           '写年龄
        swriter.Write(ssex, 0, 8)           '写性别
        swriter.Write(sgrade, 0, 8)         '写成绩
```

```vb
        swriter.WriteLine()                         '写换行符
        swriter.Flush()                             '将缓存内的数据写入文件流,清空缓存
        linenum += 1                                '记录总数加 1
    End Sub

    ''读取并显示位于指定行记录的各数据域,并显示出来,参数 trecord 为记录所在行的序号
    Private Sub read(ByVal trecord As Integer)
        Using DRReader As New TextFieldParser("d:\temp.txt")
            DRReader.TextFieldType = FileIO.FieldType.FixedWidth
            '读取定长记录文件
            DRReader.SetFieldWidths(20, 16, 6, 8, 8) '记录各数据域的长度
            Dim currentRow As String()              '存放读取的记录
            TextBox5.Clear()
            Dim ind As Integer = 0
            While Not DRReader.EndOfData            '顺序读取各条记录
                If ind = trecord Then
                    '如果当前记录行是由参数指定的记录行,则分析记录各数据域的值
                    Try
                        currentRow = DRReader.ReadFields()     '读取记录
                        Dim currentField As String
                        For Each currentField In currentRow    '遍历记录的每一个域
                            TextBox5.Text &= currentField
                            TextBox5.Text &= Chr(13) & Chr(10)
                        Next
                    Catch ex As Microsoft.VisualBasic.FileIO.MalformedLineException
                        MessageBox.Show("Line " & ex.Message & "is not valid and will be skipped.")
                    End Try
                Else
                    DRReader.ReadLine()             '否则不分析记录各数据域的值
                End If
                ind += 1
            End While
        End Using
    End Sub

    '单击 Button2(Previous Record)时执行此方法,读取当前记录的上一行记录
    Private Sub Button2_Click(ByVal sender As System.Object, ByVal e As _
    System.EventArgs) Handles Button2.Click
        If record - 1 >= 0 Then
            record -= 1
            read(record)
        Else
            MsgBox("no previous record")
        End If
    End Sub

    '单击 Button1 时执行此方法,读取当前记录的下一行记录
```

```
Private Sub Button1_Click(ByVal sender As System.Object, ByVal e As_
System.EventArgs) Handles Button1.Click
    If record + 1 < linenum Then
        record += 1
        read(record)
    Else
        MessageBox.Show ("no next record")
    End If
End Sub

    '单击 Button4 时执行此方法,读取最后一行记录
    Private Sub Button4_Click(ByVal sender As System.Object, ByVal e As_
    System.EventArgs) Handles Button4.Click
        record = linenum - 1
        read(linenum - 1)
    End Sub

    '单击 Button3 时执行此方法,读取第一行记录
    Private Sub Button3_Click(ByVal sender As System.Object, ByVal e As_
    System.EventArgs) Handles Button3.Click
        record = 0
        read(0)
    End Sub
End Class
```

5.3.2 其他文件/目录操作

除了读写文件,My.Computer.FileSystem 对象还提供对文件和目录进行其他各种操作的方法,下面介绍一些经常使用的方法。

1. 创建目录和删除目录

CreateDirectory 方法用于创建目录,其语法格式如下。

`My.Computer.FileSystem.CreateDirectory(directory)`

其中参数 directory 是目录路径名。

DeleteDirectory 方法用于删除目录,其语法格式如下。

`My.Computer.FileSystem.DeleteDirectory(directory ,onDirectoryNotEmpty)`
`My.Computer.FileSystem.DeleteDirectory(directory ,showUI ,recycle)`
`My. Computer. FileSystem. DeleteDirectory (directory , showUI , recycle , onUserCancel)`

说明:

(1) 参数 directory:用于指定要创建或删除的目录的路径名。

(2) 参数 onDirectoryNotEmpty:用于指定当要删除的目录中包含其他目录或文件

时应如何处理,其值为 DeleteDirectoryOption 枚举类型,包含两个成员,即 DeleteAllContents 和 ThrowIfDirectoryNonEmpty,前者表示将被删除的目录中包含的所有内容一并删除,后者拒绝执行删除操作,抛出 IOException 异常,默认值为 DeleteAllContents。

(3) 参数 showUI:用于指定是否用可视的方法跟踪文件删除过程。其值为 UIOption 枚举类型,包含两个成员,即 OnlyErroDialogs 和 AllDialogs,前者表示只显示出错对话框,后者表示不仅显示出错对话框,还显示删除过程对话框,让用户看到删除的过程,默认值为 OnlyErroDialogs。

(4) 参数 recycle:用于指定删除的目录是否放到 Recycle Bin 中。其值为 RecycleOption 枚举类型,包含两个成员,即 DeletePermanently 和 SendToRecycleBin,前者表示永久删除文件和目录,后者将删除的文件和目录送往 Recycle Bin,默认值为 DeletePermanently。

(5) 参数 onUserCancel:用于指定当用户在删除过程中取消操作时作何处理。其值为 UICancleOption 枚举类型,包含两个成员,即 DoNothing 和 ThrowException,前者表示不做任何操作,后者抛出 IOException 异常。

下面的代码创建目录"C:\Work\NewDirectory",删除目录"C:\OldDirectory"。删除时,如果目录"C:\OldDirectory"内有其他目录或文件,则一并删除。

```
My.Computer.FileSystem.CreateDirectory("C:\Work\NewDirectory")
My.Computer.FileSystem.DeleteDirectory _
    ("C:\OldDirectory", FileIO.DeleteDirectoryOption.DeleteAllContents)
```

2. 获取目录包含的文件或子目录

GetFiles 方法用于获取指定目录下的文件名,其语法格式如下。

```
Dim value As System.Collections.ObjectModel.ReadOnlyCollection(Of String) = _
    My.Computer.FileSystem.GetFiles(directory)
Dim value As System.Collections.ObjectModel.ReadOnlyCollection(Of String) = _
    My.Computer.FileSystem.GetFiles(directory ,searchType ,wildcards)
```

说明:

(1) 参数 directory:目录的路径名,用于指定要获取文件名的目录。

(2) 参数 searchType:用于指定返回结果是否包含子目录下的文件名。其值为 SearchOption 枚举类型,包含两个成员,即 SearchAllSubDirectories 和 SearchTopLevelOnly,前者表示返回结果中包含子目录下的文件名,后者表示返回结果中不包含子目录下的文件名,默认值为 SearchAllSubDirectories。

(3) 参数 wildcards:用于指定匹配模式,返回的文件名要与此匹配模式相匹配。

(4) 返回值:返回文件名,其值为字符串的只读集合。

下面的代码获取"C:\Work"目录下所有包含字符串". ppt"的文件名,并用 LisxBox 列出。

```
For Each foundDirectory As String In My.Computer.FileSystem.GetDirectories
(_"C:\Work", True, "*.ppt")
    ListBox1.Items.Add(foundDirectory)
Next
```

GetDirectories 方法用于获取某个目录下的子目录名，其语法格式如下。

```
Dim value As System.Collections.ObjectModel.ReadOnlyCollection(Of String) =_
    My.Computer.FileSystem.GetDirectories(directory)
Dim value As System.Collections.ObjectModel.ReadOnlyCollection(Of String) =_
    My.Computer.FileSystem.GetDirectories(directory,searchType,wildcards)
```

说明：

（1）参数 directory：目录的路径名。

（2）参数 searchType：用于指定返回结果是否包含子目录的下层目录。其值为 SearchOption 枚举类型，包含两个成员，即 SearchAllSubDirectories 和 SearchTopLevelOnly，前者表示返回结果中包含子目录的所有下层目录，后者表示返回结果中不包含子目录的下层目录，默认值为 SearchAllSubDirectories。

（3）参数 wildcards：用于指定匹配模式，返回的子目录名要与此匹配模式相匹配。

（4）返回值：返回子目录名，其值为字符串的只读集合。

下面的代码将"C:\Work"目录的所有下层目录（包括子目录的下层目录）中路径名包含"db"二字者用 LisxBox 列出。

```
For Each foundDirectory As String In My.Computer.FileSystem.GetDirectories
(-"C:\Work", True, "*db*")
    ListBox1.Items.Add(foundDirectory)
Next
```

3. 复制文件和目录

CopyFile 方法用于复制文件，其语法格式如下。

```
My.Computer.FileSystem.CopyFile(sourceFileName,destinationFileName)
My.Computer.FileSystem.CopyFile(sourceFileName,destinationFileName,_
    overwrite)
My.Computer.FileSystem.CopyFile(sourceFileName,destinationFileName,showUI)
My.Computer.FileSystem.CopyFile(sourceFileName,destinationFileName,showUI,_
    onUserCancel)
```

说明：

（1）参数 sourceFileName：用于指定要复制的文件的路径名。

（2）参数 destinationFileName：指定复制的目的地，即复制产生的新文件的路径名。

（3）参数 overwrite：用于指定复制时是否覆盖同名文件，默认值为 False。

(4)参数 showUI：用于指定是否要用可视的方法跟踪文件复制过程。其值为 UIOption 枚举类型，包含两个成员，即 OnlyErrorDialogs 和 AllDialogs，前者表示只显示出错对话框，后者表示不仅显示出错对话框，还显示复制过程对话框，让用户看到复制的过程，默认值为 OnlyErrorDialogs。

(5)参数 onUserCancel：用于指定当用户在复制过程中取消操作时作何处理。其值为 UICancleOption 枚举类型，包含两个成员，即 DoNothing 和 ThrowException，前者表示不做任何操作，后者抛出 IOException 异常。

下面的代码利用 CopyFile()方法将文件"dbchapter1.ppt"从目录"C：\Work"复制到目录"C：\backup"，并更名为"databasech1.ppt"。

```
My.Computer.FileSystem.CopyFile ("C:\Work\dbchapter1.ppt",_
"C:\backup\databasech1.ppt")
```

CopyDirectory()方法用于复制目录，其语法格式如下。

```
My.Computer.FileSystem.CopyDirectory(sourceDirectoryName,destinationDirectoryName)
My.Computer.FileSystem.CopyDirectory(sourceDirectoryName,destinationDirectoryName,_
    overwrite)
My.Computer.FileSystem.CopyDirectory(sourceDirectoryName,destinationDirectoryName,_
    showUI)
My.Computer.FileSystem.CopyDirectory(sourceDirectoryName,destinationDirectoryName,_
    showUI,onUserCancel)
```

可以看到，CopyDirectory()方法与 CopyFile()方法具有相同的一组参数，对应的参数含义类似，用法相同。

下面的代码将目录"C：\test"内的文件和子目录复制到目录"C：\test1"。

```
My.Computer.FileSystem.CopyDirectory("C:\test", "C:\test1", True)
```

4. 移动文件和目录

MoveFile 方法用于将文件从一个目录移动到另一个目录，其语法格式如下。

```
My.Computer.FileSystem.MoveFile(sourceFileName,destinationFileName)
My.Computer.FileSystem.MoveFile(sourceFileName,destinationFileName,overwrite)
My.Computer.FileSystem.MoveFile(sourceFileName,destinationFileName,showUI)
My.Computer.FileSystem.MoveFile(sourceFileName,destinationFileName,showUI,_
    onUserCancel)
```

可以看到，MoveFile()方法与 CopyFile()方法具有相同的一组参数，对应的参数含义类似，用法相同。下面的代码将文件"temp.txt"从目录"C：\test"移动至目录"C：\test1"。

```
My.Computer.FileSystem.CopyDirectory("C:\test\temp.txt", "C:\test1", True)
```

MoveDirectory()方法用于移动目录，其语法格式如下。

```
My.Computer.FileSystem.MoveDirectory(sourceDirectoryName,destinationDirectoryName)
```

```
My.Computer.FileSystem.MoveDirectory(sourceDirectoryName ,destinationDirectoryName ,_
    overwrite)
My.Computer.FileSystem.MoveDirectory(sourceDirectoryName ,destinationDirectoryName ,_
    showUI)
My.Computer.FileSystem.MoveDirectory(sourceDirectoryName ,destinationDirectoryName ,_
    showUI ,onUserCancel)
```

可以看到,MoveDirectory()方法与 CopyDirectory()方法具有相同的一组参数,用法和含义相同。下面的代码将目录"C：\test"的内容移动至目录"C：\test1"。

```
My.Computer.FileSystem.CopyDirectory("C: \test", "C: \test1", True)
```

需要注意的是,CopyFile(CopyDirectory)是复制操作,在原来的位置保留原来的文件(目录);而 MoveFile(MoveDirectory)是移动操作,移动操作后原有文件不存在了。

5. 判断文件和目录是否存在

FileExists()方法用于判断某个文件是否存在,其语法格式如下。

```
Dim value As Boolean =My.Computer.FileSystem.FileExists(file)
```

其中 file 为文件名。

DirectoryExists()方法用于判断某个目录是否存在,其语法格式如下。

```
Dim value As Boolean =My.Computer.FileSystem.DirectoryExists(dir)
```

其中 dir 是目录名。

下面的程序判断目录"C：\test1"和文件"C：\test\temp.txt"是否存在,如果存在,则把文件"C：\test\temp.txt"移动到目录"C：\test1"。

```
If My.Computer.FileSystem.DirectoryExists("C:\test1") then
    If My My.Computer.FileSystem.DirectoryExists("C:\test\temp.txt") then
        My.Computer.FileSystem.CopyDirectory("C:\test\temp.txt", "C:\test1")
    Endif
Endif
```

5.4 处理文件系统事件

Visual Basic.NET 提供的 FileSystemWatcher 组件可以用来监视和处理文件系统发生的更新事件。可以指定使用 FileSystemWatcher 监视的目录和文件的范围,以及更新操作的类型。为了使用 FileSystemWatcher 组件监视文件系统的更新事件,首先要生成 FileStyemWatcher 组件的实例,然后要对生成的 FileSytemWatcher 实例进行设置,并创建用于处理文件更新事件的事件处理函数。

5.4.1 创建 FileSystemWatcher 实例

可以使用两种方法创建 FileSystemWatcher 实例。

1. 利用工具箱创建

从工具箱的 Components 选项卡中拖出 FileSytemWather 实例放到应用程序窗体上,如图 5-9 所示,这样会在程序中自动创建一个 FileSytemWatcher 实例,名为 FileSystemWatcher1。该实例的标识会出现在界面设计窗口的下方。

图 5-9 FileSystemWatcher 实例

2. 直接编写代码创建

通过在程序中直接编写代码创建,如下面的代码所示。

```
Dim myWatcher As New System.IO.FileSystemWatcher()
```

5.4.2 设置 FileStreamWatcher

通过设置一个 FileStreamWatcher 实例的属性,可以指定利用这个 FileSystemWatcher 实例监视的目录或子目录有哪些,将唤起哪些事件,每个事件对应的更新操作有哪些。

1. 设置 Path 属性指定监视的目录

为了指定监视的目录,必须对 FileStreamWatcher 实例的 Path 属性和 Includes subdirectories 属性进行设置。Path 属性指定监视的目录,IncludesSubdirectories 属性指

定是否监视下层目录。下面的代码设置一个 FileSystemWatcher 实例的 path 属性值为"C：\"，因此这个 FileStreamWatcher 实例将对目录"C：\"进行监视。

```
Dim MyWatcher As New System.IO.FileSystemWatcher()
MyWatcher.Path ="C:\"
```

2. 设置 Filter 属性限定监视的范围

很多情况下并不希望监视目录下的全部文件或子目录，这时可以通过设置 Filter 属性的值限定监视的范围。Filter 属性的值是一个使用通配符构成的匹配模式，FileStreamWatcher 实例只监视路径名与此匹配模式相匹配的文件和子目录。下面的代码将一个 FileSystemWatcher 实例的 Filter 属性设置为"＊.ppt"，表示只监视"C：\"目录中文件的扩展名为.ppt 的文件或目录。

```
Dim MyWatcher As New System.IO.FileSystemWatcher()
MyWatcher.Path ="C:\"
MyWatcher.Filter =" ＊ .ppt"
```

3. 设置 NotifyFilter 属性指定监视的更新类型

对文件或目录的更新有很多种，如创建文件或目录，删除文件或目录，更新文件或目录的名称、大小、安全性设置等属性。一般情况下，由于对部分更新类型感兴趣，因此需要通过进一步限制监视的范围，只监视指定的更新类型，即对 Change 事件对应的更新类型作限制。Change 事件对应的更新类型可以通过 NotifyFilter 属性进行设置。NotifyFilter 属性的值为 NotifyFilters 枚举类型，成员见表 5-18。

表 5-18 NotifyFilters 枚举类型的成员

成员名称	说明	成员名称	说明
Attributes	文件或目录的属性	LastAccess	最后一次访问时间
CreationTime	文件或目录的创建时间	LastWrite	最后一次写文件或目录的时间
DirectoryName	目录的名称	Security	文件或目录的安全性设置
FileName	文件的名称	Size	文件或目录的大小

设置 NotifyFilter 属性时可以使用 Or 操作组合多个 NotifyFilters 成员，表示同时监视几种类型的更新。下面的代码将一个 FileSystemWatcher 实例的 NotityFilter 属性设置为 LastAccess 与 Size 的组合，表示监视"C：\"目录下文件名后缀为.ppt 的所有文件最后访问时间的变化和大小的变化。

```
Dim MyWatcher As New System.IO.FileSystemWatcher()
MyWatcher.Path ="C:\"
MyWatcher.Filter =" ＊ .ppt"
MyWatcher.IncludeSubdirectories =False
```

```
MyWatcher.NotifyFilter =System.IO.NotifyFilters.LastAccess Or _
System.IO.NotifyFilters.Size
```

4. 指定事件处理函数

如果在监视范围内有更新发生，FileSystemWatcher 实例会唤起相应的事件。FileSytemWatcher 可以唤起的事件见表 5-19。

表 5-19 FileSystemWacher 可以唤起的事件

名 称	说 明
Created	在监视范围内有文件或目录被创建时唤起此事件
Deleted	在监视范围内有文件或目录被删除时唤起此事件
Renamed	在监视范围内有文件或目录被更名时唤起此事件
Changed	在监视范围内有文件或目录的大小、系统属性、最后访问时间被更新时唤起此事件

可以通过两种方式创建事件处理函数。

1) 通过代码设计器

在界面设计窗口中选中 FileSystemWatcher 实例，在"属性"窗口中选中 Event 选项卡，"属性"窗口中会列出此 FileSystemWatcher 实例的相关事件和对应的事件处理函数，如图 5-10 所示。在 Event 选项卡中双击某个事件，如该事件还没有对应的事件处理函数，会自动生成一个默认的事件处理函数，然后自动转到程序编辑窗口中事件处理函数所在的地方，这样就可以编辑事件处理函数的代码了。

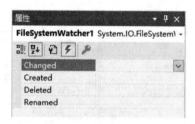

图 5-10　FileSystemWatcher 的事件

2) 通过直接编写代码

首先编写一个事件处理函数，如下面的代码所示（Changed 事件的处理函数）。

```
Private Sub myWatcher_Changed(ByVal sender As System.Object, _
   ByVal e As System.IO.FileSystemEventArgs)
     Dim pathChanged As String
     pathChanged =e.FullPath
End Sub
```

然后指定此事件处理函数为 FileSystemWatcher 实例对应事件的处理函数。下面的代码将前面完成的事件处理函数指定为 FileSystemWatcher1 的 Change 事件的处理函数。

```
AddHandler myWatcher.Changed, _
    New System.IO.FileSystemEventHandler(AddressOf Me.myWatcher_Changed)
```

5. 设置 EnableRaisingEvents 属性

为了让一个 FileSystemWatcher 实例唤起事件,需要将其 EnableRaisingEvents 属性设置为 True,如下面的代码所示。

```
Dim MyWatcher As New System.IO.FileSystemWatcher()
MyWatcher.EnableRaisingEvents = True
```

例 5-5：选择监视的目录,并在程序界面上显示所选目录中文件或子目录的创建、删除、重命名等操作发生的时间、内容信息。程序界面如图 5-11 所示。窗体中的文本框用于显示监视到的文件或目录的更新操作信息,下方的 3 个按钮分别用于选择监视目录、开始监视和停止监视。

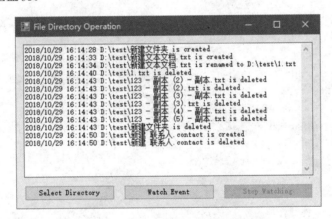

图 5-11　读定长记录文件程序界面

1) 设计用户界面

各控件属性设置见表 5-20,表中没有涉及的控件属性采用系统默认值。添加 FileSystemWatcher 和 FolderBrowserDialog 控件,各属性保持默认即可。

表 5-20　控件属性设置

控件名称	说　　明	属　　性	属性值
Button1	选择被监视的目录	Text	Select Directory
Button2	开始监视	Text	Watch Event
Button3	停止监视	Text	Stop Watching

续表

控件名称	说明	属性	属性值
TextBox1	显示被监视目录中发生的文件或子目录的创建、删除和重命名操作	Text	Empty
		ScrollBars	Vertical
		Multiline	True
		WordWrap	True

2）编写程序代码

```
Public Class Form1

    '选择被监视的目录
    Private Sub Button1_Click_1(ByVal sender As System.Object, ByVal e As _
    System.EventArgs) Handles Button1.Click
        FolderBrowserDialog1.ShowDialog()
        FileSystemWatcher1.Path = FolderBrowserDialog1.SelectedPath    '设置监视的目录
        Button2.Enabled = True
    End Sub

    '开始监视
    Private Sub Button2_Click(ByVal sender As System.Object, ByVal e As_
    System.EventArgs) Handles Button2.Click
        FileSystemWatcher1.EnableRaisingEvents = True
        Button1.Enabled = False
        Button2.Enabled = False
        Button3.Enabled = True
    End Sub

    'Created事件的处理函数
    Private Sub FileSystemWatcher1_Created(ByVal sender As System.Object, ByVal_
    e As System.IO.FileSystemEventArgs) Handles FileSystemWatcher1.Created
        TextBox1.Text &= Now().ToString & " " & e.FullPath & " is created" & _
        Environment.NewLine
    End Sub

    'Deleted事件的处理函数
    Private Sub FileSystemWatcher1_Deleted(ByVal sender As System.Object, ByVal_
    e As System.IO.FileSystemEventArgs) Handles FileSystemWatcher1.Deleted
        TextBox1.Text &= Now().ToString & " " & e.FullPath & " is deleted" &_
        Environment.NewLine
    End Sub

    'Rename事件的执行函数
```

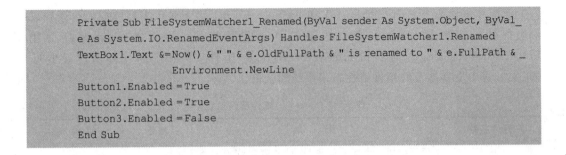

```
Private Sub FileSystemWatcher1_Renamed(ByVal sender As System.Object, ByVal _
    e As System.IO.RenamedEventArgs) Handles FileSystemWatcher1.Renamed
    TextBox1.Text &= Now() & " " & e.OldFullPath & " is renamed to " & e.FullPath & _
            Environment.NewLine
    Button1.Enabled = True
    Button2.Enabled = True
    Button3.Enabled = False
End Sub
```

5.5 综合应用举例

编写一个文件操作监视程序。程序管理一个目录列表,该列表中的目录被监视,能够向该列表添加目录,也能够从该列表删除目录。向该列表添加目录时可以指定监视范围,监视到的操作信息被写入日志文件,可以通过程序查看日志文件的内容,如图 5-12 所示。

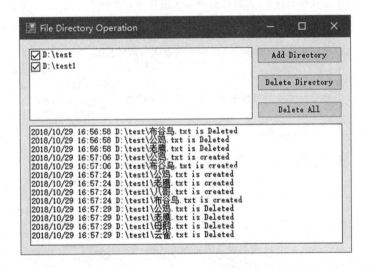

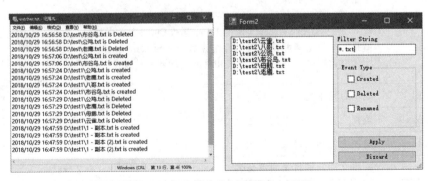

图 5-12 文件操作监视程序用户界面

此程序包含两个 Form，即 Form1 和 Form2。Form1 用于显示当前监视的目录列表和监视到的更新操作信息；Form2 用于限定监视范围。除此之外，程序还要用 FolderBrowserDialog 对话框和 FileSystemWatcher 组件。Form1 的控件属性设置见表 5-21，表中没有涉及的控件属性采用系统默认值。

表 5-21　Form1 的控件属性设置

控件名称	说　　明	属性	属性值
Button1	用于添加一个新的监视目录，并限定监视的范围。利用 FolderBrowserDialog 选择监视目录，通过 Form2 限定监视范围	Text	Add Directory
		Enabled	True
Button2	用于删除一个监视目录。在监视目录列表中选择要删除的目录，单击此按钮删除	Text	Delete Directory
		Enabled	False
Button3	删除监视目录列表中的所有目录	Text	Delete All
		Enabled	False
CheckedListBox1	监视目录列表，列出所有被监视的目录。监视目录列表中，Checked 目录处于被监视状态，UnChecked 目录处于被忽视状态。可以通过目录前面的 CheckBox 在这两个状态间自由转换	Text	Empty
TextBox1	显示被监视的目录下发生的各种更新操作	Text	Empty
		ScrollBars	Vertical
		Multiline	True

Form2 控件属性设置见表 5-22。表中没有涉及的控件属性采用系统默认值。

表 5-22　Form2 控件属性设置

控件名称	说　　明	属性	属性值
Button1	将一个目录添加到监视目录列表，对该目录进行监视的范围根据 Form2 中的设置确定	Text	Apply
Button2	撤销添加监视目录的操作	Text	Discard
TextBox1	输入 FileSystemWatcher 实例的 Filter 属性值。Filter 属性值是一个使用通配符构成的匹配模式，FileStreamWatcher 实例只监视名称与此匹配模式相符的文件和子目录	Text	Empty
		ScrollBars	Vertical
ListBox1	显示目录中与 Filter 匹配的文件和子目录	Text	Empty
CheckBox1	监视文件和子目录的创建	Text	Created
CheckBox2	监视文件和子目录的删除	Text	Deleted
CheckBox3	监视文件和子目录的重命名	Text	Rnamed

程序代码如下。

```vb
Public Class Form1
    Dim file1 As System.IO.FileStream        '参照与日志文件对应的 FileStream 对象
    Dim fwriter As System.IO.StreamWriter    '参照用于写日志文件的 StreamWriter 对象
    '生成一个 Hashtable 实例,用于存放程序使用的所有 FileSystemWatcher 对象
    Dim watcherlist As New System.Collections.Hashtable()
    'Rename 事件的处理函数
    Private Sub myWatcher_Renamed(ByVal sender As System.Object, _
        ByVal e As System.IO.RenamedEventArgs)
        Dim str As String =Now() & " " & e.OldFullPath & " is renamed to " & e.FullPath
        TextBox1.Text &=str & Environment.NewLine      '在 TextBox1 中显示监视信息
        fwriter.WriteLine(str)                          '将监视信息写入日志文件
        fwriter.Flush()
    End Sub

    'Create 事件的处理函数
    Private Sub myWatcher_Created(ByVal sender As System.Object, _
        ByVal e As System.IO.FileSystemEventArgs)
        Dim str As String =Now() & " " & e.FullPath & " is created "
        TextBox1.Text &=str & Environment.NewLine      '在 TextBox1 中显示监视信息
        fwriter.WriteLine(str)                          '将监视信息写入日志文件
        fwriter.Flush()
    End Sub

    'Delete 事件的处理函数
    Private Sub myWatcher_Deleted(ByVal sender As System.Object, _
        ByVal e As System.IO.FileSystemEventArgs)
        Dim str As String =Now() & " " & e.FullPath & " is Deleted "
        TextBox1.Text &=str & Environment.NewLine      '在 TextBox1 中显示监视信息
        fwriter.WriteLine(str)                          '将监视信息写入日志文件
        fwriter.Flush()
    End Sub
    '根据运行 Form2 对话框得到的设置值设置一个 FileSystemWatcher 实例,并将其添加到
    'Hashtable 中,此数据结构中存放程序使用的所有 FileSystemWatcher 实例
    Public Sub addwatcher(ByVal currentwinfo As watcherinfo)
        Dim newfw As New IO.FileSystemWatcher
        newfw.Path =currentwinfo.path         '设置 Path 属性,即监视的目录
        newfw.Filter =currentwinfo.filter
                                '设置 Filter 属性,即用于筛选文件或子目录的匹配模式
        '根据设置值判断是否监视文件或子目录的创建操作,即 Create 事件,如果监视,则指定
        'Create 事件的处理函数为 myWatcher_Created
        If currentwinfo.ecreate Then
            AddHandler newfw.Created, New ystem.IO.FileSystemEventHandler _
              (AddressOf Me.myWatcher_Created)
        End If
        '根据设置值判断是否监视文件或子目录的删除操作,即 Delete 事件,如果监视,
        '则指定 Delete 事件的处理函数为 myWatcher_Deleted
        If currentwinfo.edelete Then
```

```vbnet
            AddHandler newfw.Deleted, New System.IO.FileSystemEventHandler _
                (AddressOf Me.myWatcher_Deleted)
        End If
        '根据设置值判断是否监视文件或子目录的重命名操作,即 Rename 事件,如果监视,
        '则指定 Rename 事件的处理函数为 myWatcher_Renamed
        If currentwinfo.erename Then
            AddHandler newfw.Renamed, New System.IO.RenamedEventHandler _
                (AddressOf Me.myWatcher_Renamed)
        End If
        newfw.EnableRaisingEvents = True     '此 FileSystemWatcher 实例开始唤起事件
        watcherlist.Add(newfw.Path, newfw)
                                    '将此 FileSystemWatcher 实例添加到 Hashtable 中
        CheckedListBox1.Items.Add(newfw.Path, True)
        '在 CheckedListBox1 中添加一条记录,表示对应目录被监视
        Button2.Enabled = True
        Button3.Enabled = True
    End Sub
    '单击 Button1(Add Directory)按钮时执行此方法。利用 FolderBrowserDialog 指定要
        监视的目录,为了对此目录的监视作进一步设置,打开 Form2 对话框
    Private Sub Button1_Click_1(ByVal sender As System.Object, ByVal e As _
        System.EventArgs) Handles Button1.Click
        FolderBrowserDialog1.ShowDialog()
        If My.Computer.FileSystem.DirectoryExists_
            (FolderBrowserDialog1.SelectedPath) Then
            Form2.InitForm2(FolderBrowserDialog1.SelectedPath)
            Form2.ShowDialog()
        End If
    End Sub

    '加载 Form1 对话框时,创建与日志文件对应的 FileStream 对象,并进一步创建用于写日志
     文件的 StreamWriter 对象
    Private Sub Form1_Load(ByVal sender As System.Object, ByVal e As _
System.EventArgs) Handles MyBase.Load
        TextBox1.CheckForIllegalCrossThreadCalls = False
        file1 = New IO.FileStream("C:\watcher.txt", _
IO.FileMode.OpenOrCreate, IO.FileAccess.ReadWrite)
        fwriter = New IO.StreamWriter(file1)
    End Sub

    '当用户更改 CheckedListBox1(监视目录列表)中目录前面的检查框的 Check 状态时,
    '执行此方法,更改前为 Checked 目录被转为忽略状态,更改后为 UnChecked 目录被转为
      监视状态
    Private Sub CheckedListBox1_ItemCheck(ByVal sender As System.Object, _
        ByVal e As System.Windows.Forms.ItemCheckEventArgs) Handles _
        CheckedListBox1.ItemCheck
```

```vb
      Dim path As String = CheckedListBox1.Items().Item(e.Index)
      Dim twatcher As IO.FileSystemWatcher = watcherlist.Item(path)
      If e.CurrentValue = CheckState.Checked Then
        '判断事件发生前目录的 Check 状态
        twatcher.EnableRaisingEvents = False
          '如果原来是 Checked,目录被转为忽略状态
      Else
        twatcher.EnableRaisingEvents = True
          '如果原来是 UnChecked,目录被转为监视状态
    End If
End Sub

'单击 Button3(Delete All)按钮时执行此方法,停止监视目录列表中所有目录的监视,
'删除对应的 FileSystemWatcher 实例,清空目录监视列表
Private Sub Button3_Click_2(ByVal sender As System.Object, ByVal e As _
      System.EventArgs) Handles Button3.Click
   Dim count As Integer = CheckedListBox1.Items().Count
   Dim path As String
   Dim witem As IO.FileSystemWatcher
   Dim indi As Integer
   For indi = 0 To (count - 1)
     path = CheckedListBox1.Items.Item(indi)
     witem = watcherlist.Item(path)
     witem.EnableRaisingEvents = False
   Next
   CheckedListBox1.Items().Clear()
   watcherlist.Clear()
End Sub

'单击 Button2(Delete Directory)按钮时执行此方法,查看 CheckedListBox1(监视目录
'列表)中是否有哪个目录处于 Selected 状态,如果有,则停止监视该目录,删除与其对应的
' FileSystemWatcher 实例,并且从 CheckedListBox1 中删除该目录信息
Private Sub Button2_Click_1(ByVal sender As System.Object, ByVal e As _
System.EventArgs)
   Dim indi As Integer = CheckedListBox1.SelectedIndex()
   If indi = -1 Then
       Exit Sub
   End If
   Dim path As String = Checked ListBox1.SelectedItem()
   Dim witem As IO.FileSystemWatcher = watcherlist.Item(path)
   witem.EnableRaisingEvents = False
   watcherlist.Remove(path)
   CheckedListBox1.Items().Remove(path)
```

```vb
        If CheckedListBox1.Items().Count = 0 Then
            Button2.Enabled = False
            Button3.Enabled = False
        End If
    End Sub
End Class

'用于存放通过 Form2 对话框得到的目录监视设置信息
Public Structure watcherinfo
    Dim path As String              '目录的路径
    Dim filter As String            '匹配模式,用于从目录中筛选希望监视的子目录和文件
    Dim ecreate As Boolean          '是否监视子目录与文件的创建操作
    Dim edelete As Boolean          '是否监视子目录与文件的删除操作
    Dim erename As Boolean          '是否监视子目录与文件的重命名操作
End Structure

Public Class Form2
    Dim f2dirname As String         '当前要进行监视设置的目录的名称

    '使用 Form2 之前,清除上一次使用 Form2 时留下的痕迹
    Public Sub clearform2()
        ListBox1.Items.Clear()
        TextBox1.Clear()
        CheckBox1.Checked = False
        CheckBox2.Checked = False
        CheckBox3.Checked = False
    End Sub

    '在 ListBox1 中列出当前要进行监视设置的目录的所有子目录(Top Level Only)和文件名
    Public Sub InitForm2(ByVal dirname As String)
        clearform2()
        f2dirname = dirname
        For Each foundDirectory As String In My.Computer.FileSystem. _
            GetDirectories(dirname,FileIO.SearchOption.SearchTopLevelOnly)
            ListBox1.Items.Add(foundDirectory)
        Next
        For Each foundFile As String In My.Computer.FileSystem.GetFiles(dirname, _
            FileIO.SearchOption.SearchTopLevelOnly)
            ListBox1.Items.Add(foundFile)
        Next
    End Sub

    '当用户在 TextBox1(Filter)上输入信息时执行此方法,ListBox1 中只显示与当前输入的
    '匹配模式相匹配的子目录和文件的路径名
```

```vb
Private Sub TextBox1_TextChanged(ByVal sender As System.Object, _
    ByVal e As System.EventArgs) Handles TextBox1.TextChanged
  Dim tfilter As String
  ListBox1.Items.Clear()
  TextBox1.Text.Trim()
  If TextBox1.Text.Length <> 0 Then
      tfilter = TextBox1.Text
  Else
      tfilter = "* "
  End If
  For Each foundDirectory As String In My.Computer.FileSystem.GetDirectories_
  (f2dirname, FileIO.SearchOption.SearchTopLevelOnly, tfilter)
     ListBox1.Items.Add(foundDirectory)
  Next
  For Each foundFile As String In My.Computer.FileSystem.GetFiles_
  (f2dirname, FileIO.SearchOption.SearchTopLevelOnly, tfilter)
     ListBox1.Items.Add(foundFile)
  Next
End Sub

'单击 Button1(Apply)按钮时执行此方法,根据 Form2 上用户的设置,确定 watcherinfo
'结构体变量各成员的值,Form1 的 addwatcher 方法会据此生成一个 FileSystemWatcher
 实例
Private Sub Button1_Click(ByVal sender As System.Object, ByVal e As_
System.EventArgs) Handles Button1.Click
  Dim currentwinfo As watcherinfo
  currentwinfo.path = f2dirname
  TextBox1.Text.Trim()
     If TextBox1.Text.Length <> 0 Then
     currentwinfo.filter = TextBox1.Text
  Else
     currentwinfo.filter = "* "
  End If
  If CheckBox1.Checked Then
     currentwinfo.ecreate = True
  Else
     currentwinfo.ecreate = False
  End If
   If CheckBox2.Checked Then
     currentwinfo.edelete = True
  Else
     currentwinfo.edelete = False
  End If
   If CheckBox3.Checked Then
     currentwinfo.erename = True
  Else
     currentwinfo.erename = False
  End If
```

```
        '根据设置信息生成 FileSystemWatcher 实例,用于监视当前进行监视设置的目录
        Form1.addwatcher(currentwinfo)
        Me.Close()
    End Sub

    '单击 Button2 按钮时执行此方法,撤销监视设置,不生成当前目录对应的
    'FileSystemWatcher 实例
    Private Sub Button2_Click(ByVal sender As System.Object, ByVal e As_
System.EventArgs) Handles Button2.Click
        Me.Close()
    End Sub
End Class
```

5.6 小 结

在 Visual Basic.NET 程序中,可以利用 FileSystem 模块、System.IO 模型、My. Computer.FileSystem 对象 3 种技术访问文件系统。由于 FileSystem 模块将逐渐被 My.Computer.FileSystem 对象取代,本章主要介绍如何使用 System.IO 模型和 My. Computer.FileSystem 对象进行各种文件操作,包括文件的打开与关闭、文本文件的读写操作和二进制文件的读写操作。

使用 System.IO 模型访问文件,可以先通过创建 FileStream 对象打开文件,然后利用 FileStream 对象进一步创建用于读写文件的对象。读写文本文件可以通过 StreamReader 和 StreamWriter 对象完成。读写二进制文件可以通过 BinaryReader 和 BinaryWriter 对象完成。

My.Computer.FileSystem 对象提供了多种方法,可以有效地进行各种文件操作。本章首先介绍了如何使用 My.Computer.FileSystem 对象的方法打开和关闭文件,读写文本文件和二进制文件,对目录和文件作诸如创建、删除、复制、移动、获取指定目录下子目录和文件信息等操作,其次介绍了处理文件系统事件的方法。为了处理文件系统事件,首先要创建 FileSystemWatcher 组件的实例,然后根据要监视的目录、要监视的子目录和文件的种类、关注的事件类型对其进行设置,并且指定事件处理函数。

练 习 题

1. 文件按代表的对象可以分为_____和_____,按编码方式可以分为_____和_____,按结构可以分为_____、_____和_____。
2. Visual Basic.NET 提供了 3 种文件访问方法,分别是_____、_____、_____。
3. System.IO 模型中的_____和_____类主要用于完成文本文件的读写操作,_____和_____类主要用于完成二进制文件的读写操作。
4. 如果游标指向文件末尾,调用 FileStream 的 Seek() 函数时,返回值为_____。

5．StreamReader 和 BinaryReader 类的主要区别是什么？

6．各种与文件读写操作相关的类中，Flush()方法的作用是什么？

7．假定磁盘上有一个记录光盘内容的文件，文件中的一条记录对应一个光盘，包含光盘序号、刻录时间、内容分类、具体内容描述等信息。编写程序，完成以下功能。

（1）根据输入的光盘序号显示对应光盘的信息。

（2）按照光盘序号或刻录时间排序输出。

（3）增添或删除光盘。

8．编写一个简单的 Explorer 程序，界面模仿 Windows 操作系统的 Explorer 程序，可以通过界面查看计算机中目录和文件的信息，并且可以创建目录、删除目录和文件、复制目录和文件、移动目录和文件。

第 6 章

Visual Basic .NET 数据库技术

6.1 数据库简介

如果应用程序对数据管理的要求比较简单,可以直接使用文件系统提供的数据管理功能管理数据,将程序用到的数据保存在文件中。但是,当需要维护大量数据的时候,就要考虑使用数据库系统管理数据了。本章首先介绍数据库系统的基本概念,然后介绍数据库语言 SQL 及数据库访问等相关技术。

6.1.1 数据库基本概念

数据库系统(database system,DBS)由一组相互关联的数据和一组用来管理这些数据的软件构成。其中,管理数据的软件称为数据库管理系统(database management system,DBMS),由 DBMS 管理的相互关联的数据称为数据库(database,DB)。DBMS 建立在文件系统之上,利用文件系统提供的基本的数据管理功能,提供更复杂、更完善的数据管理功能。通过使用数据库系统管理数据,可以有效地控制数据冗余,维护数据的完整性和安全性,并且能够有效地保证并发操作正确执行。

数据库一般是需要长久保存的大量数据,需要存储在硬盘中并采用复杂的存储结构。为了方便用户使用数据库,数据库系统提供数据的三层抽象,即物理层、逻辑层和视图层,如图 6-1 所示。数据抽象的物理层描述数据的存储结构和存取路径;逻辑层描述数据库整体数据的逻辑结构,即描述数据库中包含什么样的数据,数据间有什么样的联系;用户使用数据库时面对的主要是数据抽象的逻辑层或视图层,不需要考虑数据的存储结构和存取路径,因而极大地方便了用户对数据库的使用。

数据库系统用数据模型描述数据库数据的逻辑结构。数据模型是一组概念和工具,用于描述数据的结构、数据间的关系、数据的语义和数据需要满足的约束条件。数据库领域常用的数据模型有 E-R 模型、关系模型、面向对象的数据模型(包括对象模型、对象-关系模型)和半结构化的数据模型(如 XML)等。其中,E-R 模型主要用于需求分析阶段,将根据用户提出的需求描述所需数据库管理的信息结构,而其他数据模型则被不同的数据库系统用来描述数据库数据的逻辑结构。

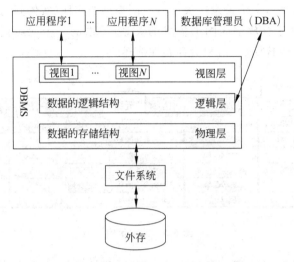

图 6-1　数据库的三层抽象

  E-R 模型的主要概念包括实体（entity）和联系（relationship）。实体代表现实世界中可以区分的对象或事件，联系代表实体之间的某种关联。相同类型的实体构成一个实体集（entity set），相同类型的联系构成一个联系集（relationship set）。实体需要用一组属性（attribute）描述，同一个实体集中的所有实体用相同的一组属性描述。联系也可以有属性，同一个联系集内的所有联系要用相同的一组属性描述。

  E-R 模型可以用 E-R 图表示。图 6-2 是一个简单的 E-R 图。在 E-R 图中，实体集用方形表示，属性用椭圆形表示，属性与实体集间用线段连接。联系集用菱形表示，并用线段与涉及的实体集相连。图 6-2 中包含两个实体集，即作者和图书。实体集作者中的一个实体代表一个作者，属性包括姓名、年龄、电话和住址。实体集图书中的一个实体代表一本图书，属性包括编号、书名、出版社、出版日期、价格和货存。图 6-2 中还包含一个联系集——著书。联系集著书中的一个联系表示图书与作者之间的对应关系。

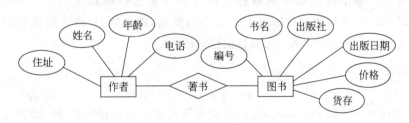

图 6-2　E-R 图示列

  信息的载体是数据，而数据要存放在具体的数据库中。因此，使用 E-R 模型设计好信息的结构之后，还需要将其转换成数据库中数据的结构。不同的数据库系统可能采用不同的数据模型，其中使用最广泛的是关系模型。关系模型的主要概念是关系（relation），而关系其实就是一张二维表。关系的每一行都称为关系的一个元组（tuple），关系的每一列都有一个名称，称为关系的一个属性（attribute）。关系的一个元组代表一个实体(实体间的联系),一个关系代表所有相同类型的实体(实体间的联系)。

图 6-3 是一个用于存放书店图书信息的关系,关系的一个元组代表一个图书,用书号、书名、出版社、出版日期、价格和货存属性描述。

书号	书名	出版社	出版日期	价格	货存
7-231-12008-2	VB.NET程序设计	清华大学出版社	2006.5	37.00	12
7-122-30457-8	数据库系统	高等教育出版社	2005.7	40.00	10
7-243-56342-6	数据结构	电子工业出版社	2007.2	35.00	13
7-119-20334-5	高级英语语法	外文出版社	2006.11	45.00	5
7-230-23545-8	离散数学	高等教育出版社	2004.7	30.00	0
7-323-53245-7	概率与统计	东北大学出版社	2005.8	35.00	2

(属性、元组标注)

图 6-3 关系示例

如果关系中任何两个不同的元组在某个属性(属性组)上的值都不相同,则这个属性(属性组)称为关系的超键(super key)。一个关系可能有多个超键,如果一个超键的任何子集都不是超键,这个超键就是关系的候补键(candidate key)。一个关系的候补键也可能有多个,用户可以从中选取一个作为在关系中标识一个元组的主要方法,即主键(primary key)。

采用关系模型描述数据逻辑结构的数据库称为关系数据库(Relational Database, RDB)。从逻辑层上看,关系数据库由一组关系构成,关系数据库的数据就分布在这些关系中。一个数据库包含哪些关系,数据库中的数据如何分布在这些关系中,就是在数据库设计阶段要解决的问题。

设计好数据库的逻辑结构,就可以在数据库中创建关系,向关系中添加数据,并且查询关系中的数据了,这时要使用数据库语言。用来定义数据的数据库语言称为数据定义语言(Data Definition Language,DDL)。可以使用数据定义语言创建关系、删除关系、更新关系的定义。用于操纵数据的数据库语言称为数据操纵语言(Data Manipulation Language,DML)。可以使用数据操纵语言查询数据、添加数据、修改数据和删除数据。数据库语言一般同时包含数据定义和数据操纵的功能。

6.1.2 SQL

SQL(Structured Query Language)是关系数据库语言的国际标准。SQL 的前身是 IBM 公司在其开发的关系数据库原型系统 System R 上实现的数据库语言 SEQUEL (Structured English QUEry Language),后来逐渐更名为 SQL。因为 SQL 简单易学、功能丰富,所以被很多数据库厂商采用,经各公司不断修改、扩充和完善,SQL 逐渐成熟,并于 1986 年被美国国家标准局(American National Standard Institute,ANSI)批准为关系数据库语言的美国标准。1987 年,国际标准化组织(International Organization of Standardization,ISO)也通过了这一标准。目前,大多数流行的关系数据库管理系统,如 Oracle、DB2、Sybase、Microsoft SQL Server、Access 等都采用了 SQL 标准。

SQL 既包含数据定义的功能,也包含数据操纵的功能。这里主要介绍 SQL 的数据操纵功能。可以使用 SQL 添加数据、删除数据、更新数据和查询数据,对应的 SQL 语句分别为 INSERT 语句、DELETE 语句、UPDATE 语句和 SELECT 语句。

1. INSERT 语句

使用 INSERT 语句可以向关系添加新的元组。INSERT 语句的基本语法格式如下。

INSERT INTO 关系名
〔(属性列表)〕
VALUES (值列表)

其中,关系名是用来接收数据的关系的名称。属性列表上有几个属性名,值列表上就要对应几个属性的值。INSERT 语句的作用是向由"关系名"指定的关系插入一个新的元组,新的元组在各属性上的值按照下面的方法确定。如果某个属性在属性列表中列出,值列表中与这个属性对应的值就成为新的元组在这个属性上的值。如果某个属性没有在属性列表中列出,那么在值列表上也没有与这个属性对应的值,新的元组在这个属性上的值被设置成 NULL。属性列表可以缺省,如果缺省属性列表,值列表中要按照关系定义中属性出现的顺序列出所有属性对应的值,插入的新元组在各属性上的值为值列表上对应位置上的值。

例如,可以用下面的语句向关系 Book 添加一条新的元组。新的元组在各属性上的值为("7-133-34592-2",""C 语言程序设计","高等教育出版社",NULL,NULL,NULL)。

INSERT INTO Book
(书号,书名,出版社)
Values ("7-133-34592-2","C 语言程序设计","高等教育出版社")

2. DELETE 语句

使用 DELETE 语句可以删除关系中的一行或多行满足指定条件的元组,或者删除关系内的全部数据。DELETE 语句的语法格式如下。

DELETE FORM 目标关系名
〔WHERE 条件〕

此种形式语句的作用是从名称为"目标关系名"的关系中删除所有满足 WHERE 子句条件的元组,如果缺省 WHERE 子句,则表示删除这个关系的所有元组。下面的语句删除 Book 关系中所有在属性"货存"上的值为 0 的元组。

DELETE FORM Book
WHERE 货存 =0

3. UPDATE 语句

使用 UPDATE 语句可以对关系中的一个元组、多个元组或所有元组的数据进行修改，修改这些元组在指定属性上的值。UPDATE 语句的语法格式如下。

```
UPDATE 目标关系名
SET 属性名 1=表达式 1[,属性名 2=表达式 2,...]
[WHERE 条件]
```

此种形式语句的作用是修改名称为"目标关系名"的关系中所有满足 WHERE 子句条件的元组，如果省略 WHERE 子句，则修改关系中的所有元组。修改时元组在属性 1 上的值被替换成"表达式 1"的值，在属性名 2 上的值被替换成表达式 2 的值，以此类推。

例如，下面的语句修改 Book 关系中在属性"书号"上的值为"7-231-120087-2"的元组，将这个元组在属性"货存"上的值更新为原来的值加 30。

```
UPDATE Book
SET 货存=货存+30
WHERE 书号="7-231-120087-2"
```

4. SELECT 语句

SELECT 语句用于查询数据。SELECT 语句包含多个子句，具有灵活的使用方式和丰富的功能。SELECT 语句的语法格式如下。

```
SELECT [ALL | DISTINCT] 目标列表达式[,目标列表达式,...]
FROM 关系名或视图名[,关系名或视图名,...]
[WHERE 条件表达式]
[GROUP BY 属性名 G1[,属性名 G2,...] [HAVING <条件表达式>]]
[ORDER BY 属性名 O1[ASC | DESC] [,属性名 O2[ASC | DESC],...]]
```

查询语句需要在 FROM 子句中列出关系名或视图名，指出要查询的数据分布在哪些关系或视图中；在 WHERE 子句列出条件表达式，指出要查询的数据需要满足哪些条件；在 SELECT 子句列出目标表达式，一个目标列表达式描述结果关系的一个属性。整个 SELECT 语句的含义是，根据 WHERE 子句的条件表达式，从 FROM 语句中指定的关系或视图中找出满足条件的元组，再按 SELECT 子句中的目标列表达式选出元组中的属性值，形成结果关系。

如果有 GROUP BY 子句，则按照 GROUP BY 子句中列出的属性组进行分组，属性组上的值相同的元组被分到一组。分组的目的一般是对每一个分组分别运用聚集函数。聚集函数用于对一组值执行计算，并返回单一的值。SQL 语句中可以使用的聚集函数主要有 MAX、MIN、AVG、SUM 和 COUNT，分别用于求最大值、求最小值、求平均值、求和和计数。聚集函数可以出现在 SELECT 子句上，也可以出现在 HAVING 短语中。可以通过 HAVING 短语给出条件，只有满足条件的分组才予以输出。

如果有 ORDER BY 子句，结果关系还要按 ORDER BY 子句中列出的属性组上的值排序，可以用 ASC 和 DESC 指定是按升序排序，还是按降序排序。SELECT 子句中如果有 DISTINCT 短语，则表示要删除结果关系中的重复元组；如果有 ALL 短语，则表示保留结果关系中的重复元组，默认值为 ALL。

例如,可以用下面的语句求得书店图书中由高等教育出版社出版图书的书号、书名、出版日期和价格。

```
SELECT 书号,书名,出版日期,价格
FROM Book
WHERE 出版社='高等教育出版社'
```

6.2　ADO.NET

数据库数据在磁盘上体现为文件,但是这些文件的管理是由数据库管理系统完成的。因此,访问数据库数据时,需要通过数据库管理系统访问。不同的数据库管理系统提供的接口各不相同,使用不同的数据库管理系统时要使用不同的接口。因此,应用程序开发人员必须掌握多种数据库管理系统的接口,而且使用一种数据库管理系统开发的应用程序很难移植到另一个数据库管理系统之上,为应用程序的开发带来了困难。为了解决这种问题,微软公司提出了访问数据库的统一接口 ODBC(Open DataBase Connectivity)。ODBC 定义了用于访问数据库的 API。

然而,由于使用 ODBC 具有效率低且局限性等缺点,所以随着技术的发展,微软的数据库访问技术又经历了 DAO(Database Access Objects)、OLE DB 和 ADO 的发展过程。DAO 是第一个面向对象的数据库访问接口,可用来访问基于 Microsoft Jet 数据库引擎的数据库,也可用来访问 ODBC 数据源。OLE DB 则提供了一个基于组件对象模型(Component Object Model,COM)的统一数据访问接口。这里所说的"数据"既可以是关系数据库,也可以是除关系数据库以外的数据,包括邮件数据、Web 上的文本或图片、目录服务等。ADO(Active Data Object)建立在 OLE DB 之上,用对象封装了 OLE DB 提供的各种接口,支持更高层的应用。

ADO．NET 是 ADO 的后继版本。ADO.NET 的主要目的是允许在.NET 框架上轻松地创建分布式的、数据共享的应用程序。为此,ADO.NET 满足了 3 个要点:断开的数据访问模型、与 XML 的集成以及与.NET 框架的无缝融合。ADO.NET 提供对不同数据源的一致访问,包括 Microsoft SQL Server 数据源、Oracle 数据源以及通过 OLE DB 和 XML 公开的数据源。为了更好地支持断开的数据访问,ADO．NET 将数据访问与数据处理分离,分别由两个可以单独使用的不同组件完成。这两个组件一个是.NET Framework Data Provider,另一个是 DataSet,如图 6-4 所示。

1．.NET Framework Data Provider

.NET Framework Data Provider 在应用程序和数据源之间起着桥梁作用,可用于连接数据库,执行数据库命令并获取数据库命令的执行结果。数据库命令的执行结果可以直接使用,也可以存放到 ADO．NET DataSet 对象中。.NET Framework Data Provider 组件的设计目的是执行数据库命令并对执行结果进行快速、只读、只写访问。.NET Framework Data Providers 具有精简有效的特征,在应用程序和数据源之间只形

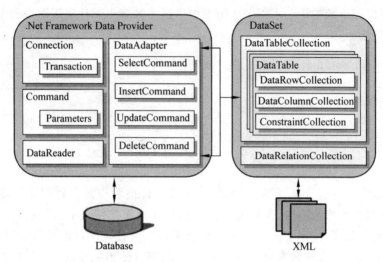

图 6-4 .NET Framework Data Provider 和 DataSet

成一个最小化的间隔层,在保证功能完备的同时提高了程序的执行效率。

表 6-1 列出了.NET Framework 中包含的各种.NET Framework Data Provider。

表 6-1 .NET Framework 中包含的各种.NET Framework Data Provider

.NET Framework Data Providers	说　　明
.NET Framework Data Provider for SQL Server	提供对微软 SQL Server 7.0 版或更高版本的数据访问,使用的命名空间为 System.Data.SqlClient
.NET Framework Data Provider for OLE DB	提供对 OLE DB 数据源的数据访问,使用的命名空间为 System.Data.OleDb
.NET Framework Data Provider for ODBC	提供对 ODBC 数据源的数据访问,使用的命名空间为 System.Data.Odbc
.NET Framework Data Provider for Oracle	提供对 Oracle 数据库的访问,支持 Oracle Client Software 8.1.7 版或以上版本,使用的命名空间为 System.Data.OracleClient

如图 6-5 所示,为了访问 OLE DB 数据源,.NET Framework Data Provider for OLE DB 要通过 OLE DB Service Component 和 OLE DB Provider,而.NET Framework Data Provider for SQL Server 使用自身的协议与 SQL Server 通信,可以直接访问 SQL

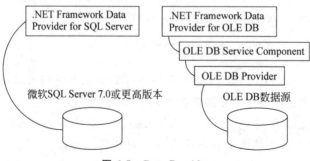

图 6-5 Data Provider

Server，而不用添加 OLE DB 或 ODBC 层，因此实现更加精简，并且具有良好的性能。因此，当要访问的数据库是 SQL Server 7.0 或以上版本时，建议使用.NET Framework Data Provider for SQL Server。

.NET Framework Data Provider 组件包含 4 个核心对象：Connection、Command、DataReader 和 DataAdapter。对这 4 个核心对象的说明见表 6-2。

表 6-2 .NET Framework Data Provider 的核心对象

对象	说明
Connection	用于建立与指定数据源的连接
Command	用于在数据源执行数据库命令，并返回结果
DataReader	用于从数据源获取一个只读、仅向前的数据流
DataAdapter	用于获取数据源中的数据，并填充 DataSet，还可以将 DataSet 产生的变化解析回数据源

2. DataSet

DataSet 是 ADO.NET 断开数据库连接体系的核心组件。DataSet 实际上是一个存在于内存中的数据库。与关系数据库类似，DataSet 包含一组关系，每一个关系都由若干个行与若干个列构成，可以在各关系上设置主键、外键和其他约束条件。DataSet 中的数据可以是来自各种不同数据源的数据，包括关系数据库数据、XML 数据、应用程序本地数据。来自各种不同类型数据源的数据被放到 DataSet 中，通过 DataSet 可以按照基于关系模型的方法访问这些数据。

DataSet 包含一个 DataTableCollection 对象、ExtendedProperties 和一个 DataRelationCollection 对象，如图 6-6 所示。DataTableCollection 包含一组 DataTable 对象，一个 DataTable 代表 DataSet 中的一个关系。DataTable 主要包含一个 DataColumnCollection 对象、一个 Constrains 对象和一个 DataRowCollection 对象。DataColumnCollection 和 Constrains 用于定义关系的模式，分别代表关系的所有属性和所有约束条件。DataColumnCollection 包含一组 DataColumn 对象，一个 DataColumn 代表关系的一个属性。Constrains 对象包含一组 Constraint 对象，一个 Constraint 代表关系的一个约束条件。DataRowCollection 对象代表关系中的数据，包含一组 DataRow 对象，一个 DataRow 代表关系中的一个元组。

DataRelationCollection 包含一组 DataRelation 对象，一个 DataRelation 代表两个关系之间的联系，即两个 DataTable 之间的联系。DataSet 中的联系类似于关系数据库中两个关系之间的联系，是用于对两个 DataTable 做连接操作的主键和外键的联系。一个 DataRelation 指定两个关系，即两个 DataTable 中用于数据表连接操作对应的属性组。DataSet、DataTable 和 DataColumn 都包含一个 ExtendedProperties 对象，用于存放定制信息，包括用于生成数据的命令语句、数据生成的时间等信息。

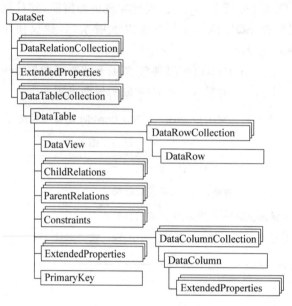

图 6-6 DataSet 对象模型

6.3 使用 ADO.NET 访问数据库

使用 ADO.NET 访问数据库，主要用到 Connection、Command、DataReader、DataAdapter、DataSet 等对象。这里将介绍如何用 Connection 对象连接数据库，如何用 Command 对象执行查询、插入、删除、修改等数据库操作，如何用 DataAdapter 对象从数据库查询数据并填充 DataSet 对象，如何访问 DataSet 对象中的数据以及如何通过更新 DataSet 对象中的数据更新数据库。

6.3.1 Connection 对象

在对数据库进行操作之前，首先要建立与数据库系统的连接，为此需要使用 Connection 对象。在.NET 框架中，每一个.NET Framework Data Provider 都有自己的 Connection 对象。.NET Framework Data Provider for OLE DB 的 Connection 对象是 OleDbConnection；.NET Framework Data Provider for SQL Server 的 Connection 对象是 SqlConnection；.NET Framework Data Provider for ODBC 的 Connection 对象是 OdbcConnection；.NET Framework Data Provider for Oracle 的 Connection 对象是 OracleConnection。

要连接 OLE DB 数据源，需要使用 OleDbConnection 对象；要连接 SQL Server 7.0 及以上版本，可以使用 SqlConnection 对象；要连接 ODBC 数据源，需要使用 OdbcConnection 对象；要连接 Oracle 数据库，需要使用 OracleConnection 对象。.NET Framework Data Provider for SQL Server 只提供对 SQL Server 7.0 及以上版本数据库

的访问。要访问 SQL Server 7.0 以下版本的数据库,需要使用 SQL Server 提供的 OLE DB Data Provider,即需要访问 OLE DB 数据源,因此需要使用 OleDbConnetcion 对象。

使用 Connection 对象连接数据库的顺序一般是:先创建一个 Connection 对象并设置连接字符串,然后调用该 Connection 对象的 Open 方法打开连接。打开连接后执行数据库操作,最后还要调用 Connection 对象的 Close 或 Dispose 方法关闭连接。也可以通过使用 Using 结构关闭连接,当程序退出 Using 结构时,Connection 对象将自动被关闭,如下面的代码所示。

```
Using connection As New SqlConnection(connectionString)
    connection.Open()
    'Do work here.
End Using
```

上面的代码创建了一个 SqlConnection 对象,用于连接 SOLServer 7.0 或以上版本。如要连接其他数据源,相应地创建用于连接其他数据源的 Connection 对象即可。创建 Connection 对象时用到参数 ConnectionString,该参数用于设置连接字符串。也可以使用不带参数的构造函数创建 Connection 对象,但要在使用 Open 方法打开连接之前将 Connection 对象的 ConnectionString 属性设置为要使用的连接字符串。当 Connection 对象打开时,不能再给它指定新的 ConnectionString 属性值,但是当 Connection 对象关闭后,就可以指定新的 ConnectionString 属性值了。

连接字符串由一组用(;)分隔的关键字/值的组合构成。关键字与值用(=)连接。各种不同的 Connection 对象使用的连接字符串格式类似,但并不完全相同。下面分别介绍各 Connection 对象的连接字符串格式。

1. OdbcConnection 的连接字符串

OdbcConnection 的连接字符串与 ODBC 中使用的连接字符串格式基本相同。表 6-3 为 OdbcConnection 连接字符串中常用的关键字。

表 6-3 OdbcConnection 连接字符串中常用的关键字

关键字	说明
DSN	用于指定要使用的 ODBC 数据源的名称
Driver	用于指定要使用的 ODBC 驱动程序的名称。如果已指定 DNS,则不用再指定 Driver
Server	用于指定数据库服务器的名称或地址,本地服务器用 local 表示
Trusted Connection	如果值为 False 或 No,在连接字符串中必须指定 User ID 和 Password;如果值为 True 或 Yes,使用当前 Windows 系统账户连接数据库服务器
Database	用于指定需要访问的数据库名称(访问 SQL Server、Oracle 数据库时须设置这个关键字的值)
DBQ	用于指定需要访问的文件的路径(通过 MS Jet. 数据库引擎访问 MS Access、MS Excel、带分隔符的文件时须设置这个关键字的值)

续表

关键字	说明
User ID	用于指定登录数据库服务器的账号
Password	用于指定登录数据库服务器的密码

下面 6 个连接字符串分别用于使用 OdbcConnection 连接 SQL Server 数据库、Oracle 数据库，连接使用 MS Jet. 引擎访问的 MS Access 文件、MS Excel 文件、带分隔符的文件及 ODBC 数据源。

```
" Driver = {SQL Server}; Server = (local); Trusted_Connection = Yes; Database = AdventureWorks;"
"Driver={Microsoft ODBC for Oracle};Server=ORACLE8i7;Trusted_Connection=Yes"
"Driver={Microsoft Access Driver (*.mdb)};DBQ=c:\bin\Northwind.mdb"
"Driver={Microsoft Excel Driver (*.xls)};DBQ=c:\bin\book1.xls"
"Driver={Microsoft Text Driver (*.txt; *.csv)};DBQ=c:\bin"
"DSN=dsnname"
```

2. OleDbConnection 的连接字符串

OleDbConnection 的连接字符串与在 OLE DB 或 ADO 中使用的连接字符串格式基本相同，但有以下两点区别。

（1）必须包含 Provider 关键字，但不能将 Provider 关键字的值设置为 MSDASQL，这是因为 .NET Framework Data Provider for OLE DB 不支持连接 OLE DB Data Provider for ODBC，要连接 ODBC 数据源，可以直接使用 .NET Framework Data Provider for ODBC。

（2）与 ADO 或 ODBC 不同，OleDbConnection 的连接字符串中可以包含 Persist Security Info 关键字，该关键字的值为 False 时，OleDbConnection 对象在打开连接后，会自动消除像 Password 这样需要保密的连接信息，而当该关键字的值为 True 时，则保留这些连接信息。

OleDbConnection 对象连接字符串中常用的关键字见表 6-4。

表 6-4　OleDbConnection 对象连接字符串中常用的关键字

关键字	说明
Provider	用于指定要使用的 OLE DB 数据提供程序的名称
Data Source	访问 SQL Server 和 Oracle 等数据库时，用于指定数据库服务器的名称或地址（本地服务器用 local 表示）；通过 MS Jet 数据库引擎访问 MS Access、MS Excel、带分隔符的文件时，用于指定文件路径
Initial Catalog	用于指定需要访问的数据库名称（访问数据库 SQL Server、Oracle 数据库时设置）
User ID	用于指定登录数据库服务器的账号

续表

关键字	说　明
Password	用于指定登录数据库服务器的密码
Persist Security	如果被设置为 False 或 No,使用连接字符串连接数据源后,像 Password 这样需要保密的信息将被消除,无法通过 Connection 对象获取这类信息。值可以是 True、False、Yes 和 No
Integrated Security	如果值为 False 或 No,在连接字符串中必须指定 User ID 和 Password；如果值为 True 或 Yes,使用当前 Windows 系统账户连接数据库服务器。值可以是 True、False、Yes、No 或 sspi（等价于 True）

下面 3 个连接字符串分别用于使用 OleDbConnection 连接 Oracle 数据库、SQL Server 数据库,连接通过 MS Jet.数据库引擎访问的 MS Access 文件、MS Excel 文件和带分隔符的文件。

" Provider = MSDAORA; Data Source = ORACLE8i7; Persist Security Info = False; Integrated Security=Yes"
"Provider=SQLOLEDB; Data Source=(local); Integrated Security=SSPI"
"Provider=Microsoft.Jet.OLEDB.4.0; Data Source=c:\bin\LocalAccess40.mdb"

3. SqlConnection 和 OracleConnection 的连接字符串

SqlConnection 和 Oracleconnection 的连接字符串与在 ODBC 中连接 SQL Server 和 Oracle 数据库时使用的连接字符串格式基本相同。表 6-5 为 SqlConnection 和 OracleConnection 对象连接字符串中常用的关键字。

表 6-5　SqlConnection 和 OracleConnection 对象连接字符串中常用的关键字

关键字	默认值	说　明
Server 或 DataSource 或 Address 或 Network Address	N/A	要连接的数据库服务器的名称或地址,可以在后面加上端口号。例如：server=tcp:servername, portnumber 本地服务器用 local 表示,如果要指定通信的协议,可以前缀的形式加在前面。例如：np:(local)，tcp:(local)，lpc:(local)
Database 或 Initial Catolog	N/A	指定要访问数据库的名称
User ID	N/A	登录数据库服务器的账号
Password	N/A	登录数据库服务器的密码
Connection Timeout 或 Connect Timeout	15	等待连接打开的时间（以秒计）,若超过这一时间,则停止连接尝试并报错

续表

关键字	默认值	说明
Persist Security Info	'false'	如果被设置为 False 或 No，使用连接字符串连接数据源后，像 Password 这样需要保密的信息将被消除，无法通过 Connetion 对象获取这类信息。值可以是 True、False、Yes 和 No
Integrated Security 或 TrustedConnection	'false'	如果值为 False 或 No，在连接字符串中必须指定 User ID 和 Password；如果值为 True 或 yes，则使用当前 Windows 系统账户连接数据库服务器。值可以是 True、False、Yes、No 或 sspi（等价于 True）

下面是一个典型的 SqlConnection 连接字符串和 OracleConnection 连接字符串。其中，SqlConnection 连接字符串表示连接本地的 SQL Server，访问 Northwind 数据库，登录 SQL Server 服务器时使用 Windows 系统账号，需要保密的信息在连接成功后被删除；OracleConnection 连接字符串表示连接本地 Oracle 数据库服务器，使用 Windows 系统账号连接，需要保密的信息在连接成功后删除。

```
"Persist Security Info=False;Integrated Security=SSPI;Initial Catalog=Northwind;server=(local)"
"Data Source=Oracle8i;Integrated Security=yes"
```

例 6-1：使用 OleDbConnection 连接 Access 数据库，SqlConnection 连接 SQL Server 数据库，连接成功时显示 Connection Successed，连接失败时显示 Connection Failed。

（1）设计用户界面。

程序用户界面如图 6-7 所示。用户界面包含一个 TabControl 控件，包含两个选项卡，分别是 OLE DB Provider 和 SQL Server。OLE DB Provider 选项卡用来收集信息，以构成连接 OLE DB 数据提供者的连接字符串，SQL Server 选项卡用来收集信息，以构成连接 SQL Server 的连接字符串。各选项卡上的控件说明见表 6-6。表中除 Button 控件外，序号以 1 开头的是包含在 OLE DB Provider 选项卡中的控件，序号以 2 开头的是包含在 SQL Server 选项卡中的控件。

表 6-6 控件说明

控件名称	说明	控件名称	说明
TextBox11	输入 Provider 值	TextBox21	输入 Server 值
TextBox12	输入 Data Source 值	TextBox22	输入 Database 值
TextBox13	输入 Initial Catalog 值	TextBox23	输入 UserID 值
TextBox14	输入 User ID 值	TextBox24	输入 Password 值
TextBox15	输入 Password 值	TextBox25	显示构成的连接字符串
TextBox16	显示构成的连接字符串	ComboBox1	确定 Persist Security Info 值，默认值为 False
Button1	(≫)选择 MDB 文件路径	ComboBox2	确定 Integrated Security 值，默认值为 False
Button3	(Exit)退出程序	Button2	(Connect)连接数据库

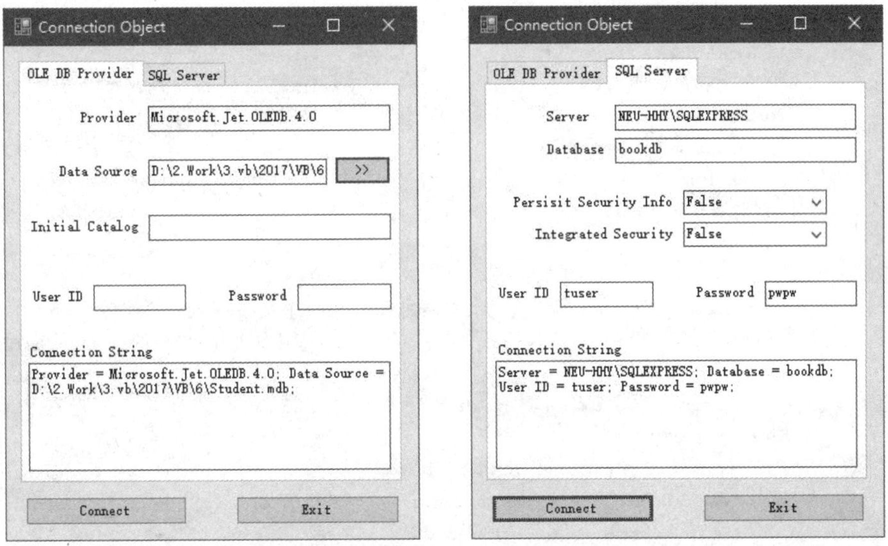

图 6-7 Connection 对象示例程序

（2）编写程序代码。

```
Imports system.data.oledb  '为了使用 OleDbConnection 对象
Imports System.Data.SqlClient  '为了使用 SqlConnection 对象
Public Class Form1
    '事件定义,当用户通过选项卡各控件设置连接字符串信息时唤起此事件
    Public Event constring()

    'constring 事件的处理函数,收集信息构成连接字符串
    Private Sub constructconnstring() Handles Me.constring
    If TabControl1.SelectedIndex = 0 Then
        '当前选项卡为 OLE DB Provider,收集信息构成连接 OLE DB Provider 的连接字
         符串
        TextBox16.Clear()  '清空连接 OLE DB Provider 的连接字符串
        If TextBox11.Text.Length > 0 Then
            TextBox16.Text = "Provider =" + TextBox11.Text + "; "
                '设置 Provider 值
        End If
        If TextBox12.Text.Length > 0 Then
            TextBox16.Text += "Data Source =" + TextBox12.Text + "; "
                '设置 Data Source 值
        End If
        If TextBox13.Text.Length > 0 Then
            TextBox16.Text += "Initial Catalog =" + TextBox13.Text + "; "
                '设置 Initial Catalog 值
```

```
            End If
            If TextBox14.Text.Length > 0 Then
                TextBox16.Text += "User ID =" + TextBox14.Text + "; "   '设置 User ID 值
            End If
            If TextBox15.Text.Length > 0 Then
                TextBox16.Text += "Password =" + TextBox15.Text + "; "
                '设置 Password 值
            End If
        Else
            '当前选项卡为 SQL Server, 收集信息构成连接 SQL Server 的连接字符串
            TextBox25.Clear()                           '清空连接 SQL Server 的连接字符串
            If TextBox21.Text.Length > 0 Then
                TextBox25.Text = "Server =" + TextBox21.Text + "; "     '设置 Server 值
            End If
            If TextBox22.Text.Length > 0 Then
                TextBox25.Text += "Database =" + TextBox22.Text + "; "
                '设置 Database 值
            End If
           If ComboBox1.Text.Equals("True") Then
                TextBox25.Text += "Persist Security Info =" + "True; "
                '设置 Pesist Security Info 值
            End If
            If ComboBox2.Text.Equals("True") Then
                TextBox25.Text += "Integrated Security =" + ComboBox2.Text + "; "
                '设置 Integrated Security 值
            End If
            If TextBox23.Text.Length > 0 Then
                TextBox25.Text += "User ID =" + TextBox23.Text + "; "   '设置 User ID 值
            End If
            If TextBox24.Text.Length > 0 Then
                TextBox25.Text += "Password =" + TextBox24.Text + "; "
                                                            '设置 Password 值
            End If
        End If
End Sub

'单击 Button1(>>)按钮时执行此方法,使用 OpenFileDialog 对话框选择 MDB 文件
  Private Sub Button1_Click(ByVal sender As System.Object, ByVal e As_
  System.EventArgs) Handles Button1.Click
  OpenFileDialog1.ShowDialog()
  TextBox12.Text = OpenFileDialog1.FileName
  RaiseEvent constring()         '已选择 MDB 文件,唤起 constring 事件更新连接字符串
  End Sub

'单击 Button2(Connect)按钮时执行此方法,利用当前选项卡中已构成的连接字符串连接数
'据库
```

第 6 章　Visual Basic .NET 数据库技术

```
Private Sub Button2_Click(ByVal sender As System.Object, ByVal e As_
System.EventArgs) Handles Button2.Click
    Dim retv As Integer
    If TabControl1.SelectedIndex = 0 Then
        Try
            Using oleconnection As New OleDbConnection(TextBox16.Text)
                '创建 OleDbConnection 对象
                oleconnection.Open() '连接 Mircosoft Jet. 数据库引擎
                retv = oleconnection.State
            End Using
        Catch ex As Exception
            MsgBox(ex.Message)
        End Try
    Else
        Try
            Using sqlconnection As New SqlConnection(TextBox25.Text)
                '创建 SqlConnection 对象
                sqlconnection.Open() '连接 Microsot SQL Server
                retv = sqlconnection.State
            End Using
        Catch ex As Exception
            MsgBox(ex.Message)
        End Try
    End If
    If retv = 1 Then
        MsgBox("Connection Successed")
    Else
        MsgBox("Connection Failed")
    End If
End Sub

'TexBox11 中的内容发生变化时执行此方法。唤起 constring 事件,以更新连接字符串
Private Sub TextBox11_TextChanged(ByVal sender As System.Object, ByVal e As_
System.EventArgs) Handles TextBox11.TextChanged
    RaiseEvent constring()
End Sub
'除用于显示构成的连接字符串的 TexBox16 和 TexBox25 外,包含在 OLE DB 和 SQL Server
'选项卡中的控件都与一个类似方法对应,完整程序参考随书附带光盘
End Class
```

6.3.2　Command 对象

与数据库建立连接后,可使用 Command 对象执行数据库命令,以完成对数据库的查询、插入、删除和修改等操作。在 .NET 框架中,每一个 .NET Framework Data Provider 都有自己的 Command 对象。.NET Framework Data Provider for OLE DB 的 Command 对象是 OleDbCommand;.NET Framework Data Provider for SQL Server 的 Command 对象是 SqlCommand;.NET Framework Data Provider for ODBC 的 Command 对象是

OdbcCommand；而.NET Framework Data Provider for Oracle 的 Command 对象是 OracleCommand。

Command 对象可以通过 Command 构造函数或调用 Connection 对象的 CreateCommand 方法创建。通过 Command 的构造函数创建 Command 对象时，可以指定需要在数据库中执行的 SQL 命令、用到的 Connection 和参与的 Transaction。表 6-7 列出了 SqlCommand 类的构造函数。

表 6-7 SqlCommand 类的构造函数

名 称	说 明
SqlCommand()	创建一个新的 SqlCommand 对象
SqlCommand(String)	创建一个新的 SqlCommand 对象，执行的数据库命令由参数指定
SqlCommand(String, _ SqlConnection)	创建一个新的 SqlCommand 对象，执行的数据库命令和连接数据库的 Connection 由参数指定
SqlCommand (String, _ SqlConnection, SqlTransaction)	创建一个新的 SqlCommand 对象，执行的数据库命令、连接数据库的 Connection、参与的 SqlTransaction 由参数指定

Command 对象对 SQL 数据库命令的范围没有限制，可以使用 SQL 的所有语句，包括标准的 SELECT、UPDATE、INSERT 和 DELETE 语句。可以通过 Command 对象的 CommandText 属性查看和修改 Command 对象的 SQL 命令。下面的代码使用构造函数创建一个 SqlCommand 对象，通过参数指定要执行的 SQL 命令和用到的 Connection 对象。

```
Dim command As SqlCommand =New SqlCommand( _
    "SELECT ISBN, BookName FROM Books", nsqlConn)
    'nsqlConn 为有效的 SqlConnection 对象
```

为了执行 Command 对象的 SQL 命令，要调用 Command 对象的 Execute 方法。Command 对象提供了 3 种 Execute 方法，用于执行不同类型的数据库操作，见表 6-8。

表 6-8 Command 对象提供的 Execute 方法

名 称	说 明
ExecuteNonQuery	用于执行没有返回结果的数据库操作
ExecuteScalar	用于执行返回结果为单个值的数据库操作
ExecuteReader	用于执行返回结果为数据流的数据库操作。返回值为 DataReader 对象，用于访问执行数据库操作后得到的数据流

下面介绍如何使用 ExecuteNonQuery 方法执行没有返回结果的数据库命令，如何使用 ExecuteScalar 方法执行返回结果为单个值的数据库命令，以及如何执行动态生成的数据库命令。使用 ExecuteScalar 方法执行返回结果为数据流的数据库操作将在介绍 DataReader 对象时一起介绍。

1. 执行不返回结果的数据库操作

可以通过 Command 对象的 ExecuteNonQuery()方法执行不返回结果的 SQL 语句。例如,定义数据库数据和修改数据库数据的操作都不返回结果,因此都可以通过 ExecuteNonQuery()方法执行。ExecuteNonQurey()方法虽然不返回数据库命令的执行结果,但通过输出参数和返回值反馈数据库命令的执行状态。当执行的 SQL 命令为 UPDATE、INSERT、DELETE 语句时,ExecuteNonQuery()方法的返回值为在数据库中执行该数据库命令影响到的元组的个数。执行所有其他 SQL 语句时,ExecuteNonQuery()方法的返回值均为−1。

下面的代码使用 SqlCommand 对象执行一个 SQL 命令,删除 ISBN 为 "978-7-112-21209-3" 的图书信息。为此,创建一个 SqlConnection 对象 connection,并使用 connection 为参数创建一个 SqlCommand 对象。connection 连接数据库时使用的连接字符串由 connectionString 给出,通过 command 执行的 SQL 命令由 queryString 给出。为了执行 SQL 命令,先调用 connection 的 Open()方法打开数据库连接,然后调用 command 的 ExecuteNonQuery()方法。

```
Dim queryString As String = "DELETE FROM Books WHERE ISBN = '978-7-112-21209-3' "
Try
    Using connection As New SqlConnection(connectionString)
        Dim command As New SqlCommand(queryString, connection)
        command.Connection.Open()        '或者 connection.Open()
        command.ExecuteNonQuery()
    End Using
Catch ex As Exception
    Console.WriteLine(ex.Message)
End Try
```

2. 执行返回结果为单个值的数据库操作

一些数据库操作的执行结果为单一值。例如,SQL 命令的 SELECT 子句中只包含一项,而且是聚集函数,也没有使用分组查询,则执行该 SQL 命令的结果必将是单一值。可以通过 Command 对象的 ExecuteScalar()方法执行这样的 SQL 命令。如果执行数据库命令的结果不是单一值,而是一组元组,则 ExecuteScalar()方法只返回这组元组中第一个元组在第一个属性上的值。

下面的代码通过 SqlCommand 对象执行一个 SQL 命令,统计 Books 关系中有多少个元组。为此,创建一个 SqlConnection 对象 connection,并使用 connection 创建一个 SqlCommand 对象 command。connection 连接数据库时使用的连接字符串由 connectionString 给出,通过 command 执行的 SQL 命令由 queryString 给出。为了执行 SQL 命令,先调用 connection 的 Open()方法打开数据库连接,然后调用 command 的 ExecuteScalar()方法执行数据库命令。

```
Dim queryString As String = "SELECT COUNT(*) FROM Books"
Try
    Using conneciton As New SqlConnection(connectionString)
        Dim command As New SqlCommand(queryString, connection)
        connection.Open()
        Console.Writeline(command.ExecuteScalar())
    End Using
Catch ex As Exception
        Console.WriteLine(ex.Message)
End Try
```

3. 执行动态生成的数据库命令

上面提到的数据库命令都是静态的，也就是说，程序编译时需要由 Command 对象执行的数据库命令已经确定了。但很多情况下，由 Command 对象执行的数据库命令只有在程序运行过程中才能最终确定，这时就需要执行动态生成数据库命令了。动态生成数据库命令的方式是：在 SQL 语句中使用参数，然后在程序运行过程中为这些参数赋值，从而动态地生成 SQL 语句。

使用 Command 对象可以很方便地执行动态生成的 SQL 语句。Command 对象中包含一个 ParameterCollection 对象，由一组 Parameter 对象构成。一个 Parameter 对象对应于 Command 对象数据库命令中用到的一个参数。在程序运行过程中设置 Parameter 对象的 Value 属性值，执行 Command 的数据库命令时，这个值会被传递给对应的参数，从而执行一个动态生成的数据库命令。

Command 对象的数据库命令中使用占位符表示参数。不同类型的 Command 对象使用不同形式的占位符。例如，在 OleDbCommand 的数据库命令中，用占位符"?"表示参数，而在 SqlCommand 的数据库命令中，参数可以有名称，并且参数名称必须以"@"字符开头，如下面的 SQL 语句所示。

```
"UPDATE Categories SET Contensts =@Contents WHERE ISBN =@ISBN"
"UPDATE Categories SET Contensts =? WHERE ISBN =?"
```

第一个 SQL 语句表示 SqlCommand 对象的数据库命令中使用参数的形式。其中，@ISBN 和 @Contents 为参数名，分别代表两个不同的参数。第二个 SQL 语句表示 OleDbCommand 对象的数据库命令中使用参数的形式，与 SqlCommand 对象 SQL 语句的区别是：不使用参数的名称，只使用占位符"?"，即在数据库命令中参数应该出现的位置上放置此占位符。

如果数据库命令是一般的 SQL 语句，SQL 语句中包含多少参数，ParameterCollection 中就要包含多少个 Parameter 对象。如果数据库命令是执行存储过程，则对于每一个没有默认值的参数，ParameterCollection 中都要有一个 Parameter 对象与之对应。一个有默认值的参数也可以与一个 Parameter 对象对应，这样可以使对应的参数取默认值以外的其他值。

Command 对象的 ParemeterCollection 对象和其他集合类型的对象一样，包含 Count、Item 等属性，支持 Add()、Remove()、Clear() 等方法。Count 属性用于获取 ParameterCollection 中 Parameter 对象的个数，Item 属性用于根据 Parameter 的名称或序号访问对应的 Parameter。可以通过 Add()方法向 ParameterCollection 添加一个 Parameter 对象。Add()方法是一个重载了的方法，有多种形式。表 6-9 列出了 SqlParameterCollection 对象的 Add()方法。

表 6-9 SqlParameterCollection 对象的 Add()方法

名 称	说 明
Add(SqlParameter)	将指定的 SqlParameter 对象添加到 SqlParameterCollection 中，返回此 SqlParameter 对象
Add(String，SqlDbType)	创建一个指定名称和类型的 SqlParameter 对象，并将其添加到 SqlParameterCollection 中，返回此 SqlParameter 对象
Add(String，SqlDbType，Int32)	创建一个指定名称、类型和长度的 SqlParameter 对象，并将其添加到 SqlParameterCollection 中，返回此 SqlParameter 对象
Add(String，SqlDbType，Int32，String)	创建一个指定名称、类型、长度、值来源属性名的 SqlParameter 对象，并将其添加到 SqlParameterCollection 中，返回此 SqlParameter 对象

表 6-9 中最后一种形式的 Add()方法主要用于为 DataAdapter 中的 InsertCommand、DeleteCommand 和 UpdateCommand 等 Command 对象设置 Parameter，这些 Command 对象用于解析数据更新。

Parameter 类的构造函数有多种形式，其中有 4 种形式分别与表 6-9 中的 4 种 Add 方法对应，对应的 SqlParameter 构造函数和 Add()方法使用相同的一组参数，按照相同的方式创建 Parameter 对象。区别是，Parameter 的构造函数并不把创建的 Parameter 对象添加到某个 ParameterCollection 中。可以通过 Parameter 对象的属性 Value 读取或设置 Parameter 的值，可以通过属性 Direction 设置 Parameter 值传递的方向。ParameterDirection 枚举类型的成员有 Input、Output、InputOutput 和 ReturnValue。

下面的代码创建一个 SqlCommand 对象，并设置其数据库命令。数据库命令中使用了两个参数 @Country 和 @City，用来表示国家和城市信息，因此需要向 ParameterCollection 添加两个对应的 Parameter 对象，并且在调用 ExecuteReader 方法执行数据库命令前，将这两个 Parameter 的值设置为用户在两个文本框内输入的国家和城市信息。

```
Dim command As New SqlCommand(queryString, connection)
command.CommandText ="SELECT CustomerID, CompanyName FROM Customers " _
    & "WHERE Country =@Country AND City =@City"
Dim parameter1 As New SqlParameter("@Country", SqlDbType.VarChar, 88)
command.Parameters.Add(parameter1)
```

```
Dim parameter2 As New SqlParameter("@City", SqlDbType.VarChar, 88)
command.Parameters.Add(parameter2)
parameter1.Value = TextBox1.Text
parameter2.Value = TextBox2.Text
Dim dreader as DataReader = command.ExecuteReader()
```

例 6-2：使用 OleDbCommand 对象执行对 Access 数据库的操作：使用 ExecuteNonQuery()方法插入元组，使用 ExecuteScalar()方法统计元组的个数。程序中需要动态生成 SQL 命令，先用拼接字符串的方法，然后转换为通过占位符和 Parameter() 方法。

1）设计用户界面

程序运行界面如图 6-8 所示。界面中包含一个 GroupBox 控件，位于其上的各控件用于收集图书信息。其中，ISBN、Name 和 Store 是必备项，Store 项必须输入数字。如果输入的数据不符合此要求，程序将提示用户重新输入。界面中包含两个按钮：Insert 按钮用于将当前收集到的图书信息记录插入 Access 数据库的关系 Books 中；Count 按钮用于统计当前关系 Books 中元组的个数。控件说明见表 6-10。

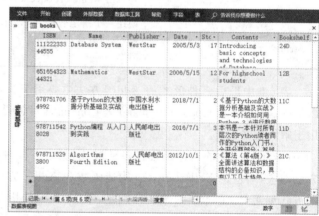

图 6-8 Command 对象示例程序

表 6-10 控件说明

控件名	说明	控件名	说明
TextBox1	输入图书 ISBN	TextBox6	输入图书摆放位置
TextBox2	输入图书名称	TextBox7	显示命令执行结果
TextBox3	输入出版社名称	DateTimePicker1	输入图书出版日期
TextBox4	输入图书入库数量	Button1	插入图书信息记录
TextBox5	输入图书内容说明	Button2	统计 Books 内的元组个数

2）编写程序代码

```vb
Imports system.Data.OleDb            '为了使用 OleDbConnection 和 OleDbCommand 对象
Public Class Form1
    '单击 Button1(Insert)按钮时执行此方法,验证输入图书信息是否符合要求,如符合要求,
    '就将图书信息记录插入 Access 数据库的关系 Books 中
    Private Sub Button1_Click(ByVal sender As System.Object, ByVal e As_
    System.EventArgs) Handles Button1.Click
        Dim str As String = "Must give informantion for "      '用于构成输入错误信息
        Dim queryString As String = "INSERT INTO Books VALUES (" '用于构成 SQL 语句
        '从各控件收集图书信息构成插入数据的 SQL 语句,如输入有错误,则构成输入错误信息
        '指出输入错误,并将有输入错误的文本框前面的标签的背景色设置为 AliceBlue
        If TextBox1.Text.Length = 0 Then
            Label1.BackColor = Color.AliceBlue
            str += " ISBN"
        Else
            queryString += "'" + TextBox1.Text + "', "
        End If
        If TextBox2.Text.Length = 0 Then
            Label2.BackColor = Color.AliceBlue
            str += " Name"
        Else
            queryString += "'" + TextBox2.Text + "', "
        End If
        If TextBox3.Text.Length = 0 Then
            queryString += "null, "
        Else
            queryString += "'" + TextBox3.Text + "', "
        End If
        If DateTimePicker1.ToString.Length = 0 Then
            queryString += "null, "
        Else
            queryString += "'" + DateTimePicker1.Value + "', "
        End If
        If TextBox4.Text.Length = 0 Then
            Label6.BackColor = Color.AliceBlue
            str += " Store"
        End If
        If IsNumeric(TextBox4.Text) = False Then
            Label6.BackColor = Color.AliceBlue
            If str.Length = Len("Must give informantion for ") Then
                str = ""
            Else
                str += ". "
            End If
```

```
            str +="Numeric values are required for Store "
        End If
        If Label1.BackColor =Color.AliceBlue Or Label2.BackColor =_
        Color.AliceBlue Or Label6.BackColor =Color.AliceBlue Then
            TextBox7.Text =str
            Exit Sub
        End If
        queryString +=TextBox4.Text +", "
        If TextBox5.Text.Length =0 Then
            queryString +="null, "
        Else
            queryString +="'" +TextBox5.Text +"',"
        End If
        queryString +="null, "
        If TextBox6.Text.Length =0 Then
            queryString +="null, "
        Else
            queryString +="'" +TextBox6.Text +"')"
        End If
        Dim connectionString As String =_            '用于连接 Access 数据库的连接字符串
        "Provider=Microsoft.Jet.OLEDB.4.0; Data Source=d:\work\bookdb.mdb"
        Try
            Using connection As New OleDbConnection(connectionString)
                                                     '生成 OleDbConnection 对象
                Dim command As New OleDbCommand(queryString, connection)
                    '生成 OleDbCommand 对象
                command.Connection.Open()
                    '或者 connection.Open() '连接 Access 数据库
                command.ExecuteNonQuery()
                    '执行 command 对象的 SQL 语句,向关系 Books 插入数据
            End Using
        Catch ex As Exception
            TextBox7.Text =ex.Message
            Exit Sub
        End Try
        TextBox7.Text ="insertion successed"
        clear()                                      '插入数据成功后,清空输入值
    End Sub

    '与上面方法的功能相同,实现方法不同。SQL 语句中使用参数,通过对应的 Parameter 对
    '象为参数赋值
    Private Sub Button1_Click(ByVal sender As System.Object, ByVal e As_
    System.EventArgs) Handles Button1.Click
        Dim str As String ="Must give informantion for "
        If TextBox1.Text.Length =0 Then
            Label1.BackColor =Color.AliceBlue
```

```vb
        str += " ISBN"
End If
If TextBox2.Text.Length = 0 Then
    Label2.BackColor = Color.AliceBlue
        str += " Name"
End If
If TextBox4.Text.Length = 0 Then
    Label6.BackColor = Color.AliceBlue
        str += " Store"
End If
If IsNumeric(TextBox4.Text) = False Then
    Label6.BackColor = Color.AliceBlue
If str.Length = Len("Must give informantion for ") Then
        str = ""
Else
        str += ". "
End If
        str += "Numeric values are required for Store "
End If
If Label1.BackColor = Color.AliceBlue Or Label2.BackColor = _
  Color.AliceBlue Or Label6.BackColor = Color.AliceBlue Then
    TextBox7.Text = str
    Exit Sub
End If
Dim connectionString As String = _
    "Provider=Microsoft.Jet.OLEDB.4.0; Data Source=d:\work\bookdb.mdb"
                                                    '连接字符串
Dim queryString As String = "INSERT INTO Books VALUES
(_?,?,?,?,?,?,null,?)"                              '带占位符的语句
Dim connection As New OleDbConnection(connectionString)
                                                    '创建 Connection 对象
Dim command As New OleDbCommand(queryString, connection)
                                                    '创建 Command 对象
'向 ParameterCollection 对象添加与各参数对应的 Parameter 对象并赋值
command.Parameters.Add("ISBN", OleDbType.VarChar, 50).Value = _
TextBox1.Text
command.Parameters.Add("Name", OleDbType.VarChar, 50).Value = _
TextBox2.Text
command.Parameters.Add("Publisher", OleDbType.VarChar, 50).Value = _
TextBox3.Text
command.Parameters.Add("Date", OleDbType.Date).Value = _
DateTimePicker1.Value
command.Parameters.Add("Store", OleDbType.Integer).Value = _
Val(TextBox4.Text)
command.Parameters.Add("Contents", OleDbType.VarChar, 50).Value = _
TextBox5.Text
command.Parameters.Add("Bookshelf", OleDbType.VarChar, 255).Value = _
TextBox6.Text Try
```

```vbnet
            command.Connection.Open()              '或者 connection.Open()
            command.ExecuteNonQuery()
        Catch ex As Exception
            TextBox7.Text = ex.Message
            Exit Sub
        End Try
        TextBox7.Text = "insertion successed"
        clear()
    End Sub

    '单击 Button2(Count)按钮时执行此方法,用于统计 Access 数据库中关系 Books 中元组的
    '个数
    Private Sub Button2_Click(ByVal sender As System.Object, ByVal e As_
 System.EventArgs) Handles Button2.Click
        Dim connectionString As String =_
 "Provider=Microsoft.Jet.OLEDB.4.0; Data Source=d:\work\bookdb.mdb"
        Dim querystring As String = "SELECT COUNT(* ) FROM Books"
        Try
            Using connection As New OleDbConnection(connectionString)
                '生成 OleDbConnection 对象
                Dim command As New OleDbCommand(querystring, connection)
                '生成 OleDbCommand 对象
                command.Connection.Open()          '或者 connection.Open()
                '执行 command 的数据库命令,统计关系 Books 中元组的个数
                TextBox7.Text = "the number of tuples in table book is " +_
 Str(command.ExecuteScalar())
            End Using
        Catch ex As Exception
            TextBox7.Text = ex.Message
        End Try
    End Sub

    '清空界面左侧控件中的内容,以便输入新的图书信息
    Private Sub clear()
        TextBox1.Clear()
        TextBox2.Clear()
        TextBox3.Clear()
        TextBox4.Clear()
        TextBox5.Clear()
        TextBox6.Clear()
        DateTimePicker1.Text = ""
    End Sub
    '程序还包含其他用于界面处理的方法,完整程序参考随书附带光盘
End Class
```

6.3.3 DataReader 对象

如果与 Command 对象对应的数据库命令执行结果是一个由一组元组构成的数据流，则需要调用 Command 对象的 ExecuteReader()方法，以执行对应的数据库命令。ExecuteReader()方法的返回值是一个 DataReader 对象，用于只读、仅向前遍历数据库命令的执行结果，即一个 DataReader 对象代表从数据库获取的一个只读、仅向前遍历的数据流，该数据流是执行数据库查询得到的结果，由一组元组构成。

DataReader 对象并不是一次获取对应数据流中的所有元组，而是一次获取一个元组，并且任意时刻客户端缓冲区内只保留一个元组。不用把数据库查询结果全部放入客户端缓冲区，一方面减少了客户端的系统开销，另一方面可以获取尽可能接近数据库原始状态的数据。缺点是，这样做需要一个处于打开状态的数据库连接，并延长了程序的访问时间。

在.NET 框架中，每一个.NET Framework Data Provider 都有自己的 DataReader 对象。.NET Framework Data Provider for OLE DB 的 DataReader 对象是 OleDbDataReader；.NET Framework Data Provider for SQL Server 的 DataReader 对象是 SqlDataReader；.NET Framework Data Provider for ODBC 的 DataReader 对象是 OdbcDataReader；而.NET Framework Data Provider for Oracle 的 DataReader 对象是 OracleDataReader。

下面代码中的 command 是一个 SqlCommand 对象，调用其 ExecuteReader()方法的返回值是一个 SqlDataReader 对象。

```
Dim reader As SqlDataReader = command.ExecuteReader()
```

DataReader 对象提供多种方法，用于访问与 DataReader 对应的数据流。其中，Read()方法用于从对应的数据流中读取一个元组，如果返回值为 True，则表示成功读取了一个元组；如果返回值为 False，则表示数据流中已无元组可读。

可以通过属性名或属性的序号访问元组在各属性上的值。如果知道元组在某个属性上值的数据类型，可以使用 DataReader 提供的一系列方法（如 GetDateTime、GetDouble、GetGuid、GetInt32 等）访问基本数据类型的属性值，这样可以免去获取属性值时所需复杂的类型转换过程，有助于提高程序性能。使用 DataReader 读取数据结束后，要调用 Close()方法关闭数据库连接，否则数据库连接会在垃圾回收器收集该 DataReader 对象时才会关闭。

每一个.NET Framework Data Provider 的 DataReader 对象的类均继承了 DbDataReader 类，表 6-11 为 DbDataReader 类的常用属性和方法，其中 Instance 是一个有效的 DataReader 对象。

例 6-3：编写一个程序，使用 OleDbConnection 对象连接 Access 数据库，使用 OleDbCommand 对象执行对 Access 数据库的查询操作，并且使用 OleDbDataReader 对象遍历得到的查询结果。

表 6-11 DbDataReader 类常用属性和方法

名 称	说 明	示 例
HasRows()	指示数据流中是否包含元组,True 时表示有元组,False 时表示无元组	Dim value As Boolean value = instance.HasRows

Read()	读取数据流中的下一个元组,成功时返回 True,失败时返回 False	If instance.Read then '读取元组
		……… '如果成功,则读取元组在各属性上值
		Else
		……… '如果失败,则表示数据流中的元组已全部读完
		End if

Close()	关闭 DataReader 对象	Instance.Close
GetBoolean() GetByte() GetChar() GetDecimal() GetDouble() GetFloat() GetGuid() GetInt16() GetInt32() GetInt64() GetString() GetDateTime()	用于访问 Boolean、Byte、Char、Decimal、Double、Float、Guid、Int16、Int32、Int64、String、DateTime 等基本类型的属性值。这些函数都只有一个参数 ordinal,用于指定属性的序号,序号从 0 开始计	Dim ordinal As Integer Dim returnValue As Integer returnValue= instance.GetInt32(ordinal) Dim ordinal As Integer Dim returnValue As String returnValue= instance.GetString (ordinal) Dim ordinal As Integer Dim returnValue As DateTime returnValue = instance.GetDateTime (ordinal)
GetChars() GetBytes()	从元组的指定属性读取一组字符(字节),存放到指定存储空间中。有 4 个参数,其中 ordinal 为属性的序号,dataOffset 为开始读取字符(字节)的位置,buffer 为存储空间的地址,bufferOffset 是开始存放的位置,length 是读取字符(字节)的个数。返回值为读取的字符(字节)数	Dim ordinal As Integer Dim dataOffset As Long Dim buffer As Char() 'Dim buffer As Byte() Dim bufferOffset As Integer Dim length As Integer Dim returnValue As Long returnValue = instance.GetChars(ordinal, _ dataOffset, buffer, bufferOffset, length) 'returnValue = instance.GetBytes(ordinal, _ 'dataOffset, buffer, bufferOffset, length)
GetValue()	读取返回元组在指定属性上的值,返回值是一个 Object 对象。参数 Ordinal 用于给出属性的序号	Dim ordinal As Integer Dim returnValue As Object returnValue = instance.GetValue(ordinal)
IsDBNull()	用于判断元组在指定属性上的值是否为空(Null)。参数 ordinal 用于给出属性的序号	Dim ordinal As Integer Dim returnValue As Boolean returnValue = instance.IsDBNull(ordinal)

1) 设计用户界面

图 6-9 为例 6-3 程序的运行界面。界面中包含一个 Groupbox 控件,位于其上的各控件用于显示一个图书记录的信息。界面中只包含一个按钮,用于执行查询命令并遍历查询结果中的所有元组。执行查询命令前,该控件上的文字为 GetData,此时单击此按钮,

将执行查询命令,执行查询命令并成功获取结果后,该控件上的文字会变成 NextTuple,此时单击此按钮将在界面上显示下一个元组的内容。程序界面控件说明见表 6-12。

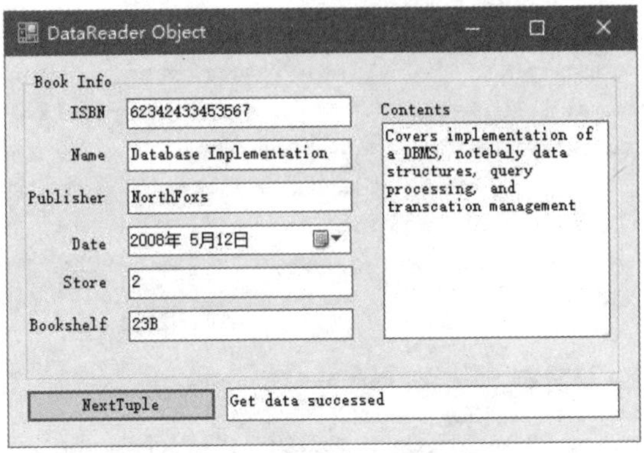

图 6-9 例 6-3 程序的运行界面

表 6-12 程序界面控件说明

控件名	说　　明	控件名	说　　明
TextBox1	输入图书 ISBN	TextBox6	输入图书摆放位置
TextBox2	输入图书名称	TextBox7	显示操作执行结果
TextBox3	输入出版社名称	DateTimePicker1	输入图书出版日期
TextBox4	输入图书入库数量	Button1	执行查询命令(GetData)
TextBox5	输入图书内容说明		读取下一个元组(NextTuple)

2) 编写程序代码

```
Imports system.Data.OleDb
                    '为了使用 OleDbConnection、OleDbCommand、OleDbDataReader 对象
Public Class Form1
    Dim connection As New OleDbConnection    '用于连接 Access 数据库
    Dim command As New OleDbCommand          '用于在 Access 数据库中执行 SQL 命令
    Dim reader As OleDbDataReader    '用于按照只读的方式读取数据库命令执行结果中的元组

    '单击 Button1 按钮时执行此方法,执行数据库命令(GetData),或读取下一个元组
     (GetNextTuple)
    Private Sub Button1_Click(ByVal sender As System.Object, ByVal e As_
    System.EventArgs) Handles Button1.Click
        If Button1.Text = "GetData" Then
            Dim connectionString As String =_
            "Provider=Microsoft.Jet.OLEDB.4.0; Data Source=_
            d:\work\bookdb.mdb"                    '连接字符串
```

```vb
            Dim querystring As String ="SELECT * FROM Books"
                                            '要执行的 SQL 语句
            Try
                connection =New OleDbConnection(connectionString)
                command =New OleDbCommand(querystring, connection)
                command.Connection.Open() '或者 connection.Open(),打开数据库连接
                reader =command.ExecuteReader()
                                '执行数据库操作,返回一个 OleDbDataReader 对象
            Catch ex As Exception
                TextBox7.Text =ex.Message
                Exit Sub
            End Try
            TextBox7.Text ="Get data successed"
            Button1.Text ="NextTuple"
                        '单击 Button1 按钮可以遍历执行数据库命令结果中的元组
        Else
            If reader.Read() Then
                    '读取下一个元组,如果成功,则在界面各控件上显示元组在各属性上的值
                TextBox1.Text =reader.GetString(0)
                TextBox2.Text =reader.GetString(1)
                TextBox3.Text =reader.GetString(2)
                DateTimePicker1.Text =reader.GetDateTime(3).ToString
                TextBox4.Text =reader.GetInt32(4)
                TextBox5.Text =reader.GetString(5)
                TextBox6.Text =reader.GetString(6)
            Else                    '如果数据库命令执行结果中的元组已遍历完毕
                TextBox7.Text ="All tuples have been accessed"
                reader.Close()      '则关闭 DataReader 对象
                connection.Close()  '关闭 Connection 对象
                Button1.Text ="GetData"  '单击 Button1 按钮可以重新执行数据库命令
            End If
        End If
    End Sub
End Class
```

6.3.4 DataAdapter 对象

DataAdapter 对象和 DataSet 对象用于断开式、自由访问执行数据库命令得到的结果。DataAdapter 对象使用 Connection 对象连接数据库,使用 Command 对象执行数据库命令,并将执行数据库命令获取的数据填充到 DataSet 对象中。DataAdapter 对象还可以将 DataSet 中数据所发生的变化解析回数据库。一个 DataSet 可以看作是一个存在于内存中的数据库。DataSet 中的数据除可以来自数据库外,还可以来自其他各种不同的数据源。通过 DataSet 可以统一地按照基于关系模型的方法访问这些数据。DataSet 与各种数据源之间的数据交换是通过 DataAdapter 对象完成的。

在.NET 框架中,每一个.NET Framework Data Provider 都有自己的 DataAdapter

对象。.NET Framework Data Provider for OLE DB 的 DataAdapter 对象是 OleDbDataAdapter；.NET Framework Data Provider for SQL Server 的 DataAdapter 对象是 SqlDataAdapter；.NET Framework Data Provider for ODBC 的 DataAdapter 对象是 OdbcDataAdapter；而.NET Framework Data Provider for Oracle 的 DataAdapter 对象是 OracleDataAdapter。DataAdapter 类的构造函数有 4 种形式，见表 6-13。

表 6-13 OleDbDataAdapter 对象的构造函数

名 称	说 明
OleDbDataAdapter()	创建一个新的 OleDbDataAdapter 对象
OleDbDataAdapter _ (OleDbCommand)	创建一个新的 OleDbDataAdapter 对象，设置其 SelectCommand 属性为由参数指定的 OleDbCommand 对象
OleDbDataAdapter _ (String，OleDbConnection)	创建一个新的 OleDbDataAdapter 对象，设置其 SelectCommand 属性为利用由参数给出的查询语句和 OleDbConnection 对象创建的 OleDbCommand 对象
OleDbDataAdapter _ (String，String)	创建一个新的 QleDbDataAdapter 对象，设置其 SelectCommand 属性为利用由参数给出的查询语句(第一个参数)和连接字符串(第二个参数)创建的 OleDbCommand 对象

DataAdapter 对象的 SelectCommand 属性是一个 Command 对象，用于从数据库提取数据。DataAdapter 对象的 InsertCommand、UpdateCommand、DeleteCommand 属性也是 Command 对象，用于将 DataSet 中数据的变化解析回数据库。

DataAdapter 对象的 Fill 方法用于通过 SelectCommand 获取数据并将数据填充到 DataSet 中，也用于刷新 DataSet 中的数据，使其与数据库中的数据相匹配。DataAdapter 的 Update 方法用于通过 InsertCommand、UpdateCommand 和 DeleteCommand 将 DataSet 中数据发生的变化解析回数据库。表 6-14 为 DataAdapter 类的部分属性和方法。

表 6-14 DataAdapter 类的部分属性和方法

名 称	说 明
Fill	执行数据库查询，并利用得到的结果填充或刷新指定的 DataSet 对象
MissingMappingAction	用于指定从数据库读取的数据在 DataSet 中没有对应的关系(DataTable 对象)时作何处置
MissingMappingSchema	用于指定从数据库读取的数据与 DataSet 对象中对应的关系(DataTable 对象)具有不同的模式时作何处置
AcceptChangeDuringFill	用于指定通过 Fill 方法向某个 DataTable 添加一个 DataRow 对象后，是否调用该 DataRow 对象的 AcceptChanges()方法
AcceptChangeDuringUpdate	用于指定在 Update()方法中更新一个 DataRow 对象后，是否调用其 AcceptChanges()方法
Update	将 DataSet 对象中数据发生的变化解析回数据库
ContinueUpdateOnError	用于指定在更新 DataSet 中的 DataRow 时，如果发生错误，将作何处置

调用 DataAdapter 对象的 Fill 方法执行数据库查询并利用查询结果填充 DataSet,实际上是将数据库查询结果填充到 DataSet 对象包含的一个关系中,这个关系由 DataSet 对象包含的一个 DataTable 对象代表。数据库查询的结果是一组元组,在 DataTable 中由一组 DataRow 对象代表。Fill 方法是一个重载的方法,其中比较常用的形式使用两个参数:一个参数用于指定被填充数据的 DataSet 对象;另一个可选的参数用于指定将数据填充到 DataSet 对象的哪一个关系中,可以指定对应的 DataTable 对象,也可以指定对应的 DataTable 的名称。

下面的代码先创建一个 SqlDataAdapter 对象 adapter 和一个 DataSet 对象 books,然后调用 adapter 的 Fill 方法执行数据库查询命令,从一个存放图书信息的关系 Books 中查询所有图书的 ISBN 和书名,并将获取的数据填充到 books 中。其中,connection 是一个有效的 SQLConnetion 对象。

```
Dim queryString As String ="SELECT ISBN, Name FROM Books"
Dim adapter As SqlDataAdapter =New SqlDataAdapter(queryString, connection)
Dim books As DataSet =New DataSet
DataSetadapter.Fill(books, "Books")
```

Fill 方法使用 DataReader 对象访问执行数据库查询得到的结果。调用 Fill 方法时,如果指定的 DataSet 中不存在指定名称的 DataTable,就需要创建一个与数据库查询结果模式相匹配的 DataTable。通过 DataReader 对象可以获取对应数据库查询结果中元组包含属性的个数,各属性的名称和类型等信息。这些信息用于在 DataSet 中创建一个与数据库查询结果模式相匹配的 DataTable,而数据库查询结果中包含的元组则被填充到这个 DataTable 中。

如果 DataSet 中已存在与该数据库查询对应的 DataTable,则不需要重新创建一个新的 DataTable,而是将数据库查询结果中包含的元组追加到对应的 DataTable 中。如果对应的 DataTable 中设置了主键,则要求 DataTable 中的任何两个不同的元组在主键上的值都不能相同。如果数据库查询结果中的某个元组与 DataTable 中原有的元组在主键上的值相同,则用查询结果中的元组覆盖 DataTable 中原有的元组。

DataAdapter 对象的 MissingMappingAction 属性的值为 MissingMappingAction 枚举类型,用来规定当 DataSet 对象中没有与数据库查询结果相对应的 DataTable 存在时做何处置。MissingMappingAction 枚举类型见表 6-15。其中 Passthrough 是 DataAdapter 对象在 MissingMappingAction 属性上的默认值。

表 6-15 MissingMappingAction 枚举类型

成员名称	说 明
Error	抛出 InvalidOperationException 例外
Ignore	忽视查询结果中没有对应关系或属性的元组
Passthrough	在 DataSet 中创建一个与查询结果对应的关系

DataAdapter 对象的 MissingSchemaAction 属性的值为 MissingSchemaAction 枚举

类型,用来规定当 DataSet 对象中对应的 DataTable 模式与数据库查询结果不匹配时做何处置。MissingSchemaAction 枚举类型见表 6-16。其中,Add 为 DataAdapter 对象在 MissingSchemaAction 属性上的默认值。

表 6-16 MissingSchemaAction 枚举类型

成员名称	说 明
Add	添加新的属性,使 DataSet 中的 DataTable 与数据库查询结果模式匹配
AddWithKey	添加新的属性和主键,使 DataSet 中的关系与数据库查询结果模式匹配
Error	抛出 InvalidOperationException 异常
Ignore	忽视数据库查询结果中元组的多余属性

设置 DataAdapter 对象的 AcceptChangesDuringFill 属性为 True,则当使用 Fill() 方法向 DataTable 对象添加 DataRow 对象时,会自动调用该 DataRow 对象的 AcceptChanges() 方法。调用 DataRow 对象的 AcceptChanges() 方法,可以将该 DataRow 对象的 RowState 属性设置为 Unchanged。调用 Update 方法时,如果某个 DataRow 的 RowState 属性值是 Unchanged,则这个 DataRow 中的数据将不会被解析回数据库。

Update() 方法用于将 DataSet 对象中数据的变化解析回数据库。与 Fill 方法类似,Update() 方法也是一个重载的方法,在其常用的形式中也使用两个参数:其中一个参数是 DataSet 对象;另外一个参数是可选的,是 DataTable 对象或 DataTable 的名字。这两个参数分别用于指定数据发生了变化,并且需要将这些变化解析到数据库中的 DataSet 和这个 DataSet 中的 DataTable。当 Update() 方法被调用时,DataAdapter 分析 DataSet 中的数据发生了哪些更新,并根据不同的更新类型执行不同的数据库命令(INSERT、UPDATE 和 DELETE)。

将发生变化的数据解析回数据库按照一次一元组的方式进行,DataAdapter 对象遍历指定 DataTable 中的各 DataRow 对象,如果发现某个 DataRow 对象的数据发生了更新,则根据更新的类型使用 InsertCommand、UpdateCommand 或 DeleteCommand 等 Command 对象将此更新解析回数据库。因此,在调用 Update() 方法前,一定要事先设置使用到的 Command 对象。

如果 Update() 方法需要将某个 DataRow 对象的变化解析到数据库中,而用于解析此类变化的 Command 对象不存在,则会抛出异常。如果 DataAdapter 对象的 SelectCommand 属性已设置,而且对应的查询命令是对数据库中单个关系的查询,则可以通过 SqlCommandBuilder 或 OleDbCommandBuilder 对象自动生成用于执行更新操作的各个 Command 对象。自动生成执行更新操作的 Command 对象要求发生更新的 DataTable 对象中已设置了主键。

下面的代码创建一个 OleDbDataConnection 对象 connection,并据此创建一个 OleDbCommand 对象。创建的 OleDbCommand 对象被指定为新创建的 OleDbDataAdatper 对象 dataAdapter 的 SelectCommand,用于连接由 connectionString 指定的数据源,并且执行

由 queryString 指定的数据库查询。通过调用 Fill 方法执行数据库查询并将得到的结果填充到一个 DataSet 对象 dataSet 中。对 dataSet 中的数据做一些更新后,通过调用 Update 方法将更新解析回数据库中。在调用 Update 方法前,要指定与涉及的更新对应的 Command 对象(InsertCommand、DeleteCommand、UpdateCommand),这些 Command 对象由创建的 OleDbCommandBuilder 对象 commandBuilder 自动生成。

```
Dim dataSet As DataSet =New DataSet
Using connection As New OleDbConnection(connectionString)
    connection.Open()
    Dim dataAdapter As New OleDbDataAdapter()
    dataAdapter.SelectCommand =New OleDbCommand(queryString, connection)
    Dim commandBuilder As OleDbCommandBuilder =New OleDbCommandBuilder_
    (dataAdapter)
    dataAdapter.Fill(dataSet)
    'Code to modify the data in the DataSet here.
    dataAdapter.Update(dataSet)
End Using
```

很多情况下,DataSet 中发生的数据更新无法利用自动生成的 Command 对象解析回数据库。这时需要人为设置 DataAdapter 的 InsertCommand、DeleteCommand、UpdateCommand。在各 Command 对象中,对应的数据库命令使用的每一个参数都要有一个对应的 Parameter 对象。这些 Paramters 对象被包含在 Command 对象的 ParameterCollection 中,属性 Parameters 用于访问这个 ParameterCollection。

可以通过 Add() 方法将一个 Parameter 对象添加到 ParameterCollection 中。Add 方法是一个重载的方法,通过 Add 方法的参数可以指定由添加的 Parameter 对象代表的参数的名称、类型、长度、值的来源。值的来源被指定为 DataTable 中一个属性的名称,执行 Command 的数据库命令时,命令语句中对应的参数将被当前解析更新的 DataRow 在值来源属性上的值所取代。Add 方法的返回值为对生成的 Parameter 对象的参照,如果在调用 Add 方法时没有指定值的来源,可以通过 Parameter 对象的 SourceColumn 属性设置。

通过设置 Parameter 对象的 SourceVersion 属性可以指定对应参数使用当前解析更新的 DataRow 对象在值来源属性上的当前值或原始值。原始值是来自数据库查询结果的值,而当前值是可能已在客户端被修改了的值。取原始值时要将 SourceVersion 属性设置为 Original,否则设置为 Current。

下面的代码人为设置 SqlDataAdapter 对象的 UpdateCommand,并利用这个 SqlCommand 对象将 DataSet 中发生的 Update 更新解析回数据库。由于与 UpdateCommand 对应的数据库命令用到了参数@ISBN 和@Contents(@为占位符),所以需要向 UpdateComnand 的 ParameterCollection 添加对应的参数并设置参数的值。其中,名为"@ISBN"的 Parameter 被设置为取值来源属性的原始值,这是为了保证更新的是所希望更新的元组。在对应的数据库中,属性 ISBN 是关系 Books 的主键,可用来唯一地标识关系中的一个元组。

第 6 章　Visual Basic .NET 数据库技术

```
Dim adapter As SqlDataAdapter = New SqlDataAdapter( _
    "SELECT ISBN, Name, Contensts FROM Books", connection)
adapter.UpdateCommand = New SqlCommand( _
    "UPDATE Categories SET Contensts = @ Contents " & " WHERE ISBN = @ ISBN", _
    connection)
Dim parameter As SqlParameter = adapter.UpdateCommand.Parameters.Add( _
    "@ ISBN", SqlDbType.NVarChar, 50, "ISBN")
parameter.SourceVersion = DataRowVersion.Original
adapter.UpdateCommand.Parameters.Add( _
    "@ Contents", .NVarChar, 50, "Contents")

Dim dataSet As DataSet = New DataSet
adapter.Fill(dataSet, "Books")
Dim row As DataRow = dataSet.Tables("Books").Rows(0)
row("Contents") = "New Contents"
adapter.Update(dataSet, "Books")
```

DataAdapter 对象的 ContinueUpdateOnError 属性用于指定当 Update() 方法将 DataSet 中某个 DataRow 发生的变化解析回数据库的过程中发生错误时做何处置。该属性的值为 True 时，表示跳过发生错误的 DataRow，并将错误信息保存在该 DataRow 对象的 RowError 属性上；而属性的值为 False，则抛出异常。

可以利用 DataGridView 控件查看和修改 DataSet 中某个 DataTable 中的数据，即绑定 DataGridView 控件和 DataTable 对象。两者之间的绑定可以通过将 DataGridView 控件的 DataSource 属性设置为该 DataTable 对象完成。下面的代码通过调用 SqlDataAdapter 对象 adapter 的 Fill() 方法填充 DataSet 对象 books 中的一个名为 Books 的 DataTable，并将其与 DataGridView1 绑定。

```
Dim queryString As String = "SELECT ISBN, Name FROM Books"
Dim adapter As SqlDataAdapter = New SqlDataAdapter(queryString, connection)
Dim commandBuilder As SqlCommandBuilder = New SqlCommandBuilder(adapter)
Dim books As DataSet = New DataSet
adapter.Fill(books, "Books")
DataGrid1.DataSource = books.Tables("Books")
```

例 6-4：编写一个程序，通过调用 OleDbDataAdapter 对象的 Fill() 方法执行数据库查询并填充 DataSet 对象，通过与其绑定的 DataGridView 控件查看和更新查询结果中的数据。更新的数据通过调用 Update 方法解析回数据库，人为设置用于析解更新的 InsertCommand、DeleteCommand 和 UpdateCommand。

（1）设计用户界面。

图 6-10 为程序运行界面。界面中包含一个 DataGridView 控件，用于显示学生数据库中关系 Student 的内容。下方有两个按钮：GetData 按钮用于从数据库获取数据，PutData 按钮将数据更新析解回数据库。程序界面控件说明见表 6-17。

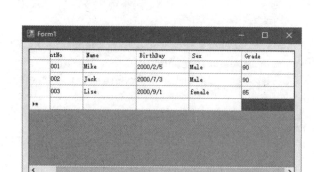

图 6-10 程序运行界面

表 6-17 程序界面控件说明

属 性 名	属 性	属 性 值
DataGridView1	DataSource	在程序中与一个 DataTable 对象绑定
Button1	Text	GetData
Button2	Text	PutData

(2)编写程序代码。

```
Imports System.Data.OleDb
                    '为了使用 OleDbConnection、OleDbCommand、OleDbDataAdapter 对象
Public Class Form1
    Dim dataAdapter As OleDbDataAdapter
                    '用数据库查询结果填充 DataSet,并将数据更新解析回数据库
    Dim dataset As DataSet    '用于接收数据查询结果,支持对查询结果的自由访问
```

```vb
'单击 Button1(GetData)按钮时执行此方法,创建一个 DataAdapter 对象,设置用于
 Select、Insert 和 Update 的各种 Command 对象,执行数据库查询并用得到的结果填
 充 dataset
Private Sub Button1_Click(ByVal sender As System.Object, ByVal e As_
System.EventArgs) Handles Button1.Click
    Dim connectionString As String =_
        "Provider=Microsoft.Jet.OLEDB.4.0; Data Source=_
        c:\work\studentdb.mdb"                        '连接字符串
    Dim queryString As String ="SELECT *  FROM Student" '查询数据库的 SQL 语句
    Dim insertString As String ="INSERT INTO Student VALUES (?,?, ?,?, ?)"
                                                    '插入元组的 SQL 语句
    Dim deleteString As String ="DELETE FROM Student WHERE StudentNo=?"
                                                    '删除元组的 SQL 语句
    Dim updateString As String ="UPDATE Student SET StudentNo=?,Name=?, _
        BirthDay=?,Sex=?, Grade=? WHERE StudentNo=?"  '更新元组的 SQL 语句
    dataset =New DataSet
    Try
        Dim connection As New OleDbConnection(connectionString)
        connection.Open()                           '打开连接
        dataAdapter =New OleDbDataAdapter
        dataAdapter.SelectCommand =New OleDbCommand(queryString,_
        connection)

        '设置用于插入元组的 Command 对象和用到的参数
        dataAdapter.InsertCommand =New OleDbCommand(insertString,_
        connection)
        dataAdapter.InsertCommand.Parameters.Add("?SN", OleDbType.VarChar,_
        30, "StudentNo")
        dataAdapter.InsertCommand.Parameters.Add("?Name",_
        OleDbType.VarChar, 30, "Name")
        dataAdapter.InsertCommand.Parameters.Add _
            ("?BirthDay", OleDbType.Date).SourceColumn ="BirthDay"
        dataAdapter.InsertCommand.Parameters.Add("?Sex",_
        OleDbType.VarChar, 10, "Sex")
        dataAdapter.InsertCommand.Parameters.Add _
            ("?Grade", OleDbType.Integer).SourceColumn ="Grade"

        '设置用于删除元组的 Command 对象和用到的参数
        dataAdapter. DeleteCommand  =  New   OleDbCommand ( deleteString,_
        connection)
        dataAdapter.DeleteCommand.Parameters.Add _
            ("?SN", OleDbType.VarChar, 30, "StudentNo").SourceVersion =_
            DataRowVersion.Original

        '设置用于更新的 Command 对象和用到的参数
        dataAdapter.UpdateCommand =New OleDbCommand(updateString,_
        connection)
```

```vb
            dataAdapter.UpdateCommand.Parameters.Add("?SN", OleDbType.VarChar, _
            30, "StudentNo")
            dataAdapter.UpdateCommand.Parameters.Add("?Name",_
            OleDbType.VarChar, 30, "Name")
            dataAdapter.UpdateCommand.Parameters.Add _
               ("?BD", OleDbType.Date).SourceColumn = "BirthDay"
            dataAdapter.UpdateCommand.Parameters.Add("?Sex",_
            OleDbType.VarChar, 10, "Sex")
            dataAdapter.UpdateCommand.Parameters.Add _
               ("Grade", OleDbType.Integer).SourceColumn = "Grade"
            dataAdapter.UpdateCommand.Parameters.Add _
               ("?OSN", OleDbType.VarChar, 30, "StudentNo").SourceVersion =_
               DataRowVersion.Original

            dataAdapter.Fill(dataset, "Student")
                            '获取数据库查询结果并填充 dataset 的 DataTable"Student"
            DataGridView1.DataSource =dataset.Tables("Student")
                                        '绑定"Student"与 DataGridView1 控件
            connection.Close()
        Catch ex As Exception
            MsgBox(ex.Message)
        End Try
    End Sub

    '单击 Button2(PutData)按钮时执行此方法,将 dataset 中的数据变化解析回数据库
    Private Sub Button2_Click(ByVal sender As System.Object, ByVal e As_
    System.EventArgs) Handles Button2.Click
        dataAdapter.Update(dataset, "Student")
    End Sub
End Class
```

6.3.5 DataSet 对象

DataSet 实际上是一个存在于内存中的数据库。DataSet 包含一组关系,可以在这些关系中临时存储数据,以便在应用程序中使用。如果一个应用程序需要使用数据库数据,可以将执行数据库查询得到的结果填充到 DataSet 中,之后即使断开数据库连接,也可以继续使用其中的数据。DataSet 中的数据除了可以来自数据库,还可以来自其他各种各样的数据源,如 Web Service、XML 文件、使用分隔符的文件等。无论数据来自何种数据源,一旦被填充到 DataSet 中,就可以按照类似于关系模型的方式访问这些数据了。

如本章前面的内容所示,可以通过调用 DataAdapter 对象的 Fill()方法填充 DataSet,可以通过 DataGridView 控件查看和修改 DataSet 中的数据,并且可以利用 DataAdapter 对象的 Update 方法将 DataSet 对象中数据发生的变化解析回数据库。下面主要介绍如何利用编程的方法填充 DataSet,并查看和修改 DataSet 中的数据。

DataSet 中包含一个 DataTableCollection 对象和一个 DataRelationCollection 对象。

DataTableCollection 中包含一组 DataTable 对象,一个 DataTable 对象代表 DataSet 中的一个关系。DataRelationCollection 中包含一组 Relation 对象,一个 Relation 对象代表关系间的一个联系(relationship)。表 6-18 列出了 DataSet 对象的常用属性和方法。

表 6-18　DataSet 对象的常用属性和方法

名　称	说　　明
Tables	DataTableCollection,一个 DataTable 代表一个关系
Relations	DataRelationCollection,一个 Relation 代表关系间的一个联系
AcceptChanges	提交自加载数据或自上一次调用 AcceptChanges 方法后发生的所有数据变化
RejectChanges	撤销自加载数据或自上一次调用 AcceptChanges 方法后发生的所有数据变化
GetChanges	返回一个新的 DataSet,其中只包含自加载数据或自上一次调用 AcceptChanges 方法后发生的所有数据变化,可以通过可选的参数指定数据变化的类型
Copy	返回一个新的 DataSet,与当前 DataSet 具有相同的结构和相同的数据
Clear	清空当前 DataSet 内的所有数据,结构仍保留
Merge	将指定的 DataSet、DataTable、一组 DataRow 并入当前 DataSet

在应用程序中使用 DataSet 对象访问数据的一般步骤为:①使用 DataAdapter 从数据库获取数据并填充 DataSet 的各 DataTable;②通过更新或删除 DataTable 中的 DataRow,修改 DataTable 内的数据;③调用 GetChanges()方法创建另一个 DataSet 对象,其中只包含发生变化的数据,即发生变化的 DataTable 和 DataRow;④调用 DataAdapter 的 UpDate()方法将第二个 DataSet 中的数据变化解析回数据库;⑤调用 Merge()方法将第二个 DataSet 中的数据并入第一个 DataSet;⑥调用 AccpectChanges()方法提交所有更新或调用 RejectChange()方法撤销所有更新。

DataTableCollection 是一组 DataTable 的集合。与其他集合类型的数据一样,DataTableCollection 对象包含属性 Count 和 Item,提供 Add()、Remove()、Clear()等方法。可以通过 Count 属性获取 DataTableCollection 中包含的 DataTable 的个数,并且可以通过 Item 属性访问 DataTableCollection 中位于指定序号上的 DataTable。下面的代码在标准输出显示包含在一个 DataTableCollection 中的所有 DataTable 的名称,其中 tableCollection 是一个有效的 DataTableCollection 对象。

```
Dim i As Integer
For i = 0 To tablesCollection.Count -1
    Console.WriteLine(tablesCollection(i).TableName)
Next
```

通过 Item 属性还可以访问 DataTableCollection 中具有指定名称的 DataTable 对象,如下面的代码所示。

```
Dim table As DataTable =tablesCollection("Books")
Console.WriteLine(table.TableName)
```

可以利用 Contains 方法判断 DataTableCollection 对象中是否包含指定的 DataTable 对象或具有指定名称的 DataTable 对象，并且可以通过 IndexOf 方法获取指定的 DataTable 对象或具有指定名称的 DataTable 对象在 DataTableCollection 中的序号，如下面的代码所示。

```
If tablesCollection.Contains("Books") Then
    Dim ind As Integer =tablesCollection.IndexOf("Books")
    Console.WriteLine("Table named Suppliers is exist, and its index is "+ind)
End If
```

通过 Add 方法可以向 DataTableCollection 添加一个 DataTable 对象。Add 方法是一个重载了的方法，有多种重载的形式。其中，没有参数的形式表示创建一个新的 DataTable 对象，并添加到 DataTableCollection 中；参数为字符串的形式表示创建一个指定名称（由参数指定）的新的 DataTable 对象，并添加到 DataTableCollection 中；而参数为 DataTable 对象的形式则表示将一个已存在的 DataTable 对象（由参数指定）添加到 DataTableCollection 中。

下面的代码在向一个 DataSet 对象 thisDataSet 的 DataTableCollection 添加一个新创建的名为 NewTable 的 DataTable 对象，并输出该 DataTable 对象的名称和添加该 DataTable 对象后 DataTableCollection 中 DataTable 对象的总数。

```
Dim table As DataTable =thisDataSet.Tables.Add("NewTable")
Console.WriteLine(table.TableName)
Console.WriteLine(thisDataSet.Tables.Count.ToString())
```

通过 Remove()方法可以从 DataTableCollection 移除一个 DataTable 对象。和 Add()方法一样，Remove()方法也是一个重载了的方法，有多种重载的形式。其中，参数为 DataTable 对象的形式表示移除指定的 DataTable 对象（由参数指定）；而参数为字符串的形式表示移除指定名称（由参数指定）的 DataTable 对象，如下面的代码所示。

```
Dim tablesCol As DataTableCollection =thisDataSet.Tables
If tablesCol.Contains("Books") Then
    tablesCol.Remove(name)
End If
```

一个 DataTable 对象代表 DataSet 中的一个关系，包含一个 DataColumnCollection 对象、一个 ConstraintCollection 对象和一个 DataRowCollection 对象。DataColumnCollection 包含一组 DataColumn 对象，一个 DataColumn 代表关系的一个属性。ConstraintCollection 包含一组 Constraint 对象，一个 Constraint 代表关系的一个约束条件。DataRowCollection 代表关系内的数据，包含一组 DataRow 对象，一个 DataRow 代表关系的一个元组。表 6-19 为 DataTable 对象的常用属性和方法。

表 6-19 DataTable 对象的常用属性和方法

名称	说明
Columns	DataTable 中包含的 DataColumnCollection 对象
Constraints	DataTable 中包含的 ConstraintCollection 对象
Rows	DataTable 中包含的 DataRowCollection 对象
TableName	用于获取或设置 DataTable 的名称
PirmaryKey	DataColumn 的数组,用于获取或设定 DataTable 的主键
NewRow	创建一个与 DataTable 模式相匹配的 DataRow 对象
AcceptChanges	提交自加载数据或上一次调用 AcceptChanges 方法后发生的所有数据变化
RejectChanges	撤销自加载数据或上一次调用 AcceptChanges 方法后发生的所有数据变化
GetChanges	返回一个 DataSet,其中只包含自加载数据或上一次调用 AcceptChanges 方法后发生的所有数据变化,可以通过可选的参数指定数据变化的类型
Select	用于从 DataTable 中获取满足指定条件的一组 DataRow 对象
Copy	返回一个新的 DataTable 对象,与当前 DataTable 具有相同的结构和相同的数据
Clear	用于清空当前 DataTable 内的所有数据,结构仍保留
Merge	用于将指定的 DataTable 并入当前 DataTable

在程序中直接填充 DataTable,首先要定义 DataTable 的模式。定义 DataTable 的模式实际上就是将代表属性的 DataColumn 对象添加到 DataTable 的 DataColumnColletion 中。DataColumn 对象的 ColumnName 属性用于读取和设置对应属性的名称,DataType 属性用于指定对应属性上值的类型。如果 DataTable 的数据要并入数据源,则各 DataColumn 的 DataType 要与数据源中对应属性的数据类型相匹配。下面的代码创建一个 DataColumn 对象,指定其类型和名称,并将其添加到一个 DataTable 中。

```
column =New DataColumn()
column.DataType =System.Type.GetType("System.String")
column.ColumnName ="id"
table.Columns.Add(column)
```

除了 DataType 属性,DataColumn 对象还有一些属性用于指定对应属性上的值需要满足的约束条件。AllowDBNull 属性用于指定元组在对应属性上是否可以取 Null 值,Unique 属性用于指定关系的任意两个元组在对应属性上是否可以取相同的值,ReadOnly 属性用于指定数据表中的元组在对应属性上的值是否是只读的,即不允许修改。

和其他集合类型数据一样,DataColumnCollection 对象包含 Count 和 Item 属性,支持 Add、Remove、Clear 等方法。Count 属性用于获取 DataColumnCollection 中包含的 DataColumn 对象的个数,Item 属性用于访问指定序号或名称的 DataColumn。Add、Remove 和 Clear 方法分别用于添加、删除、清空集合项。下面的代码创建一个

DataTable 对象,并向 DataTable 的 DataColumnCollection 添加 DataColumn 以定义 DataTable 的模式。代码中 Add 方法的第一个参数指定 DataColumn 的名称,第二个参数指定 DataColumn 值的类型。

```
Dim workTable As DataTable =New DataTable("Students")
Dim workCol As DataColumn =workTable.Columns.Add( "SN", Type.GetType
(_"System.String"))
workColumn.AllowDBNull =false
workColumn.Unique =true
workTable.Columns.Add("Name", Type.GetType("System.String"))
workTable.Columns.Add("Sex", Type.GetType("System.String"))
workTable.Columns.Add("Grade", Type.GetType("System.Int32"))
```

可以通过 PrimaryKey 属性读取和设置 DataTable 的主键。PrimaryKey 属性的类型为 DataColumn 的数组。下面的代码创建一个 DataTable 对象,并向 DataTable 的 DataColumnCollection 添加两个 DataColumn,同时用这两个 DataColumn 构成一个 DataColumn 的数组,并通过 DataTable 的 PrimaryKey 属性指定此数组为 DataTable 的主键。

```
Dim table As DataTable =new DataTable()
Dim keys(2) As DataColumn
Dim column As DataColumn
column =New DataColumn()
column.DataType =System.Type.GetType("System.String")
column.ColumnName="FirstName"
table.Columns.Add(column)
keys(0) =column
column =New DataColumn()
column.DataType =System.Type.GetType("System.String")
column.ColumnName ="LastName"
table.Columns.Add(column)
keys(1) =column
table.PrimaryKey =keys
```

设置了 DataTable 的模式,就可以向 DataTable 对应的关系添加元组了。一个元组由一个 DataRow 对象代表,向关系添加元组就是将对应的 DataRow 对象添加到对应的 DataTable 的 DataRowCollection 中。为此,需要调用 DataTable 对象的 NewRow 方法创建一个与 DataTable 匹配的 DataRow 对象。DataTable 中最多只能包含 16 777 216 个 DataRow。

和其他集合类型数据一样,DateRowCollection 对象包含 Count 和 Item 属性,支持 Add、Remove、Clear 等方法。Count 属性用于获取 DataRowCollection 中包含的 DataRow 的个数,Item 属性用于访问指定序号的 DataRow 对象。Add()、Remove()和 Clear()方法分别用于添加指定 DataRow 对象、删除指定 DataRow 对象、清空所有

DataRow 对象。

DataRowCollection 对象还支持 IndexOf、InsertAt、RemoveAt 等方法。IndexOf 方法用于获取 DataRow 对象在 DataRowCollection 中的序号。InsertAt()方法用于将 DataRow 对象添加到 DataRowCollection 中指定序号的位置上。RemoveAt()方法用于删除 DataRowCollection 中指定序号位置上的 DataRow 对象。

下面的代码包含两个过程：一个过程用于向 DataRowCollection 添加 DataRow 对象；另一个过程用于在标准输出中显示 DataRowCollection 中各 DataRow 的内容。

```
Private Sub AddRow(ByVal table As DataTable)
    Dim newRow As DataRow = table.NewRow()
    table.Rows.Add(newRow)
End Sub

Private Sub ShowRows(Byval table As DataTable)
    Console.WriteLine(table.Rows.Count)
    Dim row As DataRow
    For Each row In table.Rows
        Console.WriteLine(row(1))
    Next
End Sub
```

DataTable 对象还支持 Select 方法，用于从 DataTable 中获取一组满足指定条件的 DataRow，返回值为 DataRow 对象的数组。Select 方法是一个重载了的方法，有多种重载的形式。其中，没有参数的形式用于获取 DataTable 中包含的所有 DataRow；参数为一个字符串的形式用于获取 DataTable 中满足指定条件（由参数指定）的所有 DataRow，并按照 Primary Key 排序（如果没有 Primary Key，则按添加顺序排序）；参数为两个字符串的形式用于获取满足指定条件（由第一个参数指定）的所有 DataRow，并按照指定方法排序（由第二个参数指定）；包含 3 个参数（依次为字符、字符串、DataViewRowState 枚举类型）的形式用于返回满足指定条件（由第一个参数指定），而且处于指定状态（由第 3 个参数指定）的 DataRow，并按照指定方法（由第二个参数指定）排序。表 6-20 列出了 DataViewRowState 枚举类型的成员，每个成员对应从加载数据或最后一次调用 AcceptChanges 方法到当前的时间内 DataRow 处于的一种状态。

表 6-20　DataViewRowState 枚举类型的成员

名称	说明
Added	新添加到 DataTable 中的 DataRow
CurrentRows	DataTable 中当前包含的所有 DataRow，包括没有被修改的、新添加的和已被修改的 DataRow
Deleted	已被删除的 DataRow
ModifiedCurrent	已被修改的 DataRow 的当前版本

续表

名 称	说 明
ModifiedOriginal	已被修改的 DataRow 的原来版本
OriginalRows	包括没有被修改的和已被删除的 DataRow
Unchanged	没有被修改的 DataRow

下面的代码从一个 DataTable 对象 CustomerTable 中获取新添加的、id 属性上的值大于 5 的所有 DataRow，并按照 Name 属性值降序排序。

```
Dim expression As String = "id > 5"
Dim sortOrder As String = "name DESC"
Dim foundRows As DataRow() = customerTable.Select(expression, sortOrder, _
    DataViewRowState.Added)
```

使用 NewRow 方法创建一个 DataRow 对象后，可以通过 DataRow 对象的各种属性和方法设置或访问 DataRow 在各属性上的值。DataRow 对象的常用属性和方法见表 6-21。

表 6-21 DataRow 对象的常用属性和方法

名 称	说 明
Item	用于读取或设置 DataRow 在指定属性上的值
RowState	用于读取或设置 DataRow 的当前状态
Delete	设置 RowState 为 Deleted
SetModified	将 RowState 设置为 Modified
SetAdded	将 RowState 设置为 Added
IsNull	判断 DataRow 在指定属性上的值是否为 Null
AcceptChanges	提交自加载数据或上一次调用 AcceptChanges()方法后发生的所有数据变化
RejectChanges	撤销自加载数据或上一次调用 AcceptChanges()方法后发生的所有数据变化

通过 Item 方法可以读取或设置 DataRow 在指定属性上的值。可以通过多种方法指定属性，包括通过指定对应的 DataColumn 对象，或指定对应 DataColumn 的序号，或指定对应 DataColumn 的名称。调用 Item()方法时，还可以通过一个可选的 DataRowVersion 枚举类型的参数指定访问哪一个版本的数据。DataRowVersion 枚举类型有 4 个成员，分别是 Current、Default、Original 和 Proposed。Current 表示访问当前值，Default 表示访问默认值，Original 表示访问加载数据或最后一次调用 AcceptChanges 时的值，Proposed 表示访问处于编辑状态的值。调用 BeginEdit 方法进入编辑状态，调用 EndEdit()方法退出编辑状态。

RowState 属性用于读取 DataRow 的当前状态。一个 DataRow 的状态取决于两方面因素：①对 DataRow 所做的操作的类型；②是否调用 AcceptChanges()方法。

RowState 属性的值是 DataRowState 枚举类型。DataRowState 枚举类型与 DataViewRowState 枚举类型具有类似的成员，见表 6-22。

表 6-22 DataRowState 枚举类型的成员

名 称	说 明
Added	此 DataRow 被添加到一个 DataRowCollection 中，之后没有调用 AcceptChanges()方法
Deleted	此 DataRow 已被删除（通过调用此 DataRow 对象的 Delete()方法）
Detatched	当一个 DataRow 不包含任何 DataRowCollection 时处于此状态，表示此 DataRow 已被创建，但还没有被添加到任何 DataRowCollection 中，或者已从一个 DataRowCollection 中移除
Modified	此 DataRow 已被修改，之后没有调用 AcceptChanges()方法
Unchanged	自最后一次调用 AcceptChanges()方法后，此 DataRow 没有被修改

下面的代码创建一个包含两个属性（DataColumn）id 和 item 的 DataTable，并向此 DataTable 添加 10 个元组（DataRow），分别是(0,item0)、(1,item1)、…、(9,item9)。

```
Dim table As DataTable = New DataTable()
Dim column As DataColumn
Dim row As DataRow
column = New DataColumn()
column.DataType = System.Type.GetType("System.Int32")
column.ColumnName = "id"
table.Columns.Add(column)
column = New DataColumn()
column.DataType = Type.GetType("System.String")
column.ColumnName = "item"
table.Columns.Add(column)
Dim i As Integer
For i = 0 to 9
    row = table.NewRow()
    row("id") = i
    row("item") = "item " & i
    table.Rows.Add(row)
Next
```

例 6-5：编写一个程序，调用 OleDbDataAdapter 对象的 Fill 方法执行数据库查询命令并用得到的结果填充 DataSet，支持双向遍历数据、修改数据，对数据的更新按照编程的方法写入 DataSet 中，并将 DataSet 中发生的数据变化解析回数据库。

1）设计用户界面

如图 6-11 所示，程序界面中包含一个 GroupBox 控件，其上的各控件用于显示和修改查询结果，下面的 TextBox 控件用于显示程序运行的状态信息，右侧的各控件从上至下分别用于读取最后一个元组、读取下一个元组、显示当前元组的序号和元组个数、读取前一个元组、读取最前一个元组、删除当前元组和添加元组。下方的两个 Button 控件分别用于从数据库获取查询结果、将数据更新解析回数据库。例 6-5 的程序界面控件说明见表 6-23。

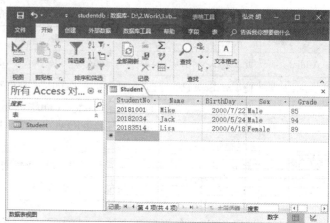

图 6-11 例 6-5 的程序运行界面

表 6-23 例 6-5 的程序界面控件说明

控件名称	说明	控件名称	说明
TextBox1	显示或输入学生学号信息	Button2	将数据更新解析回数据库
TextBox2	显示或输入学生姓名信息	Button3	读取下一个 DataRow
TextBox3	显示或输入学生性别信息	Button4	读取最后面的 DataRow
TextBox4	显示或输入学生成绩信息	Button5	读取上一个 DataRow
TextBox5	显示程序运行状态信息	Button6	读取最前面的 DataRow
TextBox6	显示当前元组序号	Button7	删除当前 DataRow
DateTimePicker1	显示或输入学生的出生年月	Button8	添加新的 DataRow
Button1	从数据库中获取数据	Button2~Button8 的 Enabled 属性值为 False	

2）编写程序代码

```
Imports System.Data.OleDb
                        '为了使用 OleDbConnection、OleDbCommand、OleDbDataAdapter 对象
Public Class Form1
    Dim dataAdapter As OleDbDataAdapter
                        '用数据库查询结果填充 DataSet,并将数据更新解析回数据库
    Dim dataset As DataSet    '用于接收数据查询结果,支持对查询结果的自由访问
    Dim count As Integer = 0  '用于记录 DataTable 内 DataRow 的个数
    Dim sind As Integer = 0   '用于显示的 DataRow 的序号
    Dim ind As Integer = -1   'DataRow 在 DataTable 内的实际序号
    Dim editing As Boolean    '值为 False 时界面控件的内容变化时不抛出 EEdit 事件
    Public Event EEdit()
                        '事件定义,需要将界面控件的内容变化写入当前 DataRow 时抛出此事件
```

第章 Visual Basic .NET 数据库技术

```vb
'EEdit 事件的处理函数,将界面控件中的内容写入当前的 DataRow
Private Sub HEEdit() Handles Me.EEdit
    Dim row As DataRow = dataset.Tables("Student").Rows(ind)   '获取当前的 DataRow
    GetIData(row)                                               '将文本框中的内容写入当前的 DataRow
End Sub

'将界面控件中的内容写入指定的 DataRow
Private Sub GetIData(ByRef row As DataRow)
    Try
        row("StudentNo") = TextBox1.Text          '更新 StudentNo 属性值
        row("Name") = TextBox2.Text               '更新 Name 属性值
        row("BirthDay") = DateTimePicker1.Value   '更新 BirthDay 属性值
        row("Sex") = TextBox3.Text                '更新 Sex 属性值
        row("Grade") = Val(TextBox4.Text)         '更新 Grade 属性值
    Catch ex As Exception
        TextBox5.Text = ex.Message
    End Try
End Sub

'显示当前 DataRow 内容
Private Sub showdatarow()
    editing = False   '将 editing 设置为 False,界面控件内容变化时将不抛出 EEdit 事件
    Dim row As DataRow = dataset.Tables("Student").Rows(ind)
    TextBox1.Text = row("StudentNo")
    TextBox2.Text = row("Name")
    DateTimePicker1.Value = row("BirthDay")
    TextBox3.Text = row("Sex")
    TextBox4.Text = row("Grade")
    editing = True    '将 editing 设置为 True,界面控件内容变化时,将抛出 EEdit 事件
End Sub

'如果 direct 为 1,则将下一个 RowState 不是 Deleted 的 DataRow 设置为当前 DataRow;
'如果 direct 为-1,则将上一个 RowState 不是 Deleted 的 DataRow 设置为当前 DataRow
Private Function toundeleted(ByVal current As Integer, ByVal direct As Integer) _
                As Boolean
    Dim tind As Integer = current
    If direct = 1 Then
        tind = tind + 1
        Do While (tind < dataset.Tables("Student").Rows.Count)
            If dataset.Tables("Student").Rows(tind).RowState = DataRowState.Deleted _
                    Then
                tind = tind + 1
            Else
                Exit Do
            End If
```

```vb
      Loop
      If tind >=dataset.Tables("Student").Rows.Count Then
        Return False
      End If
    Else
      tind = tind - 1
      Do While (tind >= 0)
        If dataset.Tables("Student").Rows(tind).RowState =DataRowState.Deleted
        Then
          tind = tind - 1
        Else
          Exit Do
        End If
      Loop
      If tind < 0 Then
        Return False
      End If
    End If
    ind = tind
    Return True
End Function
```

'添加新的 DataRow 时，需要将界面控件的内容清空，以便通过这些控件编辑 DataRow 的内容
```vb
Private Sub Clear()
    editing = False '将 editing 设置为 False,界面控件内容变化时,将不抛出 EEdit 事件
    TextBox1.Text = ""
    TextBox2.Text = ""
    TextBox3.Text = ""
    TextBox4.Text = ""
    TextBox5.Text = ""
    TextBox6.Text = ""
    DateTimePicker1.Value = Now()
    editing = True '将 editing 设置为 True,界面控件内容变化时,将抛出 EEdit 事件
End Sub
```

   '单击 Button1(GetData)按钮时执行此方法,创建一个 DataAdapter 对象,设置用于
   Select、Insert 和 Update 的各种 Command 对象,执行数据库查询并用得到的结果填
   充 dataset
```vb
Private Sub Button1_Click(ByVal sender As System.Object, ByVal e As _
System.EventArgs) Handles Button1.Click
    Dim connectionString As String = _
    "Provider=Microsoft.Jet.OLEDB.4.0; Data Source=c:\work\studentdb.mdb"
    '连接字符串
    Dim queryString As String = "SELECT *  FROM Student" '查询数据的数据库命令
    Dim insertString As String = "INSERT INTO Student VALUES (?,?, ?,?,?)"
    '插入元组的数据库命令
```

```vb
Dim deleteString As String ="DELETE FROM Student WHERE StudentNo=?"
'删除元组的命令
Dim updateString As String ="UPDATE Student SET StudentNo=?, _
Name=?,BirthDay=?,Sex=?,Grade=? WHERE StudentNo=?"  '更新元组的数据库命令
dataset =New DataSet                       '创建一个新的 DataSet 对象
Try
  Dim connection As New OleDbConnection(connectionString)
  connection.Open()
  dataAdapter =New OleDbDataAdapter
  dataAdapter.SelectCommand =New OleDbCommand(queryString, connection)

  '设置用于插入元组的 Command 对象和用到的参数
  dataAdapter.InsertCommand =New OleDbCommand(insertString, connection)
  dataAdapter.InsertCommand.Parameters.Add("?SN", OleDbType.VarChar,30,_
  "StudentNo")
  dataAdapter.InsertCommand.Parameters.Add("?Name", OleDbType.VarChar,_
  30,"Name")
  dataAdapter.InsertCommand.Parameters.Add("?BirthDay",_
  OleDbType.Date).SourceColumn ="BirthDay"
  dataAdapter.InsertCommand.Parameters.Add("?Sex", OleDbType.VarChar,_
  10,"Sex")
  dataAdapter.InsertCommand.Parameters.Add("?Grade",_
  OleDbType.Integer).SourceColumn ="Grade"

  '设置用于删除元组的 Command 对象和用到的参数
  dataAdapter.DeleteCommand =New OleDbCommand(deleteString, connection)
  dataAdapter.DeleteCommand.Parameters.Add _
  ("?SN", OleDbType.VarChar, 30, "StudentNo").SourceVersion =_
  DataRowVersion.Original

  '设置用于更新元组的 Command 对象和用到的参数
  dataAdapter.UpdateCommand =New OleDbCommand(updateString, connection)
  dataAdapter.UpdateCommand.Parameters.Add("?SN", OleDbType.VarChar, 30,_
  "StudentNo")
  dataAdapter.UpdateCommand.Parameters.Add("?Name",_
  OleDbType.VarChar, 30, "Name")
  dataAdapter. UpdateCommand. Parameters. Add ( "? BD", OleDbType. Date).
  SourceColumn ="BirthDay"
  dataAdapter.UpdateCommand.Parameters.Add("?Sex", OleDbType.VarChar,_
  10, "Sex")
  dataAdapter.UpdateCommand.Parameters.Add _
  ("Grade", OleDbType.Integer).SourceColumn ="Grade"
  dataAdapter.UpdateCommand.Parameters.Add _
  ("?OSN", OleDbType.VarChar, 30, "StudentNo").SourceVersion =_
  DataRowVersion.Original

  '执行数据库查询,并利用查询结果填充 dataset 中名为 Student 的 DataTable
```

```vb
      dataAdapter.Fill(dataset, "Student")
      connection.Close()
    Catch ex As Exception
      TextBox5.Text = ex.Message
      Exit Sub
    End Try
    count = dataset.Tables("student").Rows.Count
    Dim pk(1) As DataColumn
    pk(0) = dataset.Tables("Student").Columns("StudentNo")
    dataset.Tables("Student").PrimaryKey = pk  '设置 DataTable 中 Student 的主键
    If count > 0 Then              '若 DataTable 不为空,则显示第一个 DataRow 的内容
      ind = 0
      showdatarow()
      sind = 1
      TextBox6.Text = sind & "/" & count
    Else
      TextBox5.Text = "Empty Table"
    End If
    Button2.Enabled = True
    Button3.Enabled = True
    Button5.Enabled = True
    Button7.Enabled = True
    Button8.Enabled = True
    Button6.Enabled = True
    Button4.Enabled = True
  End Sub

  '单击 Button2(Update Data)按钮时执行此方法,将 DataSet 中发生的数据变化解析回数据库
  Private Sub Button2_Click(ByVal sender As System.Object, ByVal e As _
  System.EventArgs) Handles Button2.Click
    Try
      dataAdapter.Update(dataset, "Student")
    Catch ex As Exception
      TextBox5.Text = ex.Message
    End Try
    TextBox5.Text = "Put Data Successed"
  End Sub

  '单击 Button3(Next)按钮时执行此方法,显示下一个 RowState 不为 Deleted 的 DataRow
  Private Sub Button3_Click(ByVal sender As System.Object, ByVal e As _
  System.EventArgs) Handles Button3.Click
    If toundeleted(ind, 1) Then
      showdatarow()
      TextBox5.Text = "Get next tuple successed"
      sind = sind + 1
```

```vb
            TextBox6.Text = sind & "/" & count
        Else
            TextBox5.Text = "No next tuple"
        End If
    End Sub

    '单击 Button4(Last)按钮时执行此方法,显示最后一个 RowState 不为 Deleted
    '的 DataRow
    Private Sub Button4_Click(ByVal sender As System.Object, ByVal e As _
    System.EventArgs) Handles Button4.Click
        If toundeleted(dataset.Tables("Student").Rows.Count, -1) Then
            showdatarow()
            TextBox5.Text = "Get last tuple successed"
            sind = count
            TextBox6.Text = sind & "/" & count
        Else
            TextBox5.Text = "Empty table"
        End If
    End Sub

    '单击 Button5(Previous)按钮时执行此方法,显示上一个 RowState 不为 Deleted
    '的 DataRow
    Private Sub Button5_Click(ByVal sender As System.Object, ByVal e As _
    System.EventArgs) Handles Button5.Click
        If toundeleted(ind, - 1) Then
            showdatarow()
            TextBox5.Text = "Get previous tuple successed"
            sind = sind - 1
            TextBox6.Text = sind & "/" & count
        Else
            TextBox5.Text = "No previous tuple"
        End If
    End Sub

'单击 Button6(Last)按钮时执行此方法,显示最前一个 RowState 不为 Deleted 的 DataRow
    Private Sub Button6_Click(ByVal sender As System.Object, ByVal e As _
    System.EventArgs) Handles Button6.Click
        If toundeleted(-1, 1) Then
            showdatarow()
            TextBox5.Text = "Get first tuple successed"
            sind = 1
            TextBox6.Text = sind & "/" & count
        Else
            TextBox5.Text = "Empty table"
        End If
    End Sub
```

'单击 Button7(Delete) 按钮时执行此方法，删除当前 DataRow，显示下一个 RowState 不为 Deleted 的 DataRow。如果没有，则显示上一个 RowState 不为 Deleted 的 DataRow。如果都没有，则清空界面控件中的内容

```
Private Sub Button7_Click(ByVal sender As System.Object, ByVal e As _
System.EventArgs) Handles Button7.Click
    If ind <> -1 Then
        dataset.Tables("Student").Rows(ind).Delete()
        count = count - 1
        If toundeleted(ind, 1) Then
            showdatarow()
        ElseIf toundeleted(ind, -1) Then
            showdatarow()
            sind = sind - 1
        End If
        TextBox6.Text = sind & "/" & count
        TextBox5.Text = "Delete Successed"
        If ind = 0 Then
            ind = -1
            Clear()
        End If
    Else
        TextBox5.Text = "No tuple to delete"
    End If
End Sub
```

'单击 Button8(Add) 按钮时执行此程序，添加一个新的 DataRow，清空界面控件，以便输入
'信息
```
Private Sub Button8_Click(ByVal sender As System.Object, ByVal e As _
System.EventArgs) Handles Button8.Click
    Try
        Dim row As DataRow = dataset.Tables("Student").NewRow()
        row("StudentNo") = 0
        dataset.Tables("Student").Rows.Add(row)
        ind = dataset.Tables("Student").Rows.Count - 1
        Clear()
        count = count + 1
        sind = count
        TextBox6.Text = sind & "/" & count
    Catch ex As Exception
        TextBox5.Text = ex.Message
    End Try
End Sub
```

'当 DataTimePicker1 的内容发生变化时执行此方法，抛出 EEdit 事件，以更新当前 DataRow

```
Private Sub DateTimePicker1_ValueChanged(ByVal sender As System.Object, _
ByVal e As System.EventArgs) Handles DateTimePicker1.ValueChanged
    If editing =True And ind <>-1 Then
      RaiseEvent EEdit()
    End If
  End Sub

  '当 TexBox1 的内容发生变化时执行此方法,用于抛出 EEdit 事件,以更新当前 DataRow
  Private Sub TextBox1_TextChanged(ByVal sender As System.Object, ByVal e As_
  System.EventArgs) Handles TextBox1.TextChanged
    If editing =True And ind <>-1 Then
      RaiseEvent EEdit()
    End If
  End Sub
  '与上面的方法类似,对应于 TextBox2、TextBox3 和 TextBox4,也有处理内容变化事件的方法
End Class
```

6.3.6 使用 Visual Studio 2017 数据库应用开发工具

为了方便数据库应用程序开发,Visual Studio 2017 提供了"数据源"窗口和"数据源配置向导"。使用这两个工具,可以快速、方便地建立数据库应用程序,实现与例 6-5 具有类似功能的应用程序,一行代码也不需要编写。使用 Visual Studio 2017 的数据库开发工具开发数据库应用程序,包括以下 3 个步骤:①创建 Windows 应用项目;②创建数据源;③创建控件,以显示关系中的内容。下面按照这 3 个步骤介绍如何使用 Visual Studio 2017 的数据库开发工具实现一个与例 6-5 具有类似功能的程序。

1. 创建 Windows 应用项目

这一步与在 Visual Studio 2017 开发一般的 Window 应用程序时相同。在"新建项目"对话框的"项目类型"列表框中选择"Visual Basic"下的"Windows 桌面"选项,并选择"Windows 窗体应用(.NET Framework)"选项,然后单击"确定"按钮,如图 6-12 所示。

2. 创建数据源

在"数据"菜单中单击"显示数据源",出现"数据源"窗口。在此窗口单击"添加新数据源",就可以打开"数据源配置向导"。数据源配置向导的第一步是选择要连接的数据源类型。可以选择 4 种类型的数据源:数据库、服务、对象和 SharePoint。如果要访问本地或远程服务器上数据库中的数据,应该选择第一项"数据库";如果要访问服务提供的数据,应该选择第二项"服务";如果要将用户界面与一个类绑定,应该选择第三项"对象";如果要选择一个 SharePoint 对象,应该选择第四项 SharePoint,如图 6-13 所示。

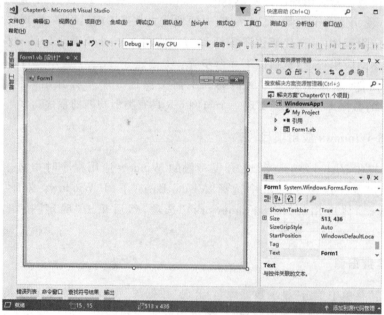

图 6-12　创建 Windows 应用项目

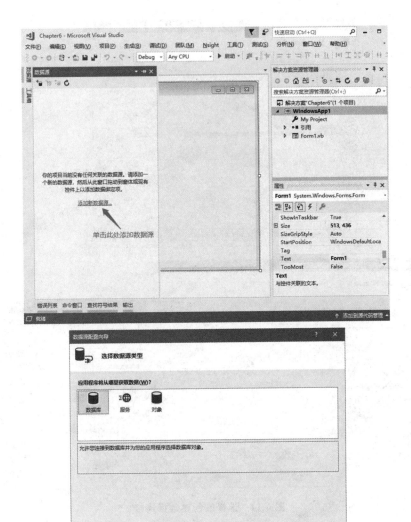

图 6-13　打开 Data Source Configuration Wizard

这里要访问 MS Access 数据库中的数据，因此选择第一项。单击"下一步"按钮，选择"数据集"，然后继续单击"下一步"按钮，可以选择数据库连接，如图 6-14 所示。可以从已建立的数据库连接中选取一个，也可以新建一个数据库连接。新建数据库连接需要单击"新建连接"按钮，并在弹出的"添加连接"对话框中对新的数据库连接进行设置。

通过"添加连接"对话框可以选择数据源和数据提供者，根据选择数据源的不同，会出现不同的配置信息。本例要使用.NET Framework Data Provider for OLE DB 访问 MS Access 数据库，因与当前界面所示数据源不同，所以需要单击"更改"按钮选择要访问的数据源。单击"更改"按钮进入"更改数据源"对话框，选择 Microsoft Access 数据库文件，如图 6-15 所示。

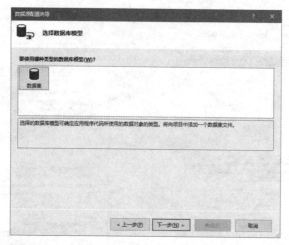

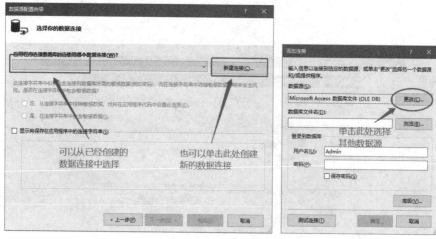

图 6-14　选择或创建数据连接

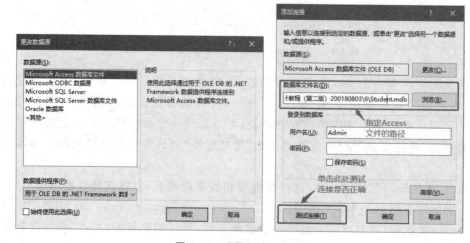

图 6-15　设置新的数据源

在"更改数据源"对话框中单击"确定"按钮回到"添加连接"对话框,此时"添加连接"对话框会根据所选的数据源不同,显示不同的配置项。本例选择访问 MS Access 数据库,回到"添加连接"对话框后,可以设置 Access 文件的路径。设置好配置项之后,可以单击"测试连接"按钮测试连接是否正确。如果连接正确,单击"确定"按钮返回到"数据源配置向导"的"选择您的数据连接"页面上,在此可查看生成的连接字符串,如图 6-16 所示。

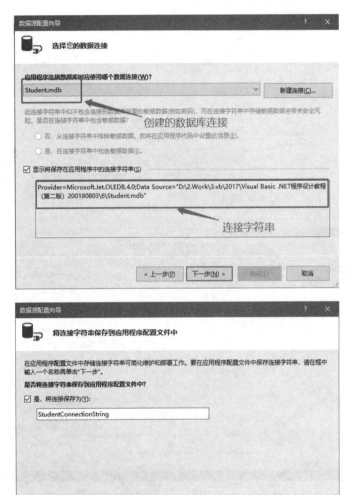

图 6-16　查看并保存连接字符串

单击"下一步"按钮,进入"将连接字符串保存到应用程序配置文件中"页面,可以按照程序自动生成的名称或者用户编辑的名称,将连接字符串保存到应用程序配置文件中,这样在其他应用程序中要访问相同的数据库时,可以直接使用此数据连接配置,而无须再重新创建连接配置文件。单击"下一步"按钮,进入"选择数据库对象"页面,如图 6-17 所示。

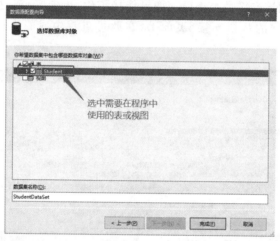

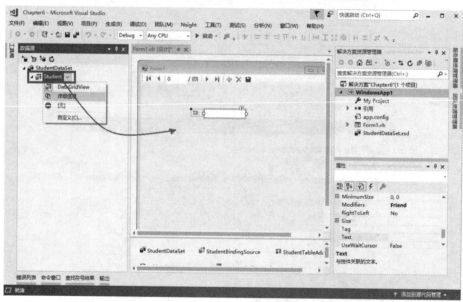

图 6-17 选择使用的数据库对象,拖放要显示数据的数据库对象

在"选择数据库对象"页面,可选择应用程序中要使用的数据库对象。展开"表"节点,选择 Student。单击"完成"按钮,将结束"数据源配置向导",并将新的数据源添加到"数据源"窗口。在"数据源"窗口选择 Student,然后单击下拉箭头,在出现的列表中选择"详细信息"。将 Student 拖放到 Form1 上,会出现带有描述性 Label 控件的数据绑定控件,还会出现一个用于双向遍历、添加、删除元组的工具条。按 F5 键即可运行该程序,如图 6-18 所示。

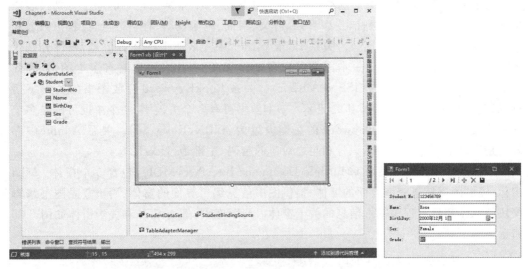

图 6-18　自动生成的绑定控件和程序运行画面

6.4　综合应用举例

编写一个书店使用的图书信息管理程序。此程序包含两个功能,即图书信息查询和图书信息编辑。图书信息查询功能由访问书店购书的读者使用,用于根据书名、出版社、作者、类别、关键字信息执行复合条件查询,并浏览查询结果。图书信息编辑功能由书店店员使用,使用前必须提供账号和密码,用于编辑书店销售的图书信息。图书信息被存放在一个 MS Access 数据库中。此数据库包含 4 个关系,分别是 BookInfor、BookAuthor、BookKeyword 和 Admin,如图 6-19 所示。

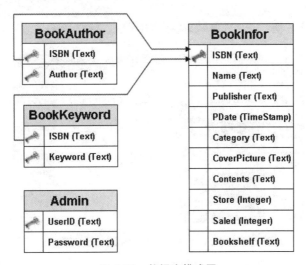

图 6-19　数据库模式图

关系 BookInfor 存放图书基本信息,各属性按图 6-19 中从上至下的顺序分别代表图书的 ISBN、图书名称、出版社、出版日期、分类、封面、内容说明、存货数量、已售出数量和书架位置,其中主键为(ISBN)。关系 BookAuthor 中存放图书的作者信息,属性分别代表图书 ISBN 和作者姓名。一本图书可有多个作者,一名作者可以著有多本图书,因此 BookAuthor 的主键设置为(ISBN,Author)。关系 BookKeyword 存放图书的关键字信息,属性分别代表图书 ISBN 和关键字。一本图书可有多个关键字,一个单词可以是多个图书的关键字,因此 BookKeyword 的主键设置为(ISBN,Keyword)。关系 Admin 中存放的是为每个店员赋予的标识号和与之对应的密码,主键为(UserID)。

本程序采用多文档界面(Multiple Document Interface,MDI),包含 5 个窗体:MDI 窗体、提供图书信息查询界面的窗体、提供图书信息编辑界面的窗体、用于登录图书编辑模块的窗体和显示程序基本信息的关于窗体。MDI 窗体、登录窗体和关于窗体如图 6-20 所示。

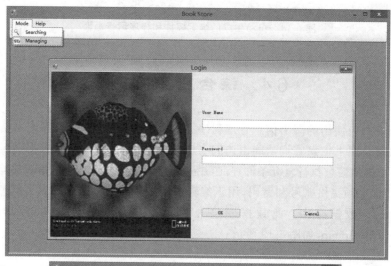

图 6-20　MDI 窗体、登录窗体和关于窗体

MDI 窗体的 Mode 菜单包含两个菜单项，即 Searching 和 Managing，分别用于打开提供图书信息查询界面的窗体和提供图书信息编辑界面的窗体。MDI 窗体的工具栏中包含两个按钮，分别与 Searching 和 Managing 菜单项对应。MDI 窗体、登录窗体和关于窗体的菜单和控件说明见表 6-24。

表 6-24　MDI 窗体、登录窗体和关于窗体的菜单和控件说明

窗体名称	说　　明	控件（菜单项）名称	说　　明
Form1	程序的 MDI 窗体，是除关于窗体外其他窗体的 MDIParent	ToolStripButton1	进入信息查询界面
		ToolStripButton2	打开登录窗体，登录成功后进入信息编辑界面
		SearchingMenuItem	与 ToolStripButton1 对应
		ManagingMenuItem	与 ToolStripButton2 对应
		AboutMenuItem	打开关于窗体
LoginForm1	用于验证用户身份，判断是否可以进入图书信息编辑界面	UserNameTextBox	输入用户 ID
		PasswordTextBox	输入密码，PasswordChar 属性值为 *
		OK	执行身份验证
		Cancel	取消登录
AboutBox1	关于窗体	OK	关闭关于窗体

提供图书信息查询界面的窗体在程序开始时被自动打开，运行画面如图 6-21 所示。此窗体左侧的各控件用于设置查询条件并执行查询。通过这些控件可以同时为多个查询项设置查询条件，执行复合条件查询。窗体中间的 DataGridView 控件用于列出符合

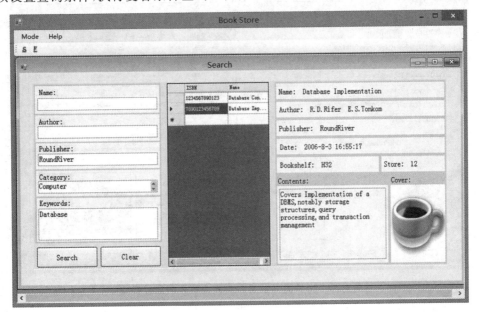

图 6-21　提供图书信息查询界面的窗体

查询条件的所有图书的 ISBN 和名称,窗体右侧的各控件用于显示当前在 DataGridView 控件中被选中图书的详细信息。

图书信息查询界面窗体上各控件的说明见表 6-25。其中 Label6～Label9 的初始值分别为"Name:""Author:""Publisher:""Time:""Bookshelf:"和"Store:"。

表 6-25　图书信息查询界面窗体上各控件的说明

控件名称	说　明	控件名称	说　明
TextBox1	拟查询图书的名称	Label6	显示选中图书名称
TextBox2	拟查询图书的作者名	Label7	显示选中图书作者名
TextBox3	拟查询图书的出版社名	Label8	显示选中图书出版社名
TextBox4	拟查询图书的关键字	Label9	显示选中图书出版时间
DomainUpDown1	选择拟查询图书的类别	Label10	显示选中图书书架位置
Button1	执行查询	Label11	显示选中图书存货数量
Button2	清空查询条件	TextBox5	显示选中图书内容简介
DataGridView1	显示满足查询条件图书的 ISBN 和名称	PictureBox1	显示选中图书封面

通过登录窗体验证用户身份成功后即可进入图书信息编辑界面。通过图书信息编辑界面可以添加新图书信息、删除已有的图书信息或修改已有的图书信息。图 6-22 为提供图书信息编辑界面窗体的运行画面。

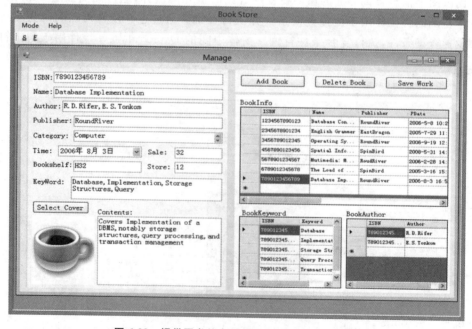

图 6-22　提供图书信息编辑界面窗体的运行界面

如图6-22所示，提供图书信息编辑界面的窗体右侧有3个DataGridView控件，上面的DataGridView控件列出书店内全部图书的信息，下面的两个DataGridView控件分别列出当前在上面DataGridView控件中被选中图书的所有作者和所有关键字。窗体左侧的各控件用于显示和编辑当前在右侧上面DataGridView控件中被选中图书的信息。窗体右侧上端有3个Button控件，分别用于执行添加图书信息、删除图书信息和将更新存入数据库等操作。图书信息编辑界面窗体上各控件的说明见表6-26。

表6-26 图书信息编辑界面窗体上各控件的说明

控件名称	说明
TextBox1	显示或输入图书ISBN
TextBox2	显示或输入图书名称
TextBox3	显示或输入图书作者名
TextBox4	显示或输入图书出版社名
TextBox5	显示或输入图书存货数量
TextBox6	显示或输入图书售出数量
TextBox7	显示或输入图书所在书架
TextBox8	显示或输入图书的关键字
TextBox9	显示或输入图书的内容简介
DataGridView2	列出当前图书的所有关键字
DomainUpdown1	显示或选取图书类别
DateTimePicker1	显示或选取出版时间
PictureBox1	显示图书封面图片
Button1	选择图书封面图片
Button2	添加一个新的图书信息
Button3	删除当前图书信息
Button4	将更新存入数据库
DataGridView1	列出书店内所有图书的信息在此选中当前图书
DataGridView3	列出当前图书的所有作者

(1) Form1(MDI窗体)程序代码。

```
Public Class Form1        'MDIParent窗体
    '程序开始时自动打开提供图书信息查询界面的窗体
    Private Sub Form1_Load(ByVal sender As System.Object, ByVal e As_
    System.EventArgs) Handles MyBase.Load
        Dim clientview As New Form2
        clientview.MdiParent =Me
```

```vb
            clientview.Show()                    '打开提供图书信息查询界面的窗体
        End Sub

        '单击 ToolStripButton1(ToolBar 中第一个 Button)按钮时执行此方法,进入图书信息查
        '询界面
        Private Sub ToolStripButton1_Click(ByVal sender As System.Object, ByVal e As _
        System.EventArgs) Handles ToolStripButton1.Click
            Dim clientview As New Form2
            clientview.MdiParent =Me             '设置 MDIParent 为 Form1
            clientview.Show()                    '打开提供图书信息查询界面的窗体
        End Sub

        '单击 ToolStripButton2(ToolBar 中第二个 Button)按钮时执行此方法,打开登录窗体,
        '如果登录成功,则进入图书信息编辑界面
        Private Sub ToolStripButton2_Click(ByVal sender As System.Object, ByVal e As _
        System.EventArgs) Handles ToolStripButton2.Click
            Dim login As New LoginForm1
            login.MdiParent =Me
            login.Show()                         '打开登录窗体
        End Sub

        '选择 Mode/Searching 菜单项时执行此方法,此菜单项与 ToolStripButton1 对应
        Private Sub SearchingMenuItem_Click(ByVal sender As System.Object, ByVal e_
        As System.EventArgs) Handles SearchingMenuItem.Click
            ToolStripButton1_Click(Me, EventArgs.Empty)
        End Sub

        '选择 Mode/Managing 菜单项时执行此方法,此菜单项与 ToolStripButton2 对应
        Private Sub ManagingMenuItem_Click(ByVal sender As System.Object, ByVal e As_
        System.EventArgs) Handles ManagingMenuItem.Click
            ToolStripButton2_Click(Me, EventArgs.Empty)
        End Sub

        '选择 Help/About 菜单项时执行此方法,打开关于窗体显示程序基本信息
        Private Sub AboutMenuItem_Click(ByVal sender As System.Object, ByVal e As_
        System.EventArgs) Handles AboutMenuItem.Click
            Dim about As New AboutBox1
            about.Show()
        End Sub
End Class
```

(2) LoginForm1(登录窗体)程序代码。

```vb
Imports System.Data.OleDb          '为了使用 OleDbConnection、OleDBCommand 对象
Public Class LoginForm1
    Public clickOk As Boolean = False          '登录成功时设置为 True

    '单击 OK 按钮执行此方法,访问数据库,检查关系 Admin 中是否有与输入信息匹配的记录
    Private Sub OK_Click(ByVal sender As System.Object, ByVal e As_
    System.EventArgs) Handles OK.Click
        Dim connectionString As String =_
        "Provider=Microsoft.Jet.OLEDB.4.0; Data Source=c:\work\book.mdb"
        '连接字符串
        Dim queryString As String = "SELECT password FROM admin WHERE userid =?"
        '数据库命令
        Dim connection As New OleDbConnection(connectionString)
        '生成 OleDbConnetion 对象
        Dim command As New OleDbCommand(queryString, connection)
        '生成 OleDbCommand 对象
          command. Parameters. Add ( " user ", OleDbType. VarChar, 50). Value =
          UsernameTextBox.Text
        Try
            command.Connection.Open()           '打开数据库连接
            Dim rpasswd As String = command.ExecuteScalar()
            '执行数据库命令,返回与指定账号对应的密码
            If rpasswd = Nothing Then
            '如果得到的结果为空,则说明数据库中没命令中指定的账号
                MsgBox("No such user")
            ElseIf PasswordTextBox.Text = rpasswd Then
            '比较用户输入的密码和从数据库中获取的密码是否一致
                Dim client As New Form3
                client.MdiParent = Me.MdiParent
                client.Show()                   '打开提供图书信息编辑界面的窗体
                Me.Close()                      '关闭登录窗体
            Else
                MsgBox("Incorrect Password")
            End If
        Catch ex As Exception
            MsgBox(ex.Message)
            Exit Sub
        End Try
    End Sub

    '单击 Cancel 按钮时执行此方法,关闭登录窗体
    Private Sub Cancel_Click(ByVal sender As System.Object, ByVal e As_
    System.EventArgs) Handles Cancel.Click
        Me.Close()
    End Sub
End Class
```

(3) Form2(提供图书信息查询界面的窗体)程序代码。

```vb
Imports System.Data.OleDb
                    '为了使用 OleDbConnection、OleDbCommand、OleDbAdapter 等对象
Public Class Form2
    Dim connectionString As String ="Provider=Microsoft.Jet.OLEDB.4.0;_
     Data Source=c:\work\book.mdb"

    '单击 Button1(Search)按钮时执行此方法,根据用户输入的查询条件执行复合条件查询
    Private Sub Button1_Click(ByVal sender As System.Object, ByVal e As_
 System.EventArgs) Handles Button1.Click
        Dim SelectClause As String ="SELECT DISTINCT BookInfor.ISBN,Name"
        '用于构成 SELECT 子句
        Dim FromClause As String =" FROM BookInfor,BookAuthor"
        '用于构成 FROM 子句
        Dim WhereClause As String =" WHERE BookInfor.ISBN =BookAuthor.ISBN"
        '构成 WHERE 子句
        If Not TextBox1.Text ="" Then
        '如果用户指定要查询的书名,则在查询条件中加入书名项
            WhereClause +=" AND Name=" +"  '" +TextBox1.Text +"  '"
        End If
        If Not TextBox2.Text ="" Then
        '如果用户指定要查询的作者,则在查询条件中加入作者项
            WhereClause +=" AND Author=" +"  '" +TextBox2.Text +"  '"
        End If
        If Not TextBox3.Text ="" Then
        '如果用户指定要查询的出版社,则在查询条件中加入出版社项
            WhereClause +=" AND Publisher=" +"  '" +TextBox3.Text +"  '"
        End If
        If Not DomainUpDown1.Text ="" Then
        '如果用户指定要查询的图书类别,则在查询条件中加入类别项
            WhereClause +=" AND Category=" +"  '" +DomainUpDown1.Text +"  '"
        End If
        '如果用户指定要查询的关键字,则在查询条件中加入关键字项(因关键字信息在关系
 "BookKeyword"中,因此要在 FROM 子句的列表中增加 BooksKeyWord,并在 WHERE 子句
 中指定连接条件
        If Not Text Box4.Text ="" Then
            FromClause +=", BookKeyword"
            Dim tekey As String =" AND ("
            Dim lind As Integer =0
            Dim rind As Integer =0
            Dim rind As Integer =0
            While lind <TextBox4.Text.Length
            rind =InStr(lind +1, TextBox4.Text, ",")
                If rind <>0 Then
                    tekey +=" Keyword=   '" +Trim(Mid(TextBox4.Text, lind +1,_
                    rind -lind -1)) +"   ' OR"
```

```vb
            lind = rind
        Else
            tekey += " Keyword=   '" + Trim(Mid(TextBox4.Text, lind + 1, _
            TextBox4.Text.Length - lind)) + "   ')"
            Exit While
        End If
    End While
    WhereClause += " AND BookInfor.ISBN=BookKeyword.ISBN" + tekey
    End If
    Dim queryString As String = SelectClause + FromClause + WhereClause
    '构成完整的查询命令
    Dim dataAdapter As New OleDbDataAdapter        '创建 DataAdapter 对象
    Dim connection As New OleDbConnection(connectionString)
    '创建 Connection 对象
    dataAdapter.SelectCommand=New OleDbCommand(queryString, connection)
    '设置要执行的查询命令
    Dim dataset As New DataSet    '用于接收数据查询结果,支持对查询结果的自由访问
    Try
        connection.Open()                                   '打开数据库连接
        dataAdapter.Fill(dataset, "book")
        '获取数据库查询结果并填充 dataset 的 DataTable"book"
        DataGridView1.DataSource = dataset.Tables("book")
         '绑定 DataTable"book"与 DataGridView1
        DataGridView1.Focus()         '将程序焦点定位在控件 DataGridView1 上
    Catch ex As Exception
        MsgBox(ex.Message)
    End Try
    connection.Close()                    '关闭数据库连接
End Sub

'当焦点进入 DataGridView1 的某个单元时执行此方法,根据该单元所在行内的图书 ISBN
'访问数据库,获取对应图书的具体信息,并利用窗体右侧的各控件显示这些信息
Private Sub DataGridView1_CellEnter(ByVal sender As System.Object, _
ByVal e As System.Windows.Forms.DataGridViewCellEventArgs)_
Handles DataGridView1.CellEnter
    If (DataGridView1.CurrentRow.Cells("ISBN").Value.ToString = "") Then
        Exit Sub
    End If
    Dim currentBook As String = DataGridView1.CurrentRow.Cells("ISBN").Value
    Dim queryString1 As String = "SELECT Name,Publisher,PDate,BookShelf,_
    Store, Contents, CoverPicture FROM BookInfor WHERE ISBN =    '" +
    currentBook + "   '"
    '用于获取图书的基本信息
    Dim queryString2 As String = "SELECT Author FROM BookAuthor WHERE ISBN=
    '" + currentBook + "   '"                              '用于获取作者信息
```

```vb
        Dim connection As New OleDbConnection(connectionString)
        '生成 Connection 对象
        Dim command1 As New OleDbCommand(queryString1, connection)
        '用于执行获取基本信息的查询
        Dim command2 As New OleDbCommand(queryString2, connection)
        '用于执行获取作者信息的查询
        Try
            connection.Open()                                    '打开数据库连接
            Dim reader1 As OleDbDataReader = command1.ExecuteReader()
            '执行获取图书基本信息的命令
            If reader1.Read() Then                               '显示获取的图书基本信息
                Label6.Text = "Name: " + reader1.GetString(0)
                Label8.Text = "Publisher: " + reader1.GetString(1)
                Label9.Text = "Date: " + reader1.GetDateTime(2).ToString
                Label10.Text = "Bookshelf: " + reader1.GetString(3)
                Label11.Text = "Store: " & reader1.GetInt32(4)
                TextBox5.Text = reader1.GetString(5)
                Dim imgpath As String = reader1.GetString(6)
                PictureBox1.Load(".\img\" & imgpath)
            End If
        Catch ex As Exception
            MsgBox(ex.Message)
        End Try
        Try
            Dim reader2 As OleDbDataReader = command2.ExecuteReader()
            '执行获取作者信息的命令
            Label7.Text = "Author: "
            While reader2.Read()                                 '显示作者信息
                Label7.Text += reader2.GetString(0) + " "
            End While
        Catch ex As Exception
                MsgBox(ex.Message)
        End Try
        connection.Close()
    End Sub

    '单击 Button2(Clear)按钮时执行此方法,清空输入的查询条件
    Private Sub Button2_Click(ByVal sender As System.Object, ByVal e As _
System.EventArgs) Handles Button2.Click
        TextBox1.Text = ""
        TextBox2.Text = ""
        TextBox3.Text = ""
        TextBox4.Text = ""
        DomainUpDown1.Text = ""
    End Sub
End Class
```

(4) Form3(提供图书信息编辑界面的窗体)代码。

```vb
Imports System.Data.OleDb
                              '为了使用 OleDbConnection、OleDbCommand、OleDbAdapter 等对象
Public Class Form3
    Dim dataset As New DataSet      '从数据库获取的数据都放在此 DataSet 中
    Dim datarow As DataRow          '当前编辑的 DataRow
'定义 3 个 DataAdapter 对象,分别用于操作数据库关系 BookInfor、BookKeyword、
'BookAuthor
    dataAdapter1, dataAdapter2, dataAdapter3 As OleDbDataAdapter
'是否处于编辑状态,处于编辑状态时根据用户的输入更新当前 DataRow
    Dim editing As Boolean = False
    Dim connectionString As String = "Provider= Microsoft.Jet.OLEDB.4.0; Data
    Source= c:\work\book.mdb"

'加载 Form3 时执行此方法,设置各 DataAdpater 对象的 Command,读取关系 BookInfor 的
'全部内容,并填充到 dataset 中名为 BookInfor 的 DataTable,绑定此 DataTable 与
'DataGridView1
    Private Sub Form3_Load(ByVal sender As System.Object, ByVal e As_
    System.EventArgs) Handles MyBase.Load
        '设置 DataAdapter1 的 SelectCommand,用于查询关系 BookInfor
        Dim connection =New OleDbConnection(connectionString)
        Dim queryString1 As String ="SELECT * FROM BookInfor"
        dataAdapter1.SelectCommand =New OleDbCommand(queryString1, connection)

        '设置 dataAdapter1 的 InsertCommand,用于添加新的图书信息
        Dim insertCommand As String ="INSERT INTO BookInfor_
        VALUES (?,?,?,?,?,?,?,?,?,?)"
        dataAdapter1.InsertCommand =New OleDbCommand(insertCommand,_
        connection)
        dataAdapter1.InsertCommand.Parameters.Add("?ISBN", OleDbType.VarChar,_
        50, "ISBN")
        dataAdapter1.InsertCommand.Parameters.Add("?Name", OleDbType.VarChar,_
        50, "Name")
        dataAdapter1.InsertCommand.Parameters.Add("?Publisher",_
        OleDbType.VarChar, 50, "Publisher")
        dataAdapter1.InsertCommand.Parameters.Add("?PDate",_
        OleDbType.Date).SourceColumn ="PDate"
        dataAdapter1.InsertCommand.Parameters.Add("?Category",_
        OleDbType.VarChar, 50, "Category")
        dataAdapter1.InsertCommand.Parameters.Add("?CoverPicture", _
        OleDbType.VarChar, 50, "CoverPicture")
        dataAdapter1.InsertCommand.Parameters.Add("?Contents",_
        OleDbType.VarChar, 255, "Contents")
        dataAdapter1.InsertCommand.Parameters.Add("?Store",_
        OleDbType.Integer).SourceColumn ="Store"
```

```
dataAdapter1.InsertCommand.Parameters.Add("?Saled",_
OleDbType.Integer).SourceColumn ="Saled"
dataAdapter1.InsertCommand.Parameters.Add("?Bookshelf",_
OleDbType.VarChar, 50, "Bookshelf")
Dim updateCommand As String ="UPDATE BookInfor SET ISBN= ?,Name= ?,_
Publisher= ?,PDate= ?, Category= ?,CoverPicture= ?,Contents= ?,_
Store= ?,Saled= ?,Bookshelf= ? WHERE ISBN= ?"
```

'设置 dataAdapter1 的 UpdateCommand,用于更新已存在的图书信息
```
dataAdapter1.UpdateCommand =New OleDbCommand(updateCommand,_
connection)
dataAdapter1.UpdateCommand.Parameters.Add("?ISBN",_
OleDbType.VarChar, 50, "ISBN")
dataAdapter1.UpdateCommand.Parameters.Add("?Name",_
OleDbType.VarChar, 50, "Name")
dataAdapter1.UpdateCommand.Parameters.Add("?Publisher",_
OleDbType.VarChar, 50, "Publisher")
dataAdapter1.UpdateCommand.Parameters.Add("?PDate",_
OleDbType.Date).SourceColumn ="PDate"
dataAdapter1.UpdateCommand.Parameters.Add("?Category",_
OleDbType.VarChar, 50, "Category")
dataAdapter1.UpdateCommand.Parameters.Add("?CoverPicture",_
OleDbType.VarChar, 50, "CoverPicture")
dataAdapter1.UpdateCommand.Parameters.Add("?Contents",_
OleDbType.VarChar, 255, "Contents")
dataAdapter1.UpdateCommand.Parameters.Add("?Store",_
OleDbType.Integer).SourceColumn ="Store"
dataAdapter1.UpdateCommand.Parameters.Add("?Saled",_
OleDbType.Integer).SourceColumn ="Saled"
dataAdapter1.UpdateCommand.Parameters.Add("?Bookshelf",_
OleDbType.VarChar, 50, "Bookshelf")
dataAdapter1.UpdateCommand.Parameters.Add("?OISBN",_
OleDbType.VarChar, 50, "ISBN").SourceVersion =DataRowVersion.Original
```

'设置 dataAdapter1 的 DeleteCommand,用于删除已存在的图书信息
```
Dim deleteCommand As String ="DELETE FROM BookInfor WHERE ISBN=?"
dataAdapter1.DeleteCommand =New OleDbCommand(deleteCommand,_
connection)
```
'设置 dataAdapter2 的 SelectCommand,通过 CommandBuilder 自动生成用于更新的 Command
```
Dim queryString2 As String ="SELECT *  FROM BookKeyword WHERE ISBN=?"
dataAdapter2 =New OleDbDataAdapter
dataAdapter2.SelectCommand =New OleDbCommand(queryString2)
dataAdapter2.SelectCommand.Connection =New OleDbConnection_
(connectionString)
dataAdapter2.SelectCommand.Parameters.Add("ISBN", OleDbType.VarChar,_
50)
```

```vbnet
    Dim commandBuilder2 As OleDbCommandBuilder = New OleDbCommandBuilder_
    (dataAdapter2)

    '设置 dataAdapter3 的 SelectCommand,通过 CommandBuilder 自动生成用于更新的
    'Command
    Dim queryString3 As String = "SELECT * FROM BookAuthor WHERE ISBN=?"
    dataAdapter3 = New OleDbDataAdapter
    dataAdapter3.SelectCommand = New OleDbCommand(queryString3)
    dataAdapter3.SelectCommand.Connection = New OleDbConnection_
    (connectionString)
    dataAdapter3.SelectCommand.Parameters.Add("ISBN", OleDbType.VarChar, _
    50)
    Dim commandBuilder3 As OleDbCommandBuilder = New OleDbCommandBuilder_
    (dataAdapter3)

    Try
        connection.Open()                               '打开数据库连接
        dataAdapter1.Fill(dataset, "BookInfor")
        '查询数据库并填充 dataset 的 DataTable"BookInfor"
        '绑定 DataTable"BookInfor"与 DataGridView1
        DataGridView1.DataSource = dataset.Tables("BookInfor")
        '设置 DataColumn"ISBN" 为 DataTable"BookInfor"的主键
        Dim pk(1) As DataColumn
        pk(0) = dataset.Tables("BookInfor").Columns("ISBN")
        dataset.Tables("BookInfor").PrimaryKey = pk
    Catch ex As Exception
        MsgBox(ex.Message)
    End Try
    OpenFileDialog1.InitialDirectory = "./image"
    connection.Close()
End Sub

'添加新的图书信息时使用此方法清空用于编辑图书信息的各控件内容,以便输入新的图书
'信息
Private Sub clear()
    editing = False     '退出编辑状态
    TextBox1.Text = ""
    TextBox2.Text = ""
    TextBox3.Text = ""
    TextBox4.Text = ""
    TextBox5.Text = ""
    TextBox6.Text = ""
    TextBox7.Text = ""
    TextBox8.Text = ""
    TextBox9.Text = ""
    DomainUpDown1.Text = ""
    DateTimePicker1.Text = Now()
    PictureBox1.Load(".\img\empty.png")       '加载一个默认的图片
    editing = True                            '重新进入编辑状态
```

```vbnet
End Sub

'单击Button1(Select Cover)按钮时执行此方法,打开OpenFileDialog1,选择图书封面
'图片
Private Sub Button1_Click(ByVal sender As System.Object, ByVal e As_
System.EventArgs) Handles Button1.Click
    OpenFileDialog1.ShowDialog()
    ChDir("../")
    Try
        PictureBox1.Load(OpenFileDialog1.FileName)
        '在PictureBox1中显示选取的图片
    Catch ex As Exception
        MsgBox(ex.Message)
    End Try
End Sub

'单击Button2(Add Book)按钮时执行此方法,添加新的图书信息:在DataTable
'"BookInfor"中添加一个新的代表新添加图书基本信息的DataRow对象,在dataset中创
'建两个新的DataTable对象,分别用于存放新添加图书的关键字信息和作者信息
Private Sub Button2_Click(ByVal sender As System.Object, ByVal e As_
System.EventArgs) Handles Button2.Click
    Dim cdatarow As DataRow = dataset.Tables("BookInfor").NewRow()
    '创建一个新的DataRow
    Try
        cdatarow("ISBN") = "000"
        '新添加的DataRow在属性ISBN上的初始值为"000"
        cdatarow("Name") = ""
        cdatarow("Publisher") = ""
        cdatarow("PDate") = Now()
        cdatarow("Bookshelf") = ""
        cdatarow("Category") = ""
        cdatarow("Saled") = -1
        cdatarow("Store") = -1
        cdatarow("Contents") = ""
        cdatarow("CoverPicture") = "empty.png"
        dataset.Tables("BookInfor").Rows.Add(cdatarow)
        '将新的DataRow添加到DataTable "BookInfor"
        clear()   '清空用于编辑图书信息的控件的内容,以便输入新添加图书的信息
        '创建一个用于存放新添加图书的关键字信息新的DataTable,并将其与
        'DataGridView2绑定
        Dim ktable As New DataTable
        ktable.Columns.Add("ISBN", System.Type.GetType("System.String"))
        ktable.Columns.Add("Keyword", System.Type.GetType("_
System.String"))
        ktable.TableName = cdatarow("ISBN") + "KW"
```

```vb
            dataset.Tables.Add(ktable)           '将新创建的 DataTable 添加到 dataset 中
            DataGridView2.DataSource =dataset.Tables(cdatarow("ISBN") + "KW")
            '与 DataGridView2 绑定创建一个用于存放新添加图书的作者信息的新的
            DataTable,并将其与 DataGridView3 绑定
            Dim atable As New DataTable
            atable.Columns.Add("ISBN", System.Type.GetType("System.String"))
            atable.Columns.Add("Author", System.Type.GetType("System.String"))
            atable.TableName =cdatarow("ISBN") + "AT"
            dataset.Tables.Add(atable)           '将新创建的 DataTable 添加到 dataset
            DataGridView3.DataSource =dataset.Tables(cdatarow("ISBN") + "AT")
            '与 DataGridView3 绑定
            DataGridView1.CurrentCell = _        '将新添加的图书设置为当前编辑图书
            DataGridView1.Rows(DataGridView1.NewRowIndex - 1).Cells("ISBN")
        Catch ex As Exception
            MsgBox(ex.Message)
            Exit Sub
        End Try
    End Sub

'单击 Button3(Delete Book)按钮时执行此方法,删除当前编辑的图书信息:将 DataTable
'"BookInfor"中对应 DataRow 的 RowState 设置为 Deleted,将对应的存放关键字和作者
信息的 DataTable 中所有 'DataRow 的 RowState 都设置为 Deleted
Private Sub Button3_Click(ByVal sender As System.Object, ByVal e As_
System.EventArgs) Handles Button3.Click
    If dataset.Tables("BookInfor").Rows.Count >0 Then
        clear()
        If datarow("ISBN") ="000" Then     '如果当前编辑的图书信息是新添加的
            dataset.Tables.Remove("000" + "KW")
            '删除对应的存放关键字的 DataTable
            dataset.Tables.Remove("000" + "AT")
            '删除对应的存放作者的 DataTable
        Else                                '如果当前编辑的图书信息已存在
            Dim count As Integer
            count =dataset.Tables(datarow("ISBN") + "KW").rows.Count
            While (count >0)
            '将存放关键字信息的 DataTable 内的所有 DataRow 的状态都设置为 Deleted
                dataset.Tables(datarow("ISBN") + "KW").rows(count -1).Delete()
            End While
            count =dataset.Tables(datarow("ISBN") + "AT").rows.Count
            While (count >0)
                '将存放作者信息的 DataTable 内的所有 DataRow 的状态都设置为 Deleted
                dataset.Tables(datarow("ISBN") + "AT").rows(ind).Delete()
            End While
        End If
```

```vb
            datarow.Delete()            '从当前编辑的 DataRow 的 RowState 设置为 Deleted
        End If
    End Sub

    '单击 Button4(Save Work)按钮时执行此方法,将 dataset 内所有 DataTable 的变化都解
    '析回数据库
    Private Sub Button4_Click(ByVal sender As System.Object, ByVal e As _
System.EventArgs) Handles Button4.Click
        Try
            Dim ind As Integer
            For ind = 0 To dataset.Tables.Count - 1
                If dataset.Tables(ind).TableName.EndsWith("KW") Then
                                        '如果 DataTable 用于存放关键字
                    dataAdapter2.Update(dataset, dataset.Tables(ind).TableName)
                                        '则使用 dataAdapter2 解析
                End If
                If dataset.Tables(ind).TableName.EndsWith("AT") Then
                '如果 DataTable 用于存放作者
                    dataAdapter3.Update(dataset, dataset.Tables(ind).TableName)
                    '则使用 dataAdapter3 解析
                End If
            Next
            dataAdapter1.Update(dataset, "BookInfor")
            'DataTable"BookInfor"用 dataAdapter1 解析
        Catch ex As Exception
            MsgBox(ex.Message)
        End Try
    End Sub

    '当输入焦点进入 DataGridView1 的某个单元时执行此方法,将此单元内的图书设置为当前
    '编辑图书,把当前编辑图书的内容显示在用于编辑图书信息的各控件中
    Private Sub DataGridView1_CellEnter(ByVal sender As System.Object, ByVal e _
As System.Windows.Forms.DataGridViewCellEventArgs) Handles _
DataGridView1.CellEnter
        If DataGridView1.CurrentRow.IsNewRow Then
            Exit Sub
        End If
        Try                             '将当前单元内的图书都设置为当前编辑图书
            datarow = dataset.Tables("BookInfor").Select( _
            "ISBN=   '" + DataGridView1.CurrentRow.Cells("ISBN").Value _
            + "'", "ISBN DESC", DataViewRowState.CurrentRows)(0)
        Catch ex As Exception
            Exit Sub
        End Try
        editing = False                 '退出编辑状态,显示当前编辑图书的内容
        TextBox1.Text = DataGridView1.CurrentRow.Cells("ISBN").Value
        TextBox2.Text = DataGridView1.CurrentRow.Cells("Name").Value
```

```vb
        TextBox4.Text = DataGridView1.CurrentRow.Cells("Publisher").Value
        TextBox5.Text = DataGridView1.CurrentRow.Cells("Saled").Value
        TextBox6.Text = DataGridView1.CurrentRow.Cells("Store").Value
        TextBox7.Text = DataGridView1.CurrentRow.Cells("Bookshelf").Value
        TextBox9.Text = DataGridView1.CurrentRow.Cells("Contents").Value
        DomainUpDown1.Text = DataGridView1.CurrentRow.Cells("Category").Value
        DateTimePicker1.Value = DataGridView1.CurrentRow.Cells("PDate").Value
        Try
            Dim imgname As String = DataGridView1.CurrentRow.Cells_
            ("CoverPicture").Value.ToString
            PictureBox1.Load(".\img\" & imgname)
        Catch ex As Exception
            MsgBox(ex.Message)
        End Try
        '如当前编辑的图书还没有对应的用于存放关键字信息的 DataTable,则创建并填充一个
        '新的 DataTable
        If dataset.Tables(datarow("ISBN") + "KW") Is Nothing Then
            Getkeywords()        '创建并填充一个新的 DataTable
        End If
        DataGridView2.DataSource = dataset.Tables(datarow("ISBN") + "KW")
        '将其与 DataGridView2 绑定如当前编辑的图书还没有对应的用于存放作者信息的
        'DataTable,则创建并填充一个新的 DataTable
        If dataset.Tables(datarow("ISBN") + "AT") Is Nothing Then
            GetAuthors()         '创建并填充一个新的 DataTable
        End If
        DataGridView3.DataSource = dataset.Tables(datarow("ISBN") + "AT")
                                 '将其与 DataGridView3 绑定
        editing = True           '重新返回编辑状态
End Sub

'调用此方法创建并填充一个新的 DataTable,存放当前编辑图书的关键字信息
Private Sub Getkeywords()
    Dim ind As Integer
    Try
        dataAdapter2.SelectCommand.Connection.Open()    '打开数据库连接
        dataAdapter2.SelectCommand.Parameters("ISBN").Value = datarow_
        ("ISBN")
        dataAdapter2.Fill(dataset, datarow("ISBN") + "KW")
        '创建并填充新的 DataTable
        Dim keywords As String = ""
        For ind = 0 To dataset.Tables(datarow("ISBN") + "KW").Rows.Count - 1
            keywords += dataset.Tables(datarow("ISBN") + "KW").Rows(ind)_
            ("Keyword")
            If ind <> dataset.Tables(datarow("ISBN") + "KW").Rows.Count - 1_
            Then
                keywords += ","
            End If
        Next
```

```vbnet
            TextBox8.Text = keywords      '显示当前编辑图书的关键字信息
        Catch ex As Exception
            MsgBox(ex.Message)
        End Try
        dataAdapter2.SelectCommand.Connection.Close()    '关闭数据库连接
End Sub

'调用此方法创建并填充一个新的 DataTable,存放当前编辑图书的作者信息
Private Sub GetAuthors()
    Dim ind As Integer
    Try
        dataAdapter3.SelectCommand.Connection.Open()     '打开数据库连接
        dataAdapter3.SelectCommand.Parameters("ISBN").Value = datarow("ISBN")
        dataAdapter3.Fill(dataset, datarow("ISBN") + "AT")  '创建并填充新的 DataTable
        Dim authors As String = ""
        For ind = 0 To dataset.Tables(datarow("ISBN") + "AT").Rows.Count - 1
            authors += dataset.Tables(datarow("ISBN") + "AT").Rows(ind) _
                ("Author")
            If ind <> dataset.Tables(datarow("ISBN") + "AT").Rows.Count - 1 Then
                authors += ","
            End If
        Next
            TextBox3.Text = authors        '显示当前编辑图书的作者信息
        Catch ex As Exception
            MsgBox(ex.Message)
        End Try
        dataAdapter3.SelectCommand.Connection.Close()    '关闭数据库连接
End Sub

'TextBox1 内容(用户修改当前编辑图书的 ISBN 号)发生变化时执行此方法,修改对应
'DataRow 的 ISBN 属性值;为对应的用于存放关键字的 DataTable 和用于存放作者信息的
' DataTable 更名,并修改这两个 DataTable 内所有的 DataRow 的 ISBN 属性值
Private Sub TextBox1_TextChanged(ByVal sender As System.Object, ByVal e As _
System.EventArgs) Handles TextBox1.TextChanged
        '如果处于编辑状态,TextBox1 的内容不为空,且当前编辑的图书信息,则……
        If editing And TextBox1.Text <> "" And Not datarow Is Nothing Then
            Try
                Dim org As String = datarow("ISBN")
                datarow("ISBN") = TextBox1.Text
                Dim ktable As DataTable = dataset.Tables(org + "KW").Copy()
                '复制原关键字 DataTable
                ktable.TableName = TextBox1.Text + "KW"
                '为复制的 DataTable 起一个新的名称
                dataset.Tables.Remove(org + "KW")      '将原 DataTable 删除掉
                dataset.Tables.Add(ktable)       '将复制的 DataTable 添加到 DataSet
```

```vbnet
            DataGridView2.DataSource = ktable
            '将复制的 DataTable 与 DataGridView2 绑定
            For Each row As DataRow In ktable.Rows
            '修正复制的 DataTable 的内容
                row("ISBN") = TextBox1.Text
            Next row
                Dim atable As DataTable = dataset.Tables(org + "AT").Copy()
                '复制原作者 DataTable
            atable.TableName = TextBox1.Text + "AT"
            '为复制的 DataTable 起一个新的名称
            dataset.Tables.Remove(org + "AT")   '将原 DataTable 删除掉
            dataset.Tables.Add(atable)   '将复制的 DataTable 添加到 DataSet
            DataGridView3.DataSource = atable
            '将复制的 DataTable 与 DataGridView3 绑定
            For Each row As DataRow In atable.Rows
            '修正复制的 DataTable 的内容
                row("ISBN") = TextBox1.Text
            Next row
        Catch ex As Exception
            MsgBox(ex.Message)
        End Try
    End If
End Sub

'TextBox3 的内容(用户修改当前编辑图书的作者信息)发生变化时调用此方法,分析
 TexBox3 的内容,据此更新用于存放当前编辑图书作者信息的 DataTable
Private Sub TextBox3_TextChanged(ByVal sender As System.Object, ByVal e As_
System.EventArgs) Handles TextBox3.TextChanged
    If editing Then    '如果处于编辑状态,则……
        '使存放当前编辑图书作者信息的 DataTable 中的所有 DataRow 都处于 Deleted
        '状态
        For Each row As DataRow In dataset.Tables(datarow("ISBN") + _
        "AT").Select("", "", DataViewRowState.CurrentRows)
            row.Delete()
        Next
        Dim lind As Integer = 0
        Dim rind As Integer = 0
        While lind < TextBox3.Text.Length
            Dim tdatarow As DataRow = dataset.Tables(datarow("ISBN") + "AT").
            NewRow()
            tdatarow("ISBN") = datarow("ISBN")
            rind = InStr(lind + 1, TextBox3.Text, ",")
            If rind <> 0 Then
                tdatarow("Author") = Trim(Mid(TextBox3.Text, lind + 1, rind - 
                lind - 1))
                dataset.Tables(datarow("ISBN") + "AT").Rows.Add(tdatarow)
```

```vbnet
                    lind = rind
                Else
                    tdatarow("Author") = Trim(Mid(TextBox3.Text, lind + 1, _
                    TextBox3.Text.Length - lind))
                    dataset.Tables(datarow("ISBN") + "AT").Rows.Add(tdatarow)
                    Exit While
                End If
            End While
        End If
    End Sub

    'TextBox8 的内容(用户修改当前编辑图书的作者信息)发生变化时调用此方法。分析
    ' TexBox8 的内容,据此更新用于存放当前编辑图书关键字信息的 DataTable
    Private Sub TextBox8_TextChanged(ByVal sender As System.Object, ByVal e As _
    System.EventArgs) Handles TextBox8.TextChanged
        If editing Then    '如果处于编辑状态,则……
            '使存放当前编辑图书关键字信息的 DataTable 中的所有 DataRow 都处于 Deleted 状态
            For Each row As DataRow In _
                dataset.Tables(datarow("ISBN") + "KW").Select("", "", _
                DataViewRowState.CurrentRows)
                row.Delete()
            Next
            Dim lind As Integer = 0
            Dim rind As Integer = 0
            While lind < TextBox8.Text.Length
                Dim tdatarow As DataRow = dataset.Tables_
                (datarow("ISBN") + "KW").NewRow()
                tdatarow("ISBN") = datarow("ISBN")
                rind = InStr(lind + 1, TextBox8.Text, ",")
                If rind <> 0 Then
                    tdatarow("Keyword") = Trim(Mid(TextBox8.Text, lind + 1, rind - 
                    lind - 1))
                    dataset.Tables(datarow("ISBN") + "KW").Rows.Add(tdatarow)
                    lind = rind
                Else
                    tdatarow("Keyword") = Trim(Mid(TextBox8.Text, lind + 1, _
                    TextBox8.Text.Length - lind))
                    dataset.Tables(datarow("ISBN") + "KW").Rows.Add(tdatarow)
                    Exit While
                End If
            End While
        End If
    End Sub
```

'单击 OpenFileDialog1(SelectCover)的 OK 按钮时执行此方法,确定当前编辑的 DataRow
  对象的 CoverPicture 属性值

第 章　Visual Basic .NET 数据库技术

```
Private Sub OpenFileDialog1_FileOk(ByVal sender As System.Object, ByVal e As _
System.ComponentModel.CancelEventArgs) Handles OpenFileDialog1.FileOk
    If editing Then
        Dim ind As Integer =OpenFileDialog1.FileName.LastIndexOf("\")
        datarow("CoverPicture") =Mid(OpenFileDialog1.FileName, ind +2)
    End If
End Sub

'DomainUpDown1(Category)控件选项发生变化时执行此方法,确定当前编辑的 DataRow 对
 象的 Category 属性值
Private Sub DomainUpDown1_SelectedItemChanged(ByVal sender As System.Object, ByVal_
 e As System.EventArgs) Handles DomainUpDown1.SelectedItemChanged
    If editing Then
        datarow("Category") =DomainUpDown1.Text
    End If
End Sub

'DateTimePicker1(Time)控件选项变化时执行此方法,确定当前编辑的 DataRow 对象的
 PDate 属性值
Private Sub DateTimePicker1_ValueChanged(ByVal sender As System.Object, ByVal_
 e As System.EventArgs) Handles DateTimePicker1.ValueChanged
    If editing Then
        datarow("PDate") =DateTimePicker1.Value
    End If
End Sub

'TextBox2(Name)控件内容发生变化时执行此方法,确定当前编辑的 DataRow 对象的 Name 属
 '性值
Private Sub TextBox2_TextChanged(ByVal sender As System.Object, ByVal e As_
System.EventArgs) Handles TextBox2.TextChanged
    If editing Then
        datarow("Name") =TextBox2.Text
    End If
End Sub
```

6.5　小　　结

Visual Basic.NET 程序使用 ADO.NET 技术访问数据库。ADO.NET 是 ADO 的后继版本,允许在.NET 框架上轻松地创建分布式、数据共享的应用程序。ADO.NET 提供对不同数据源的一致访问,包括 Microsoft SQL Server 数据源、Oracle 数据源和通过 OLE DB 和 XML 公开的数据源。使用 ADO.NET 可以有效地支持断开的数据访问,为此,ADO.NET 将数据访问与数据处理分离,分别由两个可以单独使用的组件.NET Framework Data Provider 和 DataSet 完成。

.NET Framework Data Provider 组件包含 4 个核心对象：Connection、Command、DataReader 和 DataAdapter。Connection 对象用于连接数据库,连接时要先设置连接字

符串，然后调用 Open 方法打开连接。Command 对象用于执行数据库命令，调用 ExecuteNonQuery()方法可以执行没有返回结果的数据库命令，调用 ExecuteScalar 方法可以执行返回结果为单个值的数据库命令，调用 ExecuteReader 方法可以执行返回结果为数据流的数据库命令。ExecuteReader 的返回值为 DataReader 对象，DataReader 对象用于按只读、只向前的方式读取执行数据库命令得到的结果。在 Command 对象执行的数据库命令中可使用参数，使用的每一个参数在 Command 的 ParameterCollection 中都要有一个 Parameter 对象与之对应。可以通过调用 DataAdapter 对象的 Fill()方法执行数据库命令，并用得到的结果填充 DataSet 对象，DataSet 中发生的变化可以通过调用 DataAdapter 对象的 Update 方法解析回数据库。

DataSet 对象实际上是一个存在于内存中的数据库。DataSet 中的数据可来自多种不同的数据源，这些数据一旦存入 DataSet，就可以通过 DataSet 提供的具有关系模型特点的、统一的界面访问。DataSet 中包含一个 DataTableCollection 对象，其中包含一组 DataTable 对象，一个 DataTable 代表 DataSet 中的一个数据表。DataTable 中包含一个 DataColumnCollection 对象和一个 DataRowCollection 对象。DataColumnCollection 包含一组 DataColumn 对象，一个 DataColumn 代表数据表的一个属性。DataRowCollection 包含一组 DataRow 对象，一个 DataRow 代表数据表的一个元组。这些对象包含各种属性和方法，可用来定义 DataSet 的结构，并且在使用 DataAdapter 填充 DataSet 后，可用来访问和操纵 DataSet 中的数据。

练 习 题

1. 什么是数据库？使用数据库管理信息有什么好处？
2. 微软数据库访问技术的发展经历了哪些阶段？
3. ADO.NET 有哪些特点？
4. 目前.NET Framework 中包含哪几种.NET Framework Data Provider？
5. 举例说明什么时候应该使用 DataReader，什么时候应该使用 DataSet。
6. 编写一段代码，演示如何在 DataSet 中创建一个 DataTable，如何指定 DataTable 包含的各个属性，如何指定其中哪些属性构成主键。
7. 对综合举例中的程序做扩展。参考图书信息查询界面的代码，在图书信息编辑界面添加多条件查询的功能：添加一个 Button 控件，用于执行多条件查询，查询条件由界面左侧的各控件给出。

第7章
Visual Basic.NET 程序调试与异常处理

7.1 程序代码错误的种类

编写程序时,几乎很少能一次通过,总会遇到这样或那样的错误,因此需要对各种错误类型有一定的了解,以便遇到错误时知道从哪里下手才能解决这些问题。在编程过程中常常出现的错误大致分为语法错误、逻辑错误和执行错误 3 类。其中,语法错误大多是在程序编辑或编译阶段出现的错误;逻辑错误可以说是最难发现的错误,可以借助 Visual Basic.NET 提供的调试工具逐行观察每行的执行结果,从而找出存在的错误;执行错误可以使用异常处理的方法解决。下面详细介绍编程过程中经常遇到的上述 3 种错误。

7.1.1 语法错误

语法错误是初学者最容易犯的错误。这可能是由于输入的指令不完整、指令的顺序有问题,或者参数传递错误等原因造成的计算机不能"理解"所编写的代码时发生的错误。例如,声明了一个变量,但是在后面使用时却不小心把变量的名称写错,这时就会发生语法错误。语法错误是最容易发现的错误,因为 Visual Studio.NET 的开发环境具有语法校验机制,它对变量和对象提供了即时的语法校验,可以让编程者在出现了语法错误时立刻明了。

对于初学者来说,怎样才能知道有语法错误呢?方法很简单,可以通过观察代码下面是否被加上了蓝色的波浪线。如果代码中出现了如图 7-1 所示的蓝色波浪线,就说明发生了语法错误。当鼠标指针放在这个语法错误上,就会显示出相应的提示信息,表明错误的原因。

如果没有注意到画线的部分,是不是就不能发现语法错误了呢?当然不是,即使没有注意到,当要运行程序时(按 F5)键,也会弹出如图 7-2 所示的对话框,这时程序是不能运行的,同时也会有相应的错误提示信息,可以根据这些错误信息查找存在的语法错误。

例如,通过图 7-1 所示的蓝色波浪线,或者双击图 7-2"错误列表"中的相应错误,可以知道在这个简单的语句中之所以会发生语法错误,是由于没有在界面上添加标签 Label1 就使用了它。

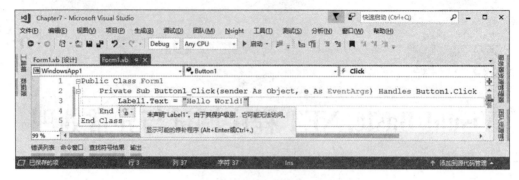

图 7-1 语法错误

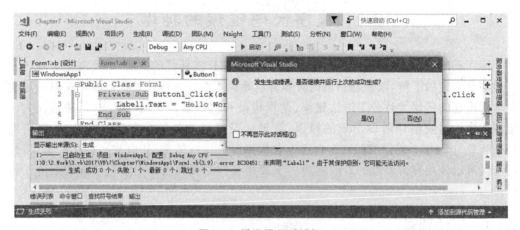

图 7-2 错误提示对话框

因此解决方法很简单,只在窗体界面上添加一个 Label 标签即可,如图 7-3 所示。

图 7-3 消除语法错误

从图 7-3 中可以看到代码下面已经没有蓝色的波浪线了,或者运行该程序(按 F5 键)时,程序编译通过不会报错,所以可以断定代码中已经不存在语法错误。

上面提到的蓝色浪线和提示信息是以没有改变项目属性页对话框中的 Option explicit 选项为前提的,默认情况下它是开启的,如图 7-4 所示。

同样,在代码中不能添加 Option Explicit Off 语句,否则它会覆盖项目属性页对话框中的 Option explicit 选项。如果将 Option explicit 选项或语句设置为 On,就会强迫在使用变量之前先对它们进行声明,否则就会出现图 7-1 所示的错误,编译时也会收到错误报

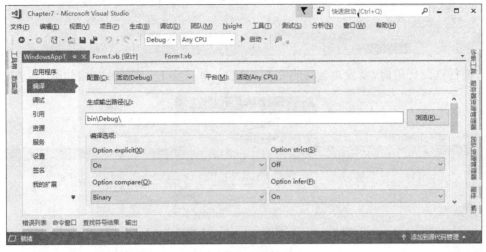

图 7-4 属性页的默认设置

告。关闭该选项或使用 Option Explicit 语句时，所有未显式声明的变量都被假定为 Object 数据类型。Object 数据类型可以保存任何类型的值，但与这些值对应的数据类型相比，它处理这些值的速度变慢，所以建议开启 Option explicit 选项。

7.1.2 逻辑错误

逻辑错误是指出现意料之外或多余结果的错误，这类错误是最难发现的错误，尤其在大型应用程序中最为显著。程序在运行时不会出现错误信息，也会有运行结果，但是如果仔细观察，会发现得到的结果与预期的结果不一致。

例 7-1：要找出 n 值，使得 $1^2 + 2^2 + \cdots + n^2 < 15$。假设有如图 7-5 所示的简单界面，其中包括一个按钮（Button1）和一个标签（Label1），当单击按钮（Button1）后，会在标签（Label1）中显示结果。

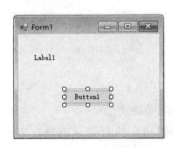

图 7-5 具体界面布局

具体代码如下：

```
'Button1 的 Click 事件代码
Dim n, Sum As Integer
Sum = 0
n = 1
Do While (True)
    Sum +=n * n
    If Sum >=15 Then
        Sum -=n * n
        Label1.Text = "1 * 1 +2 * 2 +...+" & n & " * " & n & "=" & Sum & "<15"
        Exit Do
```

```
        End If
        n += 1
Loop
```

运行这段代码时,会发现程序可以顺利执行,并且会有相应的结果,如图 7-6 所示。

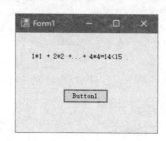

图 7-6 $1^2 + 2^2 + \cdots + n^2 < 15$ 的运行结果

仔细观察结果就会发现,得到的结果是 $1^2+2^2+3^2+4^2$(即 30,大于 15),所以可以断定程序中肯定存在逻辑错误。那么,怎样才能检查出逻辑错误呢？可以通过代码的调试完成逻辑错误的查找,具体方法详见 7.2 节。

7.1.3 执行错误

执行错误是用户在运行应用程序时发生的错误,使得程序中断执行。大部分执行错误发生的原因是不能预料并实现合适的错误处理逻辑而造成的。下面是一些比较典型的执行错误。

(1) 用零做除数。
(2) 输入数据类型不符。
(3) 访问不存在的文件。
(4) 访问超过上限的数组。
(5) 调用一段程序,但传递给它错误的参数数目或错误的参数类型。

此类错误有些需要修改程序,但是在大多数情况下,用来防止执行错误的最好方法是在错误发生之前先进行预先的考虑,并用异常处理技术捕捉和处理错误,7.2 节和 7.3 节中会进一步讨论。

例 7-2:假设有如图 7-7 所示的一个界面,用来进行除法计算。其中包括 3 个文本框(TextBox1、TextBox2 和 TextBox3),分别用来接收和显示被除数、除数和商;两个标签(Label1 和 Label2),分别用来显示"÷"号和"＝"号;一个按钮(Button1),用来触发除法运算。

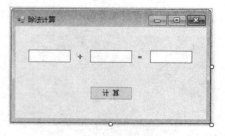

图 7-7 除法计算界面

具体代码如下:

```
'Button1 的代码如下
Dim a, b, c As Integer
a = Convert.ToInt32(TextBox1.Text)
b = Convert.ToInt32 (TextBox2.Text)
c = a / b
TextBox3.Text = c.ToString
```

接下来就可以运行这段程序进行简单的除法运算了,但是当输入的除数是 0 的时候,程序会停止运行进入到调试模式,如图 7-8 所示,而且也会在发生错误的代码行高亮度显示,并且在左侧会有一个箭头指示错误的位置,弹出相应的错误提示信息。从图 7-8 中可以看到出错的原因是算术运算导致的溢出,也就是采用 0 做除数的结果。

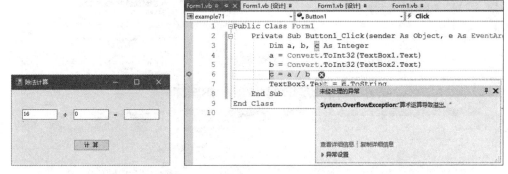

图 7-8　除数为 0 时程序进入调试模式

为了避免程序中出现执行错误而中断执行,影响程序的正常运行,同时也为了增强程序的容错能力,需要在编写代码的时候进行适当处理,添加必要的异常捕捉和异常处理代码,具体内容详见 7.3 节和 7.4 节内容。

7.2　代码的调试

当程序出现逻辑错误或者执行错误并且难以解决时,应该借助代码调试工具对代码进行调试。代码的调试方式有很多种,这里介绍两种最简单并且最常用的调试方式:逐行执行和设置断点。

7.2.1　逐行执行

逐行执行即逐语句执行,就是说一次执行一条语句,也称作单步执行。每执行一条语句之后,可以通过 Visual Studio.NET 提供的调试窗口观察语句的执行结果,借此分析程序中存在的问题。要进入逐行执行的调试模式,可以采用如下 3 种方法。

方法一,执行菜单命令"调试"→"逐语句"。

方法二,单击工具栏上的逐语句图标 。

方法三,按 F11 键。

还是以例 7-1 为例，看一下如何逐行执行。

首先，在 Private Sub Button1_Click 语句左侧加入断点（按 F9 键），随后使用方法三（按 F11 键）再执行菜单命令"调试"→"窗口"→"自动窗口"打开自动窗口，并将自动窗口移动到右上角，以便观察各变量值的变化情况。

当程序运行后，单击 Button1 时，会切换到代码窗口，并且在 Private Sub Button1_Click 语句左侧会出现一个箭头，整个语句会高亮度显示，这表示计算机将要执行这条语句，右边的自动窗口会显示变量的类型与初始值，如图 7-9 所示。

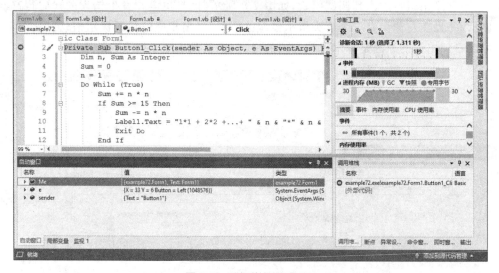

图 7-9 逐行执行程序（1）

每按一次 F11 键，程序就会继续向下执行一条语句。当程序第一次进入 Do While 循环，将要执行 If 语句时，Sum＝1，n＝1，如图 7-10 所示。这时可以注意到 Sum 的值是红颜色的，而其他值的颜色都是黑色的。为什么会有不同的颜色呢？红色代表什么呢？

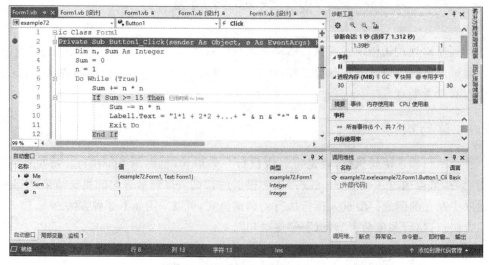

图 7-10 逐行执行程序（2）

其实，如果仔细观察，就会发现只要一个变量的值刚刚发生变化，它的颜色就是红色的，因此也可以通过颜色区分哪个变量的值刚刚被更新，以及观察其变更后的值与预期的值是否一致，以便检查存在的错误。

当再次按 F11 键时，会直接跳到 End If 语句，因为 Sum＝1 不满足 Sum＞＝15，所以中间的 3 条语句没有被执行，如图 7-11 所示。

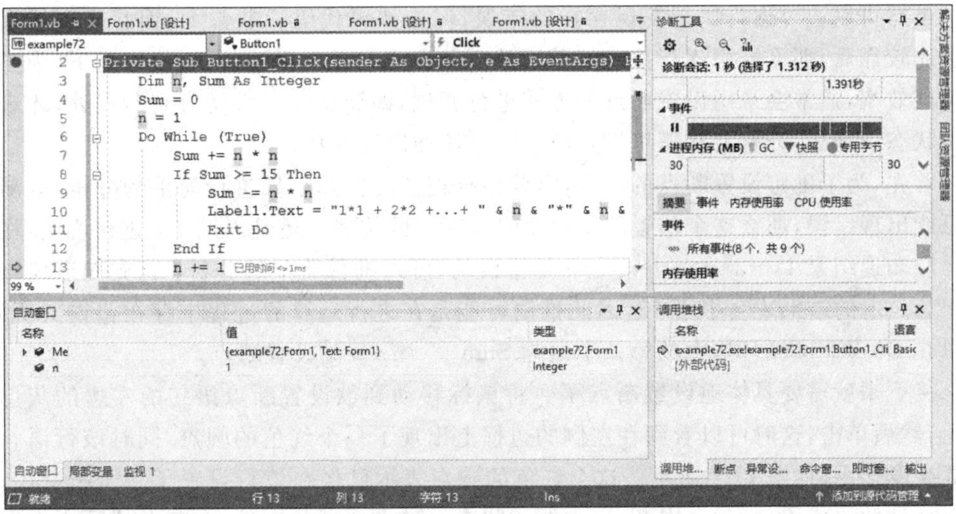

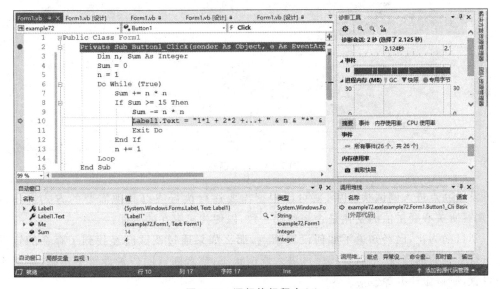

图 7-11　逐行执行程序（3）

当第 4 次执行 Do While 循环体时，Sum＝30，满足条件 Sum＞＝15，因此会执行 If 内的程序块 Sum－＝n＊n，将 Sum 变量内多加的 n^2（n＝4）扣除，然后再显示其结果，如图 7-12 所示。

图 7-12　逐行执行程序（4）

通过自动窗口很容易观察到，Sum 的值已经正确扣除了 $n^2(n=4)$，然而 n 值也需要减去 1 才是正确的，因此需要在 Sum－＝n＊n 语句之后添加一条语句：n－＝1。只有这样同，才能够得到正确的结果。

7.2.2 设置断点

虽然可以通过逐行执行发现存在的错误，但是如果代码量非常大，而且出现错误的位置比较靠后，那么采用逐行执行的调试效率就会非常低。因此，在一般情况下，为了提高调试效率，通常会采用设置断点的方式进行调试，即让程序一直运行到断点处，才进入调试状态。那么，究竟要在哪里设置断点？又该如何设置断点呢？

首先，为了确定设置断点的位置，需要根据得到的实际结果进行简单的分析，推测哪里可能出现错误，那么这个位置就是需要设置断点的位置。还是以例 7-1 进行说明，在这里已经知道结果 $1^2+2^2+3^2+4^2<15$ 是错误的，可以进行简单的分析：首先知道应该是 $1^2+2^2+3^2$ 的结果才会小于 15，因此推测可能是在进行运算的过程中存在错误。所以，可以在 Do While 循环体中的第一个语句 Sum＋＝n＊n 处设置断点。

接下来就需要具体地设置断点了。将鼠标移动到欲设置断点语句的左边的灰色边框上，然后单击，这时可以看到在左侧的边框上出现了一个红色的圆点，同时该行语句也会高亮度显示，如图 7-13 所示。这个红色的圆点表示已经在该行设置了一个断点，当程序运行到此行代码处，就会中断，进入调试状态。进入调试状态后，在断点处同样会出现一个黄色的箭头，同时该行语句也变成黄色高亮度显示，如图 7-14 所示。

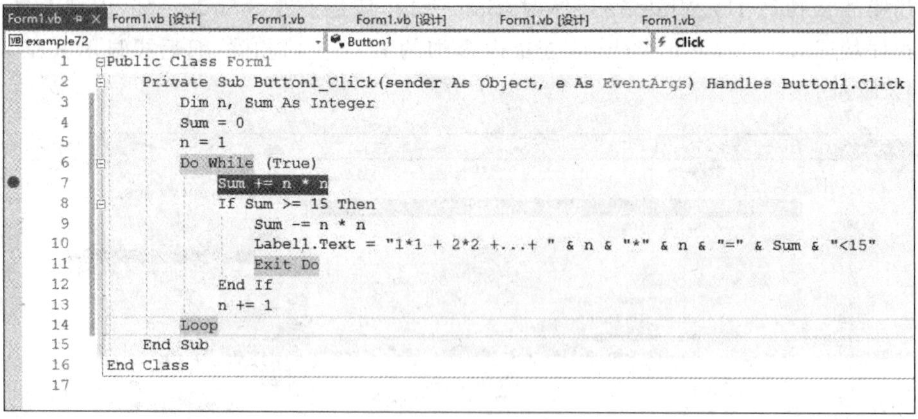
Form1.vb
Form1.vb [设计]
Form1.vb
Form1.vb [设计]
Form1.vb [设计]
Form1.vb
example72
Button1
Click
Public Class Form1
Private Sub Button1_Click(sender As Object, e As EventArgs) Handles Button1.Click
Dim n, Sum As Integer
Sum = 0
n = 1
Do While (True)
Sum += n * n
If Sum >= 15 Then
Sum -= n * n
Label1.Text = "1*1 + 2*2 +...+ " & n & "*" & n & "=" & Sum & "<15"
Exit Do
End If
n += 1
Loop
End Sub
End Class

图 7-13 设置断点

设置断点进入调试状态后，就可以根据需要逐行执行或以其他需要的方式进行执行，观察所关心变量值的变化是否与预期一致，以便找出存在的错误。

到目前为止，已经知道了如何设置断点，那么如果通过调试已经找到了存在的错误并进行了相应的修改，不需要程序再进入调试状态；或者断点的位置设置不正确，需要重新设置，应该怎样办呢？

方法很简单，只删除当前的断点即可。其操作方法与设置断点的方法相同。在想要

图 7-14　设置断点后执行程序

删除的断点处(左侧灰色边框上的红色圆点处)单击,当红色的圆点消失时,就表示已经删除了当前的断点。

7.2.3　即时与监视窗口

实际上,7.2.1 节中已经简单使用了一种调试窗口——自动窗口,帮助查看相应的局部变量信息,从而发现存在的错误。自动窗口是由调试器自动填充的,并不需要手动添加任何内容,这里主要介绍两种调试窗口:即时窗口和监视窗口。

其实,如果只关心某个变量的数据,也可以采用最简单的方式:将鼠标指针停放在某个变量上,该变量对应的值会立即出现在工具提示中,如图 7-15 所示,当把鼠标停在 Sum 上时,会显示出当前 Sum 的值。同样,如果把鼠标放在变量 n 或是其他变量上,也会相应显示它们的当前值。

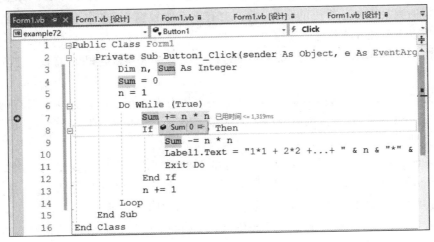

图 7-15　查看变量值的最简单方法

下面讨论即时窗口和监视窗口。

1. 即时窗口

利用即时窗口可以查询并设置变量的值控制程序的执行和输出，也可以在即时窗口中编写很多小的代码段改变程序的输出。当程序处于中断模式时，即时窗口只允许输入代码。怎样才能打开即时窗口呢？如何才能实现变量的查询以及修改变量值呢？可以采取如下方法中的任何一种。

方法一，菜单操作，"调试"→"窗口"→"即时"。

方法二，键盘操作，按组合键 Ctrl＋Alt＋I。

如果想查询某个变量的值，需要用问号"？"加变量名的方式，然后按回车键查看结果，如图 7-16 所示。如果想查看当前的 n 值，输入"？n"，然后按回车键即可在下一行显示其结果，如图得知当前的 n 值为 1。

如果想改变某个变量的值，就在变量名后面加等号"＝"，等号后面是想输入的具体值，如图 7-17 所示，这里假设要把 n 的值加 1，可以输入"n+=1"，然后按回车键，为了查看 n 值是否发生变化，输入"？n"即可，这时会看到 n 的值已经变成 3。

图 7-16 使用即时窗口查看变量值

图 7-17 使用即时窗口改变变量值

2. 监视窗口

监视窗口可以在执行代码时监视变量和表达式。Visual Studio．NET 的不同版本监视窗口的数量也会有相应的变化，最少会有 1 个监视窗口，最多会有 4 个监视窗口。可以采用以下两种方法打开监视窗口。

方法一，菜单操作，执行"调试"→"窗口"→"监视"（→"监视 1/监视 2/监视 3/监视 4"）。

方法二，键盘操作，按组合键 Ctrl＋Alt＋W，然后输入相应的监视窗口对应的数字。例如，要打开监视 1，就需要按组合键 Ctrl＋Alt＋W，然后再按"1"。初次打开的监视窗口中不会显示任何内容，如图 7-18 所示。

为了能够查看所关心的变量或表达式，需要在"名称"栏中输入变量名。例如，如果关心 Sum 的值是多少，就需要在"名称"栏的下方空格内单击，然后输入 Sum 并按回车键，这时就可以看到 Sum 的当前值以及它的类型了，如图 7-19 所示。

随着程序的执行，Sum 的值不断变化，因此就可以查看当前 Sum 的值是多少，以便观察它的值是否正确。那么，怎样增加、编辑或删除监视变量呢？

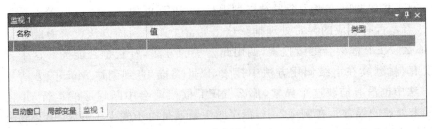

图 7-18　监视窗口（1）

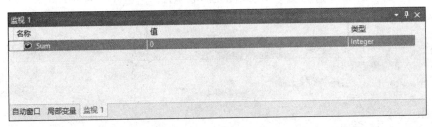

图 7-19　监视窗口（2）

可以通过右击现有变量所在的行，从弹出的快捷菜单中选择想要进行的操作，主要的菜单项如图 7-20 所示。

（1）编辑值，可以对选中的变量或表达式的值进行设置或修改。

（2）添加监视，相当于将选中的变量进行复制。

（3）删除监视，删除选中的变量。

（4）全选，选中监视窗口中的所有变量。

（5）全部清除，删除监视窗口中的所有变量。

图 7-20　监视窗口弹出
　　　　菜单主要内容

需要注意的是，图 7-20 中的菜单项只是菜单项中的一部分，并没有完全给出整个菜单。

7.3　异常处理

在理想状态下，所有的程序都能被顺利地执行并产生正确的结果。但是，在现实中，总会有一些这样或那样的运行错误或不正常的状况出现，通常称之为异常。如果不通过代码进行相应的处理，整个程序就会被中断。也就是说，程序不会继续运行，这会大大降低程序的容错能力，使程序的可用性大打折扣。正是因为程序在实际运行过程中可能会出现各种情况，而这些情况很可能影响程序的正常执行，因此为了让用户在遇到问题的情况下能够了解到底发生了什么问题，应该从哪里着手解决它，并且保证程序能够继续运行，就需要在编写程序时考虑异常处理。

首先，为什么在没有编写相应异常处理的情况下程序会中断？

这是因为在一个程序中，如果执行时满足了某一个错误条件，那么一个新的异常对象就会被创建并被抛出。当一个异常被抛出后,.NET 框架会首先通过抛出异常的方法进行搜索,看是否有相应的异常处理捕获这个异常。如果当前方法没有对此异常进行捕获处理,那么.NET 框架会继续搜索,调用此方法的方法,看它是否能捕获这个异常。如果还是没有,就继续在上级调用方法中搜索,以此类推,直到到达 Main() 方法。如果在 Main() 方法中也没有捕获这个异常,那么.NET 框架就会中断程序的运行,并且告知用户出现了未处理的异常。在例 7-2 中,程序的中断就是由于发生了异常,但是此时用户并没有编写相应异常捕获处理的语句。

为了能够解决异常并进行处理,Visual Basic.NET 提供了 Try…Catch…Finally 语句。具体语法如下:

```
Try
    Try 语句块
Catch exception_1 As 类型 1
    Catch 语句块 1
Catch exception_2 As 类型 2
    Catch 语句块 2
…
Catch exception_n As 类型 n
    Catch 语句块 n
[Finally
    [Finally 语句块]]
End Try
```

其中,Try 语句块是任何可能发生错误的代码;多个 Catch 语句会被从上至下逐一检查,当符合某个 Catch 语句中定义的异常类,就会执行相应的 Catch 语句块,然后不再检查其后的 Catch 语句;exception_1～exception_n 为自定义变量名称,当该变量有初始值时,就会发生错误;类型为异常类,用来确定错误条件的类型,其中 Exception 类是所有异常类的基类,可以捕获任何异常。因此,在多个 Catch 语句中如果包含 Exception 类型,一定要放在最后;Finally 语句可缺省。但是,如果包含 Finally 语句,就一定要放在所有 Catch 语句的后面,这时无论是否有 Catch 语句被执行,Finally 语句块都会被执行。常用的异常类型见表 7-1。

表 7-1 常用的异常类型

类 型	说 明
ApplicationException	当特殊的应用程序异常出现时所产生的错误
ArgumentException	非法参数所产生的错误
ArgumentNullException	参数为空所产生的错误
ArgumentOutOfRangeException	参数超出规定范围所产生的错误
DivideByZeroException	除数为 0 所产生的错误
DllNotFoundException	Declare 语句声明的动态链接库没有被找到所产生的错误

续表

类　　型	说　　明
ExceptionEngineException	.NET 框架内部错误
InvalidCaseException	类型转换所产生的错误
NotSupportException	不支持的方法所产生的错误
NullReferenceException	当程序试图非法使用空值所产生的错误
OutOfMemoryException	当程序超出内存所产生的错误
OverflowException	溢出所产生的错误
Runtime.InteropServices.COMException	调用 COM 对象时所参数的错误

例 7-3：异常处理的使用。还是利用例 7-2 的除法计算进行说明。这里唯一变化的是具体的语句。具体代码如下。

```
'Button1 的代码如下
Dim a, b, c As Integer
a = Convert.ToInt32(TextBox1.Text)
b = Convert.ToInt32(TextBox2.Text)
Try
    '容易出现异常的语句
    c = a \ b
Catch ex As Exception
    '一旦出现异常如何解决
    MessageBox.Show("零不能做除数,请重新输入!", "错误", _
                    MessageBoxButtons.OK, MessageBoxIcon.Error)
    TextBox1.Text = ""
    TextBox2.Text = ""
End Try
```

输入 16 和 0，单击"计算"按钮后，会得到如图 7-21 所示的结果。

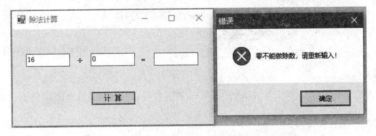

图 7-21　除数为零时捕获异常并进行处理

这里使用的异常类是系统异常处理框架提供的最通用的 Exception 异常类，它可以捕获到任何系统定义的异常情况。

如果已经非常清楚要执行语句可能会出现什么样的异常，那么就可以对 Catch 语句进行修改，让它处理更具体的问题。这里，c = a \ b 可能出现的异常是

DivideByZeroException，所以把 Catch ex As Exception 改为 Catch ex As DivideByZeroException，会得到同样的结果。

下面看一下如何使用多个 Catch 语句以及 Finally 语句。

例 7-4：假设要计算 n!，例 7-4 的界面如图 7-22 所示。这个界面非常简单，包括一个文本框(TextBox1)，用来接收输入的 n 值，并在无异常的情况下显示计算结果；一个按钮(Button1)，用来计算并进行相应的异常处理。

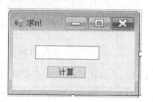

图 7-22 例 7-4 的界面

具体代码如下：

```
'Button1 的 Click 事件代码
Dim i, n, f As Short
Do While (True)
    Try
        n = TextBox1.Text
        f = 1
        For i = 1 To n
            f = f * i
        Next
        TextBox1.Text = n.ToString & "! =" & f
        Exit Do
    '用 InvalidCastException 异常类捕获数据类型的错误
    Catch e1 As InvalidCastException
        MessageBox.Show("数据类型错误", "错误", MessageBoxButtons.OK, _
        MessageBoxIcon.Error)
        Exit Do
    '用 OverflowException 异常类捕获数据溢出的错误
    Catch e2 As OverflowException
        MessageBox.Show("溢位错误", "错误", MessageBoxButtons.OK, _
        MessageBoxIcon.Error)
        Exit Do
    '无论有没有异常发生，都要使文本框中的内容高亮度显示，方便用户下一次输入
    Finally
        TextBox1.SelectionStart = 0
        TextBox1.SelectionLength = TextBox1.TextLength
        TextBox1.Focus()
    End Try
Loop
```

这里规定 n 和 n!（用 f 计算）都为 Short 类型（最大允许值为 32 767），因此，当

$n!>32\,767$ 时,就会发生溢出;如果输入的不是数值,那么数据类型就不符合要求,就会发生数据类型错误,具体的执行结果如图 7-23 和图 7-24 所示。

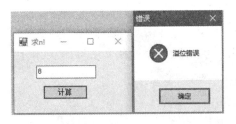

图 7-23　溢位错误($8!=40\,320$)

图 7-24　数据类型错误

图 7-23 和图 7-24 显示了 Catch e2 As OverflowException 和 Catch e1 As InvalidCastException 条件满足时的执行结果。当单击"确定"按钮或者没有发生任何异常时,都会继续执行 Finally 的语句块(使文本框中的内容高亮度显示),这个目的主要是为了方便用户的下一次输入,提高用户界面的可用性,如图 7-25 所示。

图 7-25　Finally 语句块的执行结果

前面已经介绍了 Finally 语句是可缺省的,因此如果只想计算 $n!$,而不考虑用户输入是否便捷,这里也可以省略 Finally 的语句块中的内容。如果需要处理的异常情况在系统中没有被定义,那么该怎样处理呢?

这时需要自定义异常处理。也就是说,可以编写自己的异常类,然后通过 Throw 语句指向这个自定义异常类,这样,当程序执行时,出现了自定义异常类定义的情况时就能识别出这个异常,然后可以通过 Try…Catch…Finally 语句在适当的地方进行相应的处理。

其实,Throw 语句就是用来抛出任何类型的异常,不仅仅可以抛出自定义的异常。Throw 语句的具体语法如下。

Throw New 异常类型

其中,"异常类型"必须是 System. Exception 类或者继承自 System. Exception 的异常类型。通常会选择抛出一个具体异常类型的实例。在本章不定义新的异常类,而是使用系统提供的一个具体异常类 ArgumentOutOfRangeException 说明如何使用 Throw 语句。

例 7-5:假设需要对用户输入的日期进行简单的判断,只要日期在 1～31 就不发生错误,如果输入的日期是其他数字,就会显示"日期不合理!";如果输入的是非数字,就会显示"其他错误!"。具体界面如图 7-26 所示,其中包括一个标签(Label),用来显示提示信息；一个文本框(Textbox1)，用来接收输入信息。输入完信息后，按回车键即可进行相应的处理。

具体代码如下：

```
'TextBox1 的 KeyDown 事件代码
If e.KeyCode =Keys.Enter Then
    Try
        KeyinDays(TextBox1.Text)
    Catch ex As ArgumentOutOfRangeException
        MessageBox.Show("日期不合理!")
        TextBox1.Text =""
    Catch ex As Exception
        MessageBox.Show("其他错误!")
        TextBox1.Text =""
    End Try
End If

'判断日期是否在 1～31,如果超出范围,则抛出异常
Public Sub KeyinDays(ByVal day As Integer)
    If day <1 Or day >31 Then
        Throw New ArgumentOutOfRangeException
    End If
End Sub
```

具体执行结果如图 7-27、图 7-28 和图 7-29 所示。

图 7-26　具体界面

图 7-27　输入 1～31 的数值

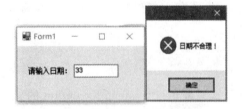

图 7-28　输入超出范围的数值

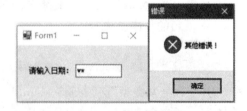

图 7-29　输入非数值

这里编写了一个子过程 KeyinDays，用来判断日期是否正确，如果超出范围，则抛出一个类型为 ArgumentOutOfRangeException 的异常。这时在使用 Catch 语句时，系统就能够找到这个异常，并进行相应的处理。如果没有使用 Throw 语句指定抛出的异常，当输入的数值小于 1 或者大于 31 时，就不能够被发现。

如果把 Trow New ArgumentOutOfRangeException 换成 MessageBox.Show("日期错误!")，这时只会显示出"日期错误!"这个消息对话框，而不会捕捉到日期超出范围的错误。

7.4 综合应用实例

假设编写了一个简单的小程序，用来计算所有学生总成绩的平均分，其中每个学生都参加了数学、语文和英语三门考试（考试均是百分制），其界面如图 7-30 所示。

图 7-30 综合应用实例的界面

每个控件的具体设置见表 7-2。

表 7-2 每个控件的具体设置

类　型	Name 属性	Text 属性
标签	lblMathematics	数学：
	lblChinese	语文：
	lblEnglish	英语：
	Label1	Label1
	lblAverage	Label2
文本框	txtMathematics	
	txtChinese	
	txtEnglish	
按钮	btnInput	录入
	btnAverage	平均成绩

具体代码如下：

```
1. Public Class Form1
2.     '学生人数
```

```
3.      Dim n As Integer
4.      '数学总分、语文总分和英语总分
5.      Dim SumMath, SumChinese, SumEnglish As Double
6.      Dim Average As Double
7.
8.      Private Sub btnInput_Click(ByVal sender As System.Object, ByVal e As _
        System.EventArgs) Handles btnInput.Click
9.          Label1.Text ="请输入第" & n +1.ToString & "个学生的成绩"
10.           SumMaths +=Convert.ToDouble(txtMathematics.Text)
11.          SumChinese +=Convert.ToDouble (txtChinese.Text)
12.          SumEnglish +=Convert.ToDouble (txtEnglish.Text)
13.          n +=1
14.          txtMathematics.Text =""
15.          txtChinese.Text =""
16.          txtEnglish.Text =""
17.      End Sub
18.
19.      Private Sub btnAverage_Click(ByVal sender As System.Object, ByVal e As _
        System.EventArgs) Handles btnAverage.Click
20.          Average = (SumMath +SumChinese +SumEnglish) / n
21.          lblAverage.Text ="平均成绩:" & Average.ToString
22.      End Sub
23.
24.      Private Sub Form1_Load(ByVal sender As Object, ByVal e As _
        System.EventArgs) Handles Me.Load
25.          Label1.Text ="请输入第 1 个学生的成绩"
26.          n =1
27.      End Sub
28. End Class
```

那么,这段代码是否正确?如果存在错误,是什么类型的错误?应该如何修改?

首先,把这段代码输入 Visual Studio .NET 中,会发现第 10 行的代码 SumMaths 下被画上蓝色的波浪线,这说明此处存在语法错误。如果仔细看一下,就会发现声明的变量是 SumMath,这里多了一个字母"s",所以只要去掉"s",蓝色的波浪线就会消失,这时按 F5 键程序就能运行,说明已经不存在语法错误了。

接下来,试一下是否能够正确计算平均成绩,如果两个学生的输入成绩分别是 80,80,80 和 90,90,90,那么平均成绩应为 255。但是,实际运行得到的结果是 170,肯定是错误的,那么到底哪里出现问题了?

为了发现问题,可以设置两个断点:一个断点设置在第 10 行;另一个断点设置在第 20 行。可以通过监视窗口观察 n 和 Average 值的变化。当录入完第二个学生的成绩并单击"平均成绩"按钮后,两个变量的值如图 7-31 所示。

当按下逐语句"F11"后,两个变量的值如图 7-32 所示。

这时会发现 n 值不是预期的结果,因为只录入了两个学生的成绩,因此肯定在计算平均成绩处 n 值没有被正确赋值。因为在录入的时候每录入一个成绩,n 值就会增加 1,

图 7-31 两个变量的值(1)

图 7-32 两个变量的值(2)

而录入两个学生的成绩后,n 的值已经变成 3,而求平均成绩时应该是两个人的平均成绩,所以需要将 n 值减去 1。

于是就需要在第 20 行之前添加代码 n-=1,同时,为了能够提示录入了几个学生的成绩,还需要添加一行代码:Label1.Text = "共录入" & n.ToString & "个学生的成绩"。这时再运行该程序时,就会得到如图 7-33 所示的结果。

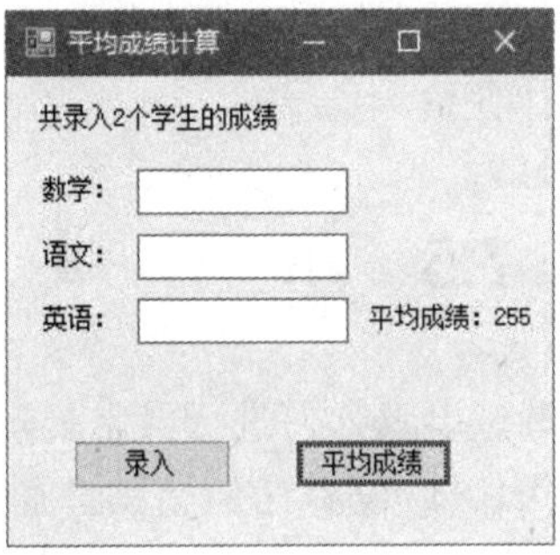

图 7-33 正确的运算结果

为了使程序更健壮,能够处理输入数据超出范围或者类型不正确的错误,需要对代码进行一些修改。

首先,为了能够捕获到 0~100 分之外的成绩,需要添加一个过程 Score,用来抛出异常。具体代码如下。

```
Public Sub Score(ByVal Math As Double, ByVal Chinese As Double, ByVal English As _
Double)
    If (Math < 0 Or Math > 100) Or _
        (Chinese < 0 Or Chinese > 100) Or _
        (English < 0 Or English > 100) Then
```

```
        throw New ArgumentException
    End If
End Sub
```

其次,为了处理异常情况,还需要对 btnInput 的 Click 事件进行修改,以便在输入 0~100 以外的数值时或输入非数值时给出提示信息。具体代码如下。

```
Label1.Text = "请输入第" & n + 1.ToString & "个学生的成绩"
Try
    Score(txtMathematics.Text, txtChinese.Text, txtEnglish.Text)
    SumMath += Convert.ToDouble (txtMathematics.Text)
    SumChinese += Convert.ToDouble (txtChinese.Text)
    SumEnglish += Convert.ToDouble (txtEnglish.Text)
Catch ex As ArgumentException
    MessageBox.Show("成绩应在 0~100")
Catch ex As Exception
    MessageBox.Show("其他错误!")
End Try
txtMathematics.Text = ""
txtChinese.Text = ""
txtEnglish.Text = ""
n += 1
```

这个例子只是让大家熟悉一下如何在编写具体程序时,综合运用讲过的调试及异常处理方法。如果想使本程序具有更强的可用性,还需要一些改进。大家可以考虑一下应该如何修改,才能使这个程序更实用。

7.5 小 结

本章主要讲述了如何进行调试以及如何进行异常处理。

用户编写的程序很少会一次通过,没有任何错误。通常会遇到 3 种类型的错误:语法错误、逻辑错误和执行错误。其中,语法错误最容易解决,逻辑错误最难发现,需要使用调试工具和有效的方法。大家要学会使用断点,以及 Visual Studio .NET 提供的各种调试窗口。

为了使编写的程序更健壮,具有较强的容错能力,需要运用 Try…Catch…Finally 语句编写异常处理。其中,Finally 语句是可以省略的,但是如果包含 Finally 语句,无论有没有 Catch 语句块被执行,都会执行 Finally 语句块。使用异常处理时,如果能够确定发生哪些类型的错误,最好把这些具体的异常类通过 Catch 语句都列出来,而不是仅使用 Exception 异常类捕捉系统定义的错误,其目的是为了使错误处理更具体。为了让用户能够理解发生了什么错误,知道如何处理发生的错误,需要在 Catch 语句块中把捕捉到的错误以用户能够理解的方式加以表达,并进行适当的处理。如果为了让程序能够处理系统没有定义的错误,就需要在程序中使用 Throw 语句抛出这个错误,然后再使用

Try…Catch…Finally 语句进行相应的处理。

练 习 题

1. 当代码中出现了_____错误,程序是不能运行的,而且相应的错误下方有蓝色的波浪线。

2. 下列错误中,(　　)类型的错误最难发现。
   A. 语法错误　　　B. 执行错误　　　C. 逻辑错误

3. 下列 Try…Catch…Finally 的语法结构,(　　)是错误的。

   A. Try
   　　Try 语句块
   　Catch exception As 类型
   　　Catch 语句块
   　End Try

   B. Try
   　　Try 语句块
   　Finally
   　　Finally 语句块
   　End Try

   C. Try
   　　Try 语句块
   　Catch exception As 类型
   　　Catch 语句块
   　Finally
   　　Finally 语句块
   　End Try

   D. Try
   　　Try 语句块
   　Catch exception1 As 类型 1
   　　Catch 语句块 1
   　Catch exception2 As 类型 2
   　　Catch 语句块 2
   　End Try

4. 假设有如下代码,它在运行时会产生中断,请根据中断后提示的错误信息对其进行修改,并且能在发生错误的时候进行异常处理(给出错误的提示信息即可)而不会中断执行。

这里假设窗体上有一个文本框(TextBox1)和一个按钮(Button1)。

```
'Button1 的 Click 事件代码
    Dim i As Integer
    Dim a() ={1, 2, 3, 4}
    For i =1 To 4
        TextBox1.Text &=" a(" & i.ToString & ")=" & a(i).ToString & vbCrLf
    Next
```

实验 1

熟悉 Visual Basic.NET 开发环境

1. 实验目的

（1）了解 Visual Basic.NET 语言的开发环境，学会独立使用该开发环境。

（2）了解在该开发环境上如何编辑、编译、连接和运行一个 Visual Basic.NET 语言程序。

（3）通过运行简单的 Visual Basic.NET 程序，初步了解 Visual Basic.NET 语言程序的开发特点。

（4）学习使用设计器向窗体添加控件，学习使用属性窗口改变控件属性。

2. 实验任务

创建一个简单的窗体，在窗体的标题栏中显示"第一个窗体"，在窗体上显示"欢迎进入 Visual Studio 2017 的世界"。

3. 实验内容

1) 熟悉 Visual Studio 2017 的开发环境

在 Windows 操作系统左下角的任务栏中选择"开始"→"程序"→ Visual Studio 2017 命令，进入 Visual Studio 2017 的交互式开发环境，如图 A1-1 所示。

2) 开始创建第一个 Windows 应用程序

选择"文件"→"新建"→"项目"命令，会出现一个"新建项目"对话框，从"项目类型"列表中选择"Visual Basic"，从"模板"列表中选择"Windows 应用程序"，在"名称"文本框中输入 Practice1，如图 A1-2 所示。

3) 创建项目

单击图 A1-2 中的"确定"按钮就完成了项目的创建，并进入了开发环境，其中有一个空白窗体，如图 A1-3 所示。

4) 向窗体添加控件

选择"视图"→"工具箱"命令，窗体设计器左端会出现"工具箱"的具体菜单，如图 A1-4 所示，在其中的"所有 Windows 窗体"项中选中 Label 控件，然后就可以将它拖放到空白窗体上。这个 Label 控件自动取名为 Label1。

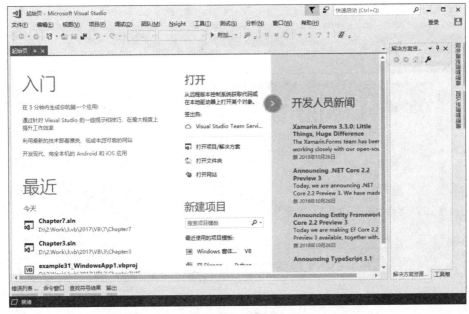

图 A1-1　Visual Studio 2017 的交互式开发环境

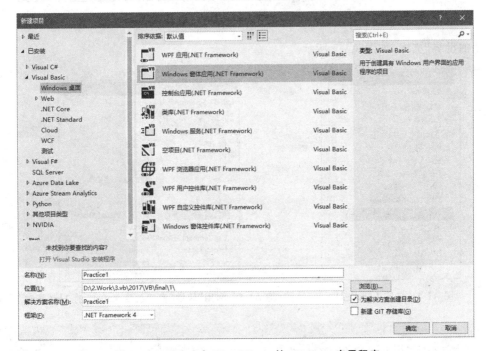

图 A1-2　新建一个 Visual Basic 的 Windows 应用程序

5）使用属性窗口改变控件属性

在窗体设计器中单击 Label1，右下角就出现了它的"属性"窗口。在"属性"窗口中找到 Text 行，它的 Text 属性默认为 Label1，将 Label1 改为"欢迎进入 Visual Studio

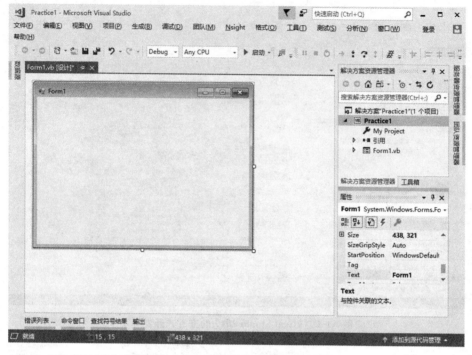

图 A1-3　Visual Studio 2017 开发环境

2017 的世界"文本,如图 A1-5 所示。

图 A1-4　选定 Label 控件

图 A1-5　利用"属性"窗口改变 Label1 的 Text 属性

> **相关提示:**
> 　　如果界面上没有"属性"窗口,可以通过在 `Label` 控件上右击,选中"属性"找到"属性"窗口。

同样,单击这个新建窗体的空白部分,右下角即出现 Form1 的"属性"窗口。在 Text 右边的输入框中输入"第一个窗体",即把 Text 属性改成了"第一个窗体"。此时的窗体设计器如图 A1-6 所示。

6）进入代码编辑器

选择"视图"→"代码"命令进入代码编辑器，也可以在窗体上右击之后选择"查看代码"命令。由于还没有进行代码编辑，此时代码编辑器中只有 Form1 类。如果要查看生成的类，可以执行"视图"→"类视图"命令，结果如图 A1-7 所示。

图 A1-6　利用"属性"窗口改变 Form1 的 Text 属性

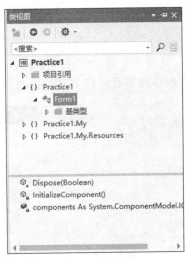

图 A1-7　类视图

可以双击方法名，在代码编辑器中查看代码。例如，双击 InitializeComponent() 方法，可以看到如下代码。

```
'注意：以下过程是 Windows 窗体设计器必需的
'可以使用 Windows 窗体设计器修改它
'不要使用代码编辑器修改它
<System.Diagnostics.DebuggerStepThrough()>_
Private Sub InitializeComponent()
    Me.Label1 = New System.Windows.Forms.Label
    Me.SuspendLayout()
    '
    'Label1
    '
    Me.Label1.AutoSize = True
    Me.Label1.Location = New System.Drawing.Point(55, 50)
    Me.Label1.Name = "Label1"
    Me.Label1.Size = New System.Drawing.Size(197, 12)
    Me.Label1.TabIndex = 0
    Me.Label1.Text = "欢迎进入 Visual Studio 2017 的世界"
    '
    'Form1
    '
    Me.AutoScaleDimensions = New System.Drawing.SizeF(6.0!, 12.0!)
    Me.AutoScaleMode = System.Windows.Forms.AutoScaleMode.Font
```

```
        Me.ClientSize = New System.Drawing.Size(292, 266)
        Me.Controls.Add(Me.Label1)
        Me.Name = "Form1"
        Me.Text = "第一个窗体"
        Me.ResumeLayout(False)
        Me.PerformLayout()
End Sub
```

7）编译和运行程序

选择"生成"→"生成解决方案"命令，编译生成解决方案。选择"调试"→"启动调试"命令或者直接按 F5 键，项目就可以运行了，程序运行结果如图 A1-8 所示。

图 A1-8　程序运行结果

4. 思考题

（1）Visual Studio 2017 开发环境是否友好？

（2）Visual Studio 2017 包含哪些常用控件？

（3）如何设置控件的属性？

（4）创建 Windows 程序的步骤是怎样的？

实验 2

窗体与基本控件

1. 实验目的

（1）了解 Visual Basic. NET 2017 开发平台的常用控件类型及使用。

（2）学会 Label、Button、TextBox、ComboBox、ListBox 的重要属性和方法的编程。

（3）通过编译并运行一个收银程序，了解 Visual Basic. NET 2017 控件的编程技巧和开发特点。

2. 实验任务

商店为了迎接"五一"将进行促销活动，促销的商品包括化妆品、箱包、床上用品和女装 4 类。在促销期间，每类产品的规定品牌以 3 折出售。买这 4 类产品的促销商品列表见表 A2-1。

表 A2-1 商品列表

商品类别	商品名称	价格/元
化妆品	兰蔻眼霜	350
	欧莱雅保湿霜	300
	路得清洗面奶	50
箱包	鳄鱼钱包	380
	POLO 女包	800
	米奇休闲包	400
床上用品	睡得香双人被	400
	安心睡枕	150
女装	Etam18 新款格裙	580
	真维斯衬衫	150
	幸福羊毛衫	420

为了帮助收银员快速完成收银工作，请开发一个简单的收银程序。收银程序参考界

面如图 A2-1 所示。

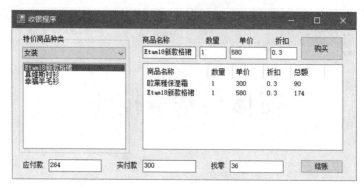

图 A2-1　收银程序参考界面

要求：每次在列表框中单击相应的商品时，会显示商品的名称、数量、单价折扣，并把用户采购的所有商品在列表框内进行汇总，显示商品总价，当输入实付款后，单击"收款"按钮计算应找的零钱。

3. 实验内容

（1）新建一个 Visual Basic.NET Windows 应用程序，并命名为 Cash Register。

（2）将空白窗体的 Name 设置为 CashRegister，Text 属性设置为"收银程序"。

（3）添加一个 GroupBox 控件，设置 Text 属性为"特价商品种类"。

（4）在 GroupBox 中加入一个 ComboBox 控件，设置 Name 属性值为 cbxCategory，DropDownStyle 属性值为 DropDownList，在 Items 集合中依次加入"化妆品""箱包""床上用品"和"女装"，如图 A2-2 所示。

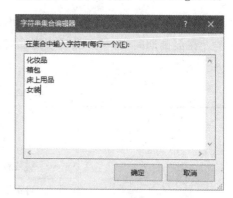

（5）在 GroupBox 中加入一个 ListBox 控件，设置 Name 属性值为 lbxCategory。

图 A2-2　ComboBox 控件的 Items 集合编辑器

（6）在"工具箱"中找到 ListView 控件，拖入窗体中 GroupBox 控件的右侧，设置 Name 属性值为 lvwCommodities，Scrollable 属性值为 False，View 属性值为 Details。打开 Columns 属性集合编辑器（编辑列），按照表 A2-2 添加列名并设置列的属性。

表 A2-2　ListView 控件的 Columns 属性

Name	Text	Width
CommodityName	商品名称	113
Number	数量	43
Price	单价	54

续表

Name	Text	Width
Discount	折扣	48
Total	总额	60

设置完成后的集合编辑器如图 A2-3 所示。

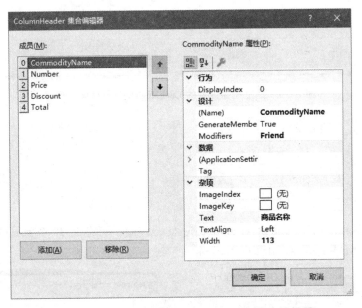

图 A2-3　ListView 控件的 ColumnHeader 集合编辑器

（7）在窗体中加入其他 7 个 Label、7 个 TextBox 和 2 个 Button 控件，7 个 Label 的 Name 属性可以保留默认值，Text 属性分别设置为"商品名称""数量""单价""折扣""应付款""实付款"和"找零"；对应的 7 个 TextBox 控件的 Name 属性分别设置为 tbxName、tbxNumber、tbxPrice、tbxDiscount、tbxPay、tbxRealpay 和 tbxChange。CashRegister 窗体 Button 控件的属性设置见表 A2-3。

表 A2-3　CashRegister 窗体 Button 控件的属性设置

Name	Text	功　　能
btnBuyIt	购买	将当前选中商品添加到购买列表中
btnTotal	结账	计算此次购买的消费总额

（8）适当调整控件的位置及大小，设计器中的界面如图 A2-4 所示。这样就完成了界面的设计工作，下面就可以为控件编写代码了。

（9）进入窗体的代码编辑器，为 CashRegister 类添加名为 commodity 的结构定义，该结构定义了商品的所属类别、商品名称及价格属性。

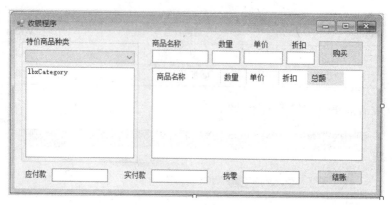

图 A2-4　经过控件设置的 **CashRegister.vb** 页面设计器

```
Structure commodity            '定义名为 commodity 的结构
    Dim category As String     '商品的所属类别
    Dim name As String         '商品的名称
    Dim price As Double        '商品的价格
End Structure
```

（10）声明程序的全局变量，commodities(30)声明了可存储 30 个 commodity 类型变量的数组，COMMODITY_DISCOUNT 定义了统一商品折扣为 3 折。

```
Public commodities(30) As commodity
Public COMMODITY_DISCOUNT As Double = 0.3
```

（11）双击窗体的空白部分，为程序添加加载窗体的代码。

```
Private Sub CashRegister_Load(ByVal sender As System.Object, ByVal e As_
System.EventArgs) Handles MyBase.Load
    commodities(0).category = "化妆品"
    commodities(0).name = "兰蔻眼霜"
    commodities(0).price = 350
    commodities(1).category = "化妆品"
    commodities(1).name = "欧莱雅保湿霜"
    commodities(1).price = 300
    commodities(2).category = "化妆品"
    commodities(2).name = "路得清洗面奶"
    commodities(2).price = 50
    commodities(3).category = "箱包"
    commodities(3).name = "鳄鱼钱包"
    commodities(3).price = 380
    commodities(4).category = "箱包"
    commodities(4).name = "POLO 女包"
    commodities(4).price = 800
    commodities(5).category = "箱包"
    commodities(5).name = "米奇休闲包"
```

```
        commodities(5).price = 400
        commodities(6).category = "床上用品"
        commodities(6).name = "睡得香双人被"
        commodities(6).price = 400
        commodities(7).category = "床上用品"
        commodities(7).name = "安心睡枕"
        commodities(7).price = 150
        commodities(8).category = "女装"
        commodities(8).name = "Etam18新款格裙"
        commodities(8).price = 580
        commodities(9).category = "女装"
        commodities(9).name = "真维斯衬衫"
        commodities(9).price = 150
        commodities(10).category = "女装"
        commodities(10).name = "幸福羊毛衫"
        commodities(10).price = 420

End Sub
```

（12）在设计器中双击 ComboBox 控件 cbxCategory，添加 cbxCategory 的 SelectedIndexChanged()方法。

```
    Private Sub cbxCategory_SelectedIndexChanged(ByVal sender As System.Object,_
ByVal e As System.EventArgs) Handles cbxCategory.SelectedIndexChanged
        If cbxCategory.Text = "" Then
            Return
        End If


        Dim i As Int16
        lbxCategory.Items.Clear()


        For i = 1 To commodities.Length - 1
            If cbxCategory.Text = commodities(i).category Then
                lbxCategory.Items.Add(commodities(i).name)
            End If
        Next
        tbxName.Text = ""
        tbxNumber.Text = ""
        tbxPrice.Text = ""
        tbxDiscount.Text = ""


End Sub
```

（13）在设计器中双击 ListBox 控件 lbxCategory，添加 lbxCategory 的 SelectedIndexChanged()方法。

```
Private Sub lbxCategory_SelectedIndexChanged(ByVal sender As System.Object, _
ByVal e As System.EventArgs) Handles lbxCategory.SelectedIndexChanged
    tbxName.Text = commodities(lbxCategory.SelectedValue).name
    Dim i As Int16
    For i = 1 To commodities.Length - 1
        If lbxCategory.Text = commodities(i).name Then
            tbxName.Text = commodities(i).name
            tbxNumber.Text = "1"
            tbxPrice.Text = commodities(i).price
            tbxDiscount.Text = COMMODITY_DISCOUNT

        End If
    Next
End Sub
```

(14) 在设计器中双击 Button 控件 btnBuyIt,添加 btnBuyIt 的 Click()方法。

```
Private Sub btnBuyIt_Click(ByVal sender As System.Object, ByVal e As_
System.EventArgs) Handles btnBuyIt.Click
    If tbxName.Text = "" Then
        Return
    End If

    Dim newItem As ListViewItem
    newItem = New ListViewItem(tbxName.Text)
    newItem.SubItems.Add(tbxNumber.Text)
    newItem.SubItems.Add(tbxPrice.Text)
    newItem.SubItems.Add(tbxDiscount.Text)
    newItem.SubItems.Add(Integer.Parse(tbxNumber.Text) * Double.Parse_
    (tbxPrice.Text) * Double.Parse(tbxDiscount.Text))
    lvwCommodities.Items.Add(newItem)
End Sub
```

(15) 在设计器中双击 Button 控件 btnTotal,添加 btnTotal 的 Click()方法。

```
Private Sub btnTotal_Click(ByVal sender As System.Object, ByVal e As_
System.EventArgs) Handles btnTotal.Click
    If lvwCommodities.Items.Count = 0 Then
        Return
    End If

    Dim i As Integer
    Dim total As Double
    total = 0
    For i = 0 To lvwCommodities.Items.Count - 1
        Dim price As String
        price = lvwCommodities.Items.Item(i).SubItems(4).Text
```

```
            '各项商品折后价总和
            total += Double.Parse(price)
        Next
        tbxPay.Text = total
    End Sub
```

（16）最后，为 TextBox 控件 tbxRealpay 添加 TextChanged()方法。

```
Private Sub tbxRealpay_TextChanged(ByVal sender As System.Object, ByVal e As_
System.EventArgs) Handles tbxRealpay.TextChanged
    Dim change As Double
    change = Double.Parse(tbxRealpay.Text) - Double.Parse(tbxPay.Text)
    If change < 0 Then
        Return
    End If
    tbxChange.Text = change
End Sub
```

相关提示：
　　为 TextBox 控件添加 TextChanged 方法，打开 tbxRealpay 的 "属性"窗口，单击事件按钮 ⚡，双击 TextChanged 事件，在代码编辑器中自动添加了 tbxRealpay_TextChanged 方法，并带有完整的参数列表。

4. 思考题

（1）ByVal 和 ByRef 关键字有何区别？
（2）函数和过程有什么区别？
（3）什么情况下使用 Label 控件？什么情况下使用 TextBox 控件？
（4）本程序中，ComboBox、ListBox、ListView 等各控件之间是如何联系起来的？

实验 3

多窗体编程

1. 实验目的

（1）了解复杂应用程序中的多窗体编程技术。
（2）了解多窗体程序中的局部变量和全局变量声明及使用方法。
（3）掌握定义及声明窗体对象，并在程序的控制下对窗体对象进行隐藏与显示。

2. 实验任务

设计一个简单的学生成绩管理程序，使用数组存储学生信息，实现成绩的录入与查看功能。录入时输入若干个学生的姓名、学号、语文、数学和英语成绩，之后程序将所有学生的成绩信息进行汇总并显示。程序的运行界面如图 A3-1 所示。

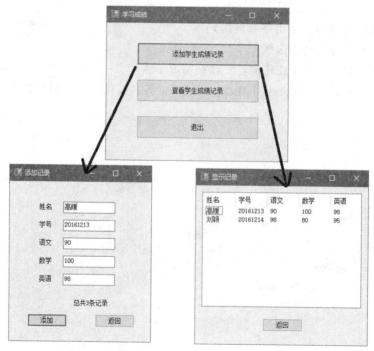

图 A3-1　程序的运行界面

3. 实验内容

（1）新建一个 Windows 应用项目，并命名为"Student Scores"。

（2）新建项目时，默认建立一个窗体 Form1.vb，将其重命名为 frmMain.vb，如图 A3-2 所示（若有对话框弹出，会问询是否对 Form1 的引用重命名，请选择"是"）。

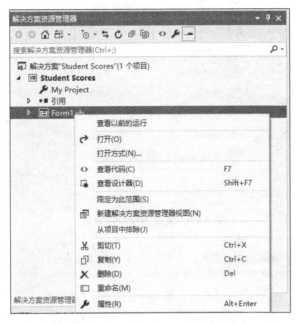

图 A3-2　对默认生成的窗体文件重命名

（3）执行菜单命令"项目"→"添加 Windows 窗体"建立第 2 个窗体文件，并命名为 frmAdd.vb，如图 A3-3 所示。

（4）同样，再建立第 3 个 Windows 窗体文件 frmView.vb，这样就完成了 3 个窗体的创建。下面对这 3 个窗体设置属性并添加控件。

（5）打开窗体文件 frmMain.vb 的设计器，设置窗体的 Text 属性为"学生成绩"，为窗体添加 3 个按钮，设置 Name 属性值分别为 btnAdd、btnView、btnClose；设置 Text 属性分别为"添加学生成绩记录""查看学生成绩记录"和"退出"，适当调整窗体及控件的大小，如图 A3-4 所示。

> **相关提示：**
> 　　在.NET 平台下开发 Windows 程序，可以非常方便地对控件布局进行调整。圈选若干控件，单击"格式"→"对齐"菜单，可以使选中的控件在水平方向或竖直方向对齐；单击"格式"→"使大小相同"菜单，可以使选中控件的宽度、高度或者两者大小相同；通过"格式"→"水平间距"菜单和"格式"→"垂直间距"菜单，可以调整控件的水平方向和垂直方向的间距，其中"相同间隔"在调整按钮、文本框的布局时经常用到；"在窗体中居中"调整选中控件在窗体中的位置；"顺序"调整控件在平面上的层次；"锁定控件"可以在设置好控件格式的后续开发中避免对格式的误改。
> 　　读者可以使用上述功能菜单尝试对控件格式进行设置。

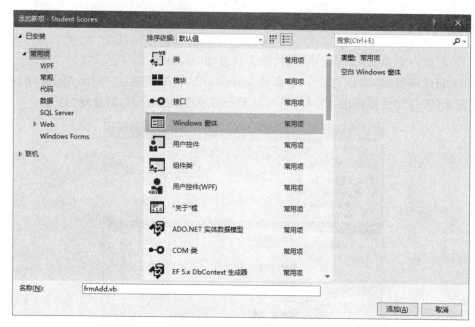

图 A3-3　新建 Windows 窗体

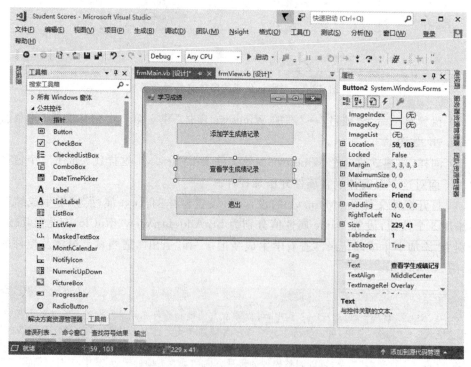

图 A3-4　设置主窗体及控件的属性

（6）打开窗体文件 frmAdd.vb 的设计器，设置窗体的 Text 属性为"添加记录"。

（7）为窗体添加 5 个 Label 和 5 个文本框，用于获得用户的输入。设置标签的 Text

属性值分别为"姓名""学号""语文""数学"和"英语",设置文本框的 Name 属性值分别为 txtName、txtNumber、txtChinese、txtMath 和 txtEnglish。

(8) 在窗体空白处拖入一个 Label,用于提示用户当前的记录数,将 Name 属性设置为 lblCounter,其他属性暂时保持默认属性不变。

(9) 再添加两个 Button 控件,用于控制不同界面之间的切换。设置其中一个 Name 属性为 btnAdd,Text 属性为"添加";设置另一个 Name 属性为 btnReturn,Text 属性设为"返回"。适当调整窗体及控件的位置及大小,界面如图 A3-5 所示。

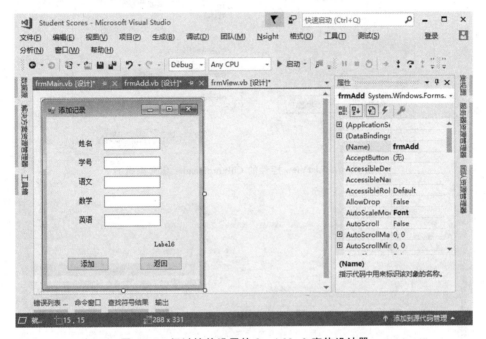

图 A3-5　经过控件设置的 frmAdd.vb 窗体设计器

(10) 打开窗体文件 frmView.vb 的设计器,设置窗体的 Text 属性为"显示记录"。

(11) 在窗体中加入一个 ListView 控件,设置 Name 属性值为 lvwRecords,Scrollable 属性值为 False,View 属性值为 Details。打开 Columns 属性集合编辑器,按照表 A3-1 添加列名并设置列的属性。

表 A3-1　ListView 控件的 Columns 属性

Name	Text	Name	Text
StuName	姓名	Math	数学
StuNumber	学号	English	英语
Chinese	语文		

设置完成后的 ColumnHeader 集合编辑器如图 A3-6 所示。

(12) 再添加一个 Button 控件,用于控制返回主界面,Name 属性设置为 btnReturn,Text 属性设为"返回"。适当调整窗体及控件的位置及大小,界面如图 A3-7 所示。

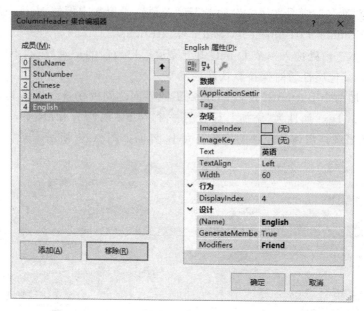

图 A3-6　ListView 控件的 ColumnHeader 集合编辑器

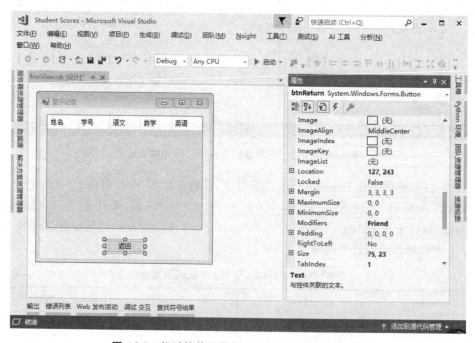

图 A3-7　经过控件设置的 frmView.vb 窗体设计器

（13）至此就完成了界面设计工作。下面首先对主页面进行编码。定义数据结构存储学生信息。运行菜单命令"项目"→"添加模块"新建一个模块，并命名为 Module1.vb，如图 A3-8 所示。

（14）在 Module1.vb 代码编辑器中添加学生信息类型的定义和变量的声明。Stu 结

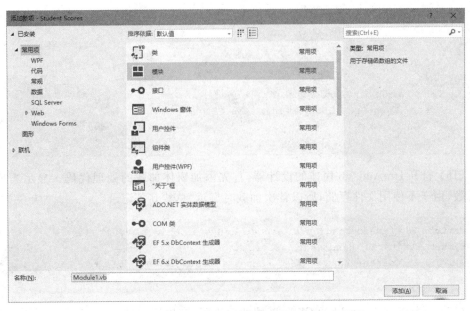

图 A3-8 新建模块

构包含学生姓名、学号及各科成绩信息。声明 student 数组,可以存储 30 条学生信息。变量 count 用于保存记录个数。

```
Module Module1
    '定义 Stu 类型的变量存放当前记录内容
    Structure Stu
        Public stuName As String                          '学生姓名
        Public stuNumber As String                        '学号
        Public mChinese, mMath, mEnglish As Single        '各科成绩
    End Structure
    Public student(30) As Stu
    Public count As Int16
End Module
```

(15) 为 frmMain.vb 窗体的按钮添加 Click 事件处理代码。

```
Private Sub btnAdd_Click(ByVal sender As System.Object, ByVal e As_
System.EventArgs) Handles btnAdd.Click
    Me.Hide()
    Dim form2 As frmAdd
    form2 = New frmAdd()
    form2.Show()
End Sub

Private Sub btnView_Click(ByVal sender As System.Object, ByVal e As_
System.EventArgs) Handles btnView.Click
    Me.Hide()
```

```
        Dim form3 As frmView
        form3 = New frmView()
        form3.Show()
    End Sub

    Private Sub btnClose_Click(ByVal sender As System.Object, ByVal e As _
    System.EventArgs) Handles btnClose.Click
        End
    End Sub
```

(16) 打开 frmAdd.vb 窗体的设计器，首先添加窗体加载的处理代码。显示当前记录总数，由于不使用文件存储，所以首次加载时显示"总共 0 条记录"。

```
Private Sub frmAdd_Load(ByVal sender As System.Object, ByVal e As _
System.EventArgs) Handles MyBase.Load
    lblCounter.Text = "总共" + count.ToString() + "条记录"
End Sub
```

(17) 添加按钮 btnAdd 的 Click 事件处理代码，获取用户的输入，并在 student 数组中添加一条记录。

```
Private Sub btnAdd_Click(ByVal sender As System.Object, ByVal e As _
System.EventArgs) Handles btnAdd.Click
    student(count).stuName = txtName.Text
    student(count).stuNumber = txtNumber.Text
    student(count).mChinese = Val(txtChinese.Text)
    student(count).mMath = Val(txtMath.Text)
    student(count).mEnglish = Val(txtEnglish.Text)
    count = count + 1
    lblCounter.Text = "总共" + count.ToString() + "条记录"
End Sub
```

(18) 添加按钮 btnReturn 的 Click 事件处理代码。添加学生成绩完毕，返回主界面。

```
Private Sub btnReturn_Click(ByVal sender As System.Object, ByVal e As _
System.EventArgs) Handles btnReturn.Click
    Me.Hide()
    Dim form1 As frmMain
    form1 = New frmMain()
    form1.Show()
End Sub
```

(19) 打开 frmView.vb 窗体的设计器，首先添加窗体加载事件的处理代码。在 ListView 控件中显示当前所有的学生成绩信息，这是通过遍历 student 数组，使用 ListView 数据项的 Add 方法添加到列表框中实现的。

```
Private Sub frmView_Load(ByVal sender As System.Object, ByVal e As_
System.EventArgs) Handles MyBase.Load
    Dim i As Int16
    For i =0 To count -1
        Dim newItem As ListViewItem
        newItem =New ListViewItem(student(i).stuName)
        newItem.SubItems.Add(student(i).stuNumber)
        newItem.SubItems.Add(student(i).mChinese)
        newItem.SubItems.Add(student(i).mMath)
        newItem.SubItems.Add(student(i).mEnglish)
        lvwRecords.Items.Add(newItem)
    Next
End Sub
```

(20) 添加按钮 btnReutrn 的 Click 事件处理代码,返回程序主界面。至此就完成了整个程序的界面设计和编码。

```
Private Sub btnReturn_Click(ByVal sender As System.Object, ByVal e As_
System.EventArgs) Handles btnReturn.Click
    Me.Hide()
    Dim form1 As frmMain
    form1 =New frmMain()
    form1.Show()
End Sub
```

4. 思考题

(1) 什么是"局部变量"? 什么是全局变量?
(2) 在程序运行时,如何切换不同模块的窗体?
(3) 语句 Me.Hide() 与 Me.Close() 有什么异同?

实验 4

文 件 操 作

1. 实验目的

(1) 了解 Visual Basic.NET 2017 中流的概念。
(2) 了解 Visual Basic.NET 2017 中文件的概念、种类及其结构。
(3) 掌握随机文件的操作：打开、读/写及关闭。
(4) 掌握在 Windows 程序中文件的应用。

2. 实验任务

设计一个简单的通讯录程序，使用随机文件存储联系人信息。该程序具有联系人添加、修改、删除及联系人信息顺序查询的功能。每个联系人信息都包含姓名、电话的基本信息以及 E-mail、地址和备注的详细信息。通讯录窗口运行效果如图 A4-1 所示。

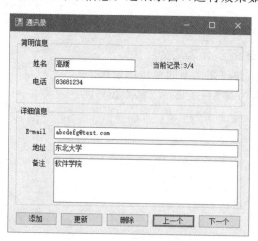

图 A4-1　通讯录窗口运行效果

要求：

(1) 填写好联系人信息，单击"添加"按钮增加新的联系人，如果操作成功，则提示"添加成功"并自动定位到新添加的联系人。

(2) 对当前的联系人信息修改后单击"更新"按钮可以更新联系人信息，若操作成功，则提示"更新成功"。

(3) 单击"删除"按钮删除当前联系人,并自动定位到下一个联系人。若当前联系人为记录的末尾,则定位到第一条记录。

(4) 按钮"上一个"和"下一个"提供对通讯录联系人的顺序查找,当前联系人为第一个条记录时,"上一个"按钮不可用;当前联系人为最后一条记录时,"下一个"按钮不可用。

3. 实验内容

(1) 新建一个 Windows 应用项目,并命名为 Contact。

(2) 新建项目时,默认建立一个窗体 Form1.vb,将其重命名为 frmMain.vb。

(3) 打开窗体文件 frmMain.vb 的设计器,设置窗体的 Text 属性为"通讯录",为窗体添加 2 个 GroupBox,Text 属性分别设置为"简明信息"和"详细信息"。

(4) 添加 5 个提示用户输入的 Label,Text 属性设置为"姓名""电话""E-mail""地址"和"备注";一个显示记录总数与当前记录号的 Label,Name 属性设置为 lblCounter,Anchor 属性设置为"Top,Right"。

(5) 添加 5 个获取用户输入的 TextBox 控件,以及各功能按钮。它们的控件属性设置参考表 A4-1。

表 A4-1 主界面主要控件属性设置

控件类型	Name	Text	Anchor	其他
TextBox	txtName	默认	Top, Left, Right	
TextBox	txtTelephone	默认	Top, Left, Right	
TextBox	txtE-mail	默认	Top, Left, Right	
TextBox	txtAddress	默认	Top, Left, Right	
TextBox	txtRemark	默认	Top, Bottom, Left, Right	Multiline=True
Button	btnAdd	添加	Bottom	
Button	btnUpdate	更新	Bottom	
Button	btnDelete	删除	Bottom	
Button	btnPrivious	上一个	Bottom	
Button	btnNext	下一个	Bottom	

设置控件的 Anchor 属性如图 A4-2 所示。

相关提示:
控件的 Anchor 属性定义某个控件绑定到容器的边缘。当控件锚定到某个边缘时,与指定边缘最接近的控件边缘与指定边缘之间的距离将保持不变。

图 A4-2　设置控件的 Anchor 属性

（6）适当调整窗体及控件的大小，布局之后的界面如图 A4-3 所示。

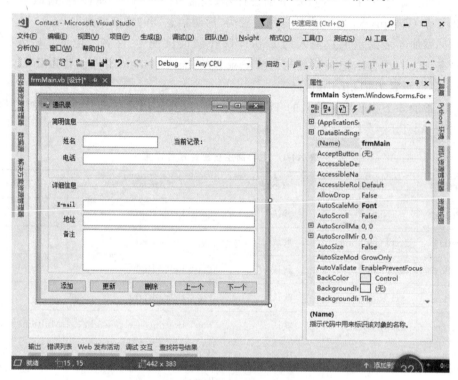

图 A4-3　完成属性设置的主窗体设计器

（7）添加一个 Visual Basic.NET 模块，定义联系人的数据结构和公共变量。

```
定义联系人的数据结构：
    Structure Contact
        '记录中包含的数据
        <VBFixedString(10)>Public Name As String
        <VBFixedString(20)>Public Telephone As String
        <VBFixedString(20)>Public Email As String
        <VBFixedString(20)>Public Address As String
```

```
        <VBFixedString(20)>Public Remark As String
    End Structure
```

VBFixedString(10)定义固定 10B 大小的字符串，便于随机文件的读写控制。

定义程序的公共变量：
```
    Public Filename As String           '定义变量,存放联系人信息文件名
    Public Filenumber As Integer =1     '定义变量,存放联系人信息文件号
    Public Rec_curNo As Integer =0      '定义变量,存放当前记录号
    Public Rec_lastNo As Integer =0     '定义变量,存放最后记录号
    Public cont As Contact
```

Filename 为字符串，是当前打开文件的文件标识符。Filenumber 为打开文件后使用的信道号，为正整数值，应从小到大使用，初始化默认为 1。当前记录号和最后记录号都是 0，表示没有记录。

(8) 打开 frmMain.vb 窗体的设计器，首先添加窗体加载的处理代码。

```
    Private Sub frmMain_Load(ByVal sender As System.Object, ByVal e As_
    System.EventArgs) Handles MyBase.Load
        Filename ="records.txt"

        FileOpen(Filenumber, Filename, OpenMode.Random)
        Dim offset As Integer =128 -Len(cont)
        Rec_lastNo =(LOF(Filenumber) +offset) / (Len(cont) +offset)
        FileClose(Filenumber)

        Rec_curNo =1
        ShowRecord(1)
    End Sub
```

Filename = "records.txt" 指定操作的文件是当前工程目录下名为 records 的文本文件；FileOpen(Filenumber，Filename，OpenMode.Random)是以随机文件模式打开文件 Filename 的 Filenumber 号信道；然后计算出当前的记录总数赋给 Rec_lastNo，并设置当前显示记录为首条记录，如果文件中还没有记录，则显示空白。ShowRecord()是自定义的显示指定记录的方法，代码如下：

```
    Private Sub ShowRecord(ByVal index As Integer)
        FileOpen(Filenumber, Filename, OpenMode.Random)
        FileGet(Filenumber, cont, index)

        txtName.Text =Trim(cont.Name)
        txtTelephone.Text =Trim(cont.Telephone)
        txtEmail.Text =Trim(cont.Email)
        txtAddress.Text =Trim(cont.Address)
```

```
            txtRemark.Text = Trim(cont.Remark)
            FileClose(Filenumber)

            If Rec_lastNo = 0 Then              '无记录
                btnDelete.Enabled = False
                btnPrivious.Enabled = False
                btnNext.Enabled = False
                lblCounter.Text = "没有记录"
            Else                                 '至少有一个记录
                If Rec_curNo = 1 Then
                    btnPrivious.Enabled = False
                Else
                    btnPrivious.Enabled = True
                End If

                If Rec_curNo = Rec_lastNo Then
                    btnNext.Enabled = False
                Else
                    btnNext.Enabled = True
                End If
                btnDelete.Enabled = True
                lblCounter.Text = " 当前记录:" + Rec _ curNo.ToString + "/" + Rec _
                lastNo.ToString
            End If
        End Sub
```

首先以随机读取的方式打开指定文件，FileGet（Filenumber，cont，index）读取 Filenumber 号文件第 index 条 cont 记录；其次逐项读取联系人的姓名、电话、E-mail、地址和备注信息并显示在界面文本框中；最后关闭文件。

除了读取记录的内容，还要对空间的可用性进行控制。若文件中没有记录，则不允许单击"删除""上一个"和"下一个"按钮，同时标签 lblCounter 显示"没有记录"；如果文件中有至少一条记录，则允许删除当前记录，当到达首记录时，"上一个"按钮不可用，当到达记录末尾时，"下一个"按钮不可用，标签 lblCounter 显示记录总数及当前记录所在的位置。

相关提示：
按文件的访问类型，可以分为以下 3 种。
（1）顺序型。必须在顺序访问文件中某个数据前（物理位置）的所有数据后，才可以访问该数据，适用于读写在连续块中的文本文件，对文本文件一般采用顺序访问。
（2）随机型。可以直接访问文件中的任何 1 个数据，适用于读写有固定长度记录结构的文本文件或者二进制文件。
（3）二进制型。适用于读写任意结构的文件。

相关提示：
   打开文件的格式：
   FileOpen(FileNumber, FileName, Mode [,Access] [,Share] [,RecordLength])
   FileNumber
      必须，有效的文件号，可以用 FreeFile 函数获得下一个可用的文件号。
   FileName
      必须，指定一个文件名的 String 类型变量，可以包含磁盘、目录、文件夹的路径名。
   Mode
      必须，指定对文件的操作方式，枚举类型变量，为下列类型之一：Append、Binary、Input、Output 或者 Random。每打开一次文件，只能进行单一的操作。
   Access
      可选，指定对文件允许的操作，Read、Write 或者 ReadWrite，默认是 ReadWrite。
   Share
      可选，枚举变量，指定在该文件上对其他进程访问的限制，为下列类型之一：Shared、Lock Read、Lock Write 和 Lock Read Write，默认是 Lock Read Write。
   RecordLength
      可选，对于随机文件来说，表示记录的长度；对于顺序文件来说，表示字符缓冲区的大小。应该小于或等于 32 767B。

(9) 添加按钮 btnAdd 的 Click 事件处理代码，获取用户的输入，以随机访问方式打开文件，并将记录 cont 作为最后一条记录写入文件，关闭文件。将当前位置定位到新添加的记录，调用 ShowRecord(Rec_curNo)更新界面显示。

```
Private Sub btnAdd_Click(ByVal sender As System.Object, ByVal e As_
System.EventArgs) Handles btnAdd.Click
    cont.Name = Trim(txtName.Text)
    cont.Telephone = Trim(txtTelephone.Text)
    cont.Email = Trim(txtEmail.Text)
    cont.Address = Trim(txtAddress.Text)
    cont.Remark = Trim(txtRemark.Text)

    Rec_lastNo += 1
    FileOpen(Filenumber, Filename, OpenMode.Random)
    FilePut(Filenumber, cont, Rec_lastNo)
    FileClose(Filenumber)
    MessageBox.Show("添加成功！")
    Rec_curNo = Rec_lastNo          '添加的是最后一条记录
    ShowRecord(Rec_curNo)
End Sub
```

(10) 添加按钮 btnDelete 的 Click 事件处理代码，删除随机文本文件的记录大体分 4 步：创建一个新文件；将所有保留的记录从原来的文件复制到新文件中；关闭原来的文件并予以删除；最后将新文件重命名为与原来文件相同的文件。第一、二步新建文件并复制数据的代码如下。

```
Dim i As Integer
FileOpen(Filenumber, Filename, OpenMode.Random)
```

```
FileOpen(Filenumber +1, "temp" +Filename, OpenMode.Random)

For i =1 To Rec_curNo -1            '本条记录之前的有效数据
    FileGet(Filenumber, cont, i)
    FilePut(Filenumber +1, cont, i)
Next i
For i =Rec_curNo +1 To Rec_lastNo   '本条记录之后的有效数据
    FileGet(Filenumber, cont, i)
    FilePut(Filenumber +1, cont, i -1)
Next i

FileClose(Filenumber +1)
FileClose(Filenumber)
```

之后删除原来的文件，并将新文件重命名，操作成功后提示用户"删除成功"。

```
Kill(Filename)
Rename("temp" +Filename, Filename)
MessageBox.Show("删除成功!")
```

最后要根据删除记录后的情况更新界面显示，如果删除的记录不是文件尾，则定位到下一条记录，否则显示第一条记录。

```
If Rec_curNo +1 <=Rec_lastNo Then
    '删除的记录非原文件末尾，则显示下一条记录
    Rec_lastNo -=1          '记录总数减1
    ShowRecord(Rec_curNo)
ElseIf Rec_curNo +1 >Rec_lastNo Then
    '删除的记录为原文件尾，则记录转向第一条记录
    Rec_lastNo -=1          '记录总数减1
    Rec_curNo =1            '转向第一条记录
    ShowRecord(Rec_curNo)
End If
```

(11) 添加按钮 btnUpdate 的 Click 事件处理代码，对当前显示的记录内容进行编辑后更新，代码如下。

```
    Private Sub btnUpdate_Click(ByVal sender As System.Object, ByVal e As_
System.EventArgs) Handles btnUpdate.Click
        cont.Name =Trim(txtName.Text)
        cont.Telephone =Trim(txtTelephone.Text)
        cont.Email =Trim(txtEmail.Text)
        cont.Address =Trim(txtAddress.Text)
        cont.Remark =Trim(txtRemark.Text)

        FileOpen(Filenumber, Filename, OpenMode.Random)
        FilePut(Filenumber, cont, Rec_curNo)
```

```
        FileClose(Filenumber)
        MessageBox.Show("更新成功!")
    End Sub
```

(12) 添加按钮 btnPrivious 的 Click 事件处理代码,显示前一条记录的内容,代码如下。

```
Private Sub btnPrivious_Click(ByVal sender As System.Object, ByVal e As_
System.EventArgs) Handles btnPrivious.Click
    Rec_curNo -= 1
    ShowRecord(Rec_curNo)
End Sub
```

(13) 添加按钮 btnNext 的 Click 事件处理代码,显示后一条记录的内容,代码如下。

```
Private Sub btnNext_Click(ByVal sender As System.Object, ByVal e As_
System.EventArgs) Handles btnNext.Click
    Rec_curNo += 1
    ShowRecord(Rec_curNo)
End Sub
```

4. 思考题

(1) 什么是流?

(2) 随机文件与顺序文件有什么区别?

(3) 如何创建随机文件?

(4) 如何读取、修改、删除随机文件中的数据?

实验 5

通用对话框及菜单应用

1. 实验目的

（1）学习通用对话框的使用方法，包括 MessageBox 对话框、FontDialog 控件和 ColorDialog 控件。

（2）掌握菜单的创建，熟悉主要属性的含义和设置。

（3）掌握关联菜单和状态栏控件的使用方法。

2. 实验任务

设计并实现一个记事本程序，对于用户输入的文本，可以进行复制、剪切和粘贴操作，可以设置字体和文字的颜色，主要功能既可以通过菜单实现，也可以使用关联菜单或者快捷键，不同的操作在状态栏中均有提示。记事本程序的运行界面如图 A5-1 所示。

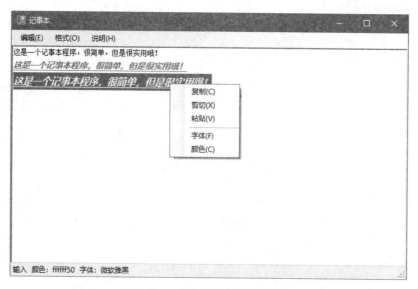

图 A5-1 记事本程序的运行界面

3. 实验内容

（1）新建一个 Windows 应用项目，并命名为 Word Pad。

（2）新建项目时，默认建立一个窗体 Form1.vb，将其重命名为 frmMain.vb。打开窗体文件 frmMain.vb 的设计器，设置窗体的 Text 属性为"记事本"，设置 WindowState 属性为 Maximized，使程序启动时主窗体默认为最大化，如图 A5-2 所示。

图 A5-2　设置窗体的 WindowState 属性

（3）在窗体中拖入一个 MenuStript 控件，重命名为 mnuMain，单击 Items 属性旁边的 按钮，打开项集合编辑器，如图 A5-3 所示。

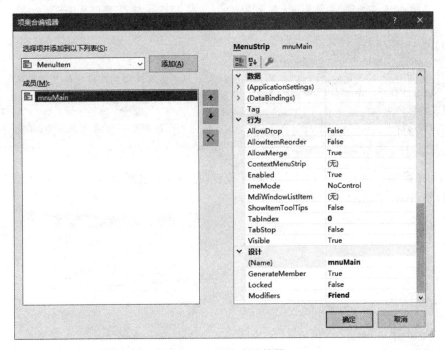

图 A5-3　项集合编辑器

(4) 添加一个菜单项，把 Name 设置为 munEdit，把 Text 设置为"编辑(&E)"，在 DropDownItems 集合中添加表 A5-1 所示的 3 个子项。

表 A5-1 3 个子项

名 称	文 本	快 捷 键
mnuCopy	复制(&C)	Ctrl+C
mnuCut	剪切(&X)	Ctrl+X
mnuPaste	粘贴(&V)	Ctrl+V

(5) 同样，再添加一个菜单项，把 Name 设置为 mnuFormat，把 Text 设置为"格式(&O)"，在 DropDownItems 集合中添加两个子项：Name 分别设置为 mnuFont 和 mnuColor，Text 分别设置为"字体(&F)"和"颜色(&C)"；再添加一个"说明"菜单项，Name 设置为 mnuHelp，Text 设置为"说明(&H)"，并添加子项 mnuAbout，Text 设置为"关于(&A)"。编辑之后的菜单如图 A5-4～图 A5-6 所示。

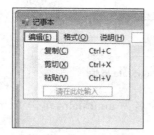

图 A5-4 "编辑"菜单及其子菜单项

图 A5-5 "格式"菜单及其子菜单项

> **相关提示：**
> 在上面的菜单设置中用到访问键和快捷键。
> 访问键(也称为加速键)可以利用 Alt 键和菜单项中带下画线的字母导航菜单。使用访问键后，菜单就会显示在屏幕上，用户可以使用箭头键或鼠标浏览这些菜单。在程序中只在 Text 属性设置时标记为 (&F) 即可，如字体 (&F)、说明 (&H)。
> 快捷键无须显示菜单就可以执行菜单项，通常使用控制键和字母定义快捷键，如使用快捷键 Ctrl+X 剪切文本。

(6) 在窗体中拖入一个 RichTextBox 控件，把 Name 设置为 rtxText，Dock 属性设置为 Fill，如图 A5-7 所示。

图 A5-6 "说明"菜单及其子菜单项

图 A5-7 设置 RichTextBox 控件的 Dock 属性

(7) 在窗体中拖入一个 ContextMenuStrip 控件（用作右键菜单），把 Name 设置为 cmnuMain，单击 Items 属性旁边的按钮，打开关联菜单项集合编辑器，如图 A5-8 所示。

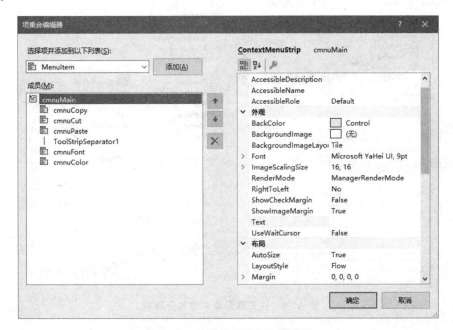

图 A5-8　关联菜单项集合编辑器

为关联菜单添加菜单项并设置关键属性，见表 A5-2。

表 A5-2　关联菜单的菜单项

名称	文本	快捷键	名称	文本	快捷键
cmnuCopy	复制(&C)	Ctrl+C	cmnuFont	字体(&F)	无
cmnuCut	剪切(&X)	Ctrl+X	cmnuColor	颜色(&C)	无
cmnuPaste	粘贴(&V)	Ctrl+V			

随后，关联右键菜单，将 rtxText 控件的 ContextMenuStrip 属性设置为 cmnuMain。

(8) 希望在"粘贴"与"字体"之间添加一个分隔符，方法是在图 A5-8 左上方"选择项并添加到以下列表"的组合框中选择 ToolStripSeparator1，如图 A5-9 所示。

(9) 在窗体中拖入一个 ColorDialog 控件，Name 设置为 ColorDialog，在窗体中拖入一个 FontDialog 控件，Name 设置为 FontDialog，分别用于设置颜色和字体。这两个控件与关联菜单一样，不会在窗体中显示出来，只能在窗体设计器下方空白处看到，因为它们不是当窗体加载时就显示在界面上，而是在适当的时候被调用时才显示，如图 A5-10 所示。

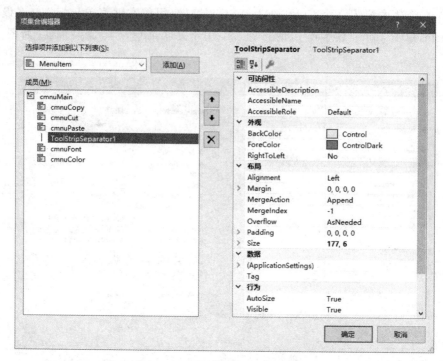

图 A5-9　在关联菜单中添加分隔符

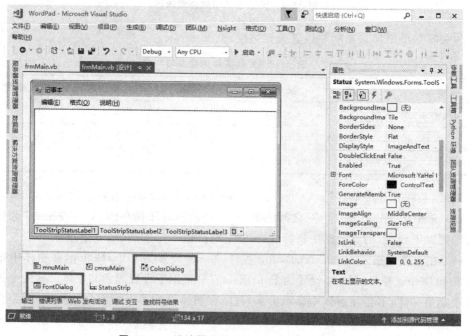

图 A5-10　设计器中的字体和颜色对话框控件

相关提示：
"颜色"对话框为用户提供了一个标准的调色板界面,如图 A5-11 所示,用户可以使用其中的基本颜色,也可以自己调色。当用户选中某一种颜色后,该颜色值(长整型)赋给 Color 属性。

相关提示：
"字体"对话框如图 A5-12 所示,获得字体的部分属性。
Font.Name: 选定字体的名称。
Font.Bold: 是否选定了粗体。
Font.Italic: 是否选定了斜体。
Font.Strikeout: 是否选定了水平删除线。
Font.Underline: 是否选定了下画线。
Font.Size: 是否选定字体的大小。
Color: 是否选定的颜色。

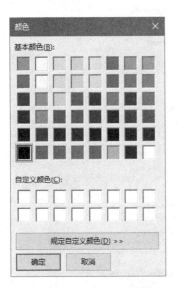

图 A5-11 "颜色"对话框

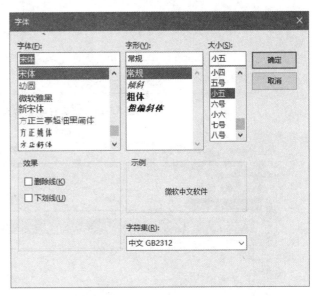

图 A5-12 "字体"对话框

（10）在窗体中拖入一个 StatusStrip 控件,把 Name 设置为 StatusStrip,单击 Items 属性旁边的按钮,打开状态栏项集合编辑器,如图 A5-13 所示。

为状态栏添加 3 个状态标签并设置 Name 属性为 Status、Color 和 Font,把这 3 个属性的 TextAlign 属性设置为 MiddleLeft。其他属性在程序运行时设置。可以在设计器中看到窗体底部多了一个状态栏,保持着默认的 Text 属性,如图 A5-14 所示。

（11）下面为控件添加事件代码。首先添加窗体的加载事件处理代码,这里主要是设置一些控件属性。

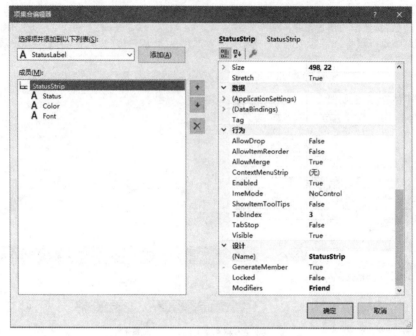

图 A5-13　状态栏项集合编辑器

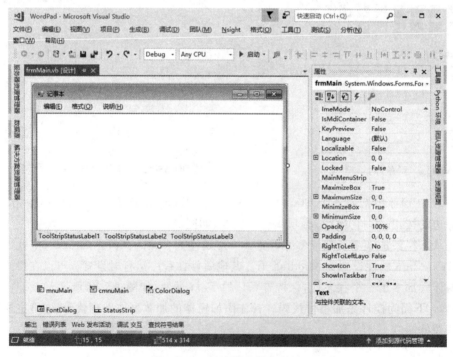

图 A5-14　设计器中的状态栏

```
Private Sub frmMain_Load(ByVal sender As System.Object, ByVal e As_
System.EventArgs) Handles MyBase.Load
    mnuCopy.Enabled =False
    mnuCut.Enabled =False
    mnuPaste.Enabled =False

    cmnuCopy.Enabled =False
    cmnuCut.Enabled =False
    cmnuPaste.Enabled =False

    Status.Text ="输入"
    Color.Text =""
    Font.Text =""
End Sub
```

(12) 添加菜单 mnuCopy 的 Click 事件处理代码,复制选中的文本,并更新控件属性。

```
Private Sub mnuCopy_Click(ByVal sender As System.Object, ByVal e As_
System.EventArgs) Handles mnuCopy.Click
    rtxText.Copy()
    mnuPaste.Enabled =True
    cmnuPaste.Enabled =True
    Status.Text ="复制"
End Sub
```

(13) 添加菜单 mnuCut 的 Click 事件处理代码,剪切选中的文本,并更新控件属性。

```
Private Sub mnuCut_Click(ByVal sender As System.Object, ByVal e As_
System.EventArgs) Handles mnuCut.Click
    rtxText.Cut()
    mnuPaste.Enabled =True
    cmnuPaste.Enabled =True
    Status.Text ="剪切"
End Sub
```

(14) 添加菜单 mnuPaste 的 Click 事件处理代码,粘贴选中的文本,并更新控件属性。

```
Private Sub mnuPaste_Click(ByVal sender As System.Object, ByVal e As_
System.EventArgs) Handles mnuPaste.Click
    rtxText.Paste()
    Status.Text ="输入"
End Sub
```

(15) 添加菜单 mnuFont 的 Click 事件处理代码,显示"字体"对话框,对选中文本的字体进行设置,并更新状态栏。

```
Private Sub mnuFont_Click(ByVal sender As System.Object, ByVal e As _
System.EventArgs) Handles mnuFont.Click
    FontDialog.ShowDialog()
    rtxText.SelectionFont = FontDialog.Font
    Font.Text ="字体: " + rtxText.SelectionFont.Name
End Sub
```

(16) 同样，添加菜单 mnuColor 的 Click 事件处理代码，显示"颜色"对话框，对选中文本的颜色进行设置，并更新状态栏。

```
Private Sub mnuColor_Click(ByVal sender As System.Object, ByVal e As _
System.EventArgs) Handles mnuColor.Click
    ColorDialog.ShowDialog()
    rtxText.SelectionColor =ColorDialog.Color
    Color.Text ="颜色: " + rtxText.SelectionColor.Name
End Sub
```

(17) 为文本框控件添加 SelectionChanged 事件处理代码，若选中的文字有变化，则更新相应菜单项的属性，使得允许或禁止某项操作。

```
Private Sub rtxText_SelectionChanged(ByVal sender As _
System.Object, ByVal e As System.EventArgs) Handles rtxText.SelectionChanged
    If rtxText.SelectedText <>"" Then
        mnuCopy.Enabled =True
        mnuCut.Enabled =True
        cmnuCopy.Enabled =True
        cmnuCut.Enabled =True
    Else
        mnuCopy.Enabled =False
        mnuCut.Enabled =False
        cmnuCopy.Enabled =False
        cmnuCut.Enabled =False
    End If
End Sub
```

(18) 添加关联菜单的菜单项 Click 事件处理代码，调用相应菜单的 Click()方法。

```
Private Sub cmnuCopy_Click(ByVal sender As System.Object, ByVal e As _
System.EventArgs) Handles cmnuCopy.Click
    mnuCopy.PerformClick()
End Sub

Private Sub cmnuCut_Click(ByVal sender As System.Object, ByVal e As _
System.EventArgs) Handles cmnuCut.Click
    mnuCut.PerformClick()
```

```
End Sub

Private Sub cmnuPaste_Click(ByVal sender As System.Object, ByVal e As_
System.EventArgs) Handles cmnuPaste.Click
    mnuPaste.PerformClick()
End Sub

Private Sub cmnuFont_Click(ByVal sender As System.Object, ByVal e As_
System.EventArgs) Handles cmnuFont.Click
    mnuFont.PerformClick()
End Sub

Private Sub cmnuColor_Click(ByVal sender As System.Object, ByVal e As_
System.EventArgs) Handles cmnuColor.Click
    mnuColor.PerformClick()
End Sub
```

4. 思考题

(1) Visual Basic.NET 中菜单控件有哪几种类型？是否可以为命令按钮添加上下文菜单？

(2) 如何利用 MessageBox 对话框显示消息？能否在其中显示图标和按钮？

(3) 如何使用 FontDialog 控件设置文本的字体？

(4) 如何使用 ColorDialog 控件设置文本的颜色？

(5) 状态栏控件有哪些属性？

实验 6

数据库综合应用

1. 实验目的

（1）了解数据库的概念、相关术语、数据结构。
（2）掌握在 SQL Server 2008 平台上创建数据库的方法及数据库查询语言 SQL。
（3）掌握 Visual Basic.NET 2017 的数据访问技术。
（4）掌握 Visual Basic.NET 2017 的数据访问控件和数据绑定控件的使用。

2. 实验任务

设计并实现一个学生选课系统，有用户登录、查看选定课程、新增课程和删除选定课程的功能。

登录模块通过输入的用户名和密码在数据库中进行验证，输入合法的用户名和密码后才允许登录系统。用户登录界面如图 A6-1 所示。

登录之后自动显示当前用户的所有选课记录，如果尚未选课，则列表为空，学生可以选中某一科目的课程号删除此课程，也可以单击"添加"按钮从可选课程中选中一门进行添加。查看选课界面如图 A6-2 所示。

单击"添加"按钮时，在另一界面中显示未选的课程，如果已经注册了所有的课程，则列表为空，否则可以选中某一课程号进行添加。添加成功之后，刚刚添加的课程不再出现在课程列表中，相应出现在学生选课的列表中。添加选课界面如图 A6-3 所示。

图 A6-1 用户登录界面

3. 实验内容

（1）设计数据库中表的结构。该系统中涉及学生选课这一关系，通过 E-R 图可以表示，如图 A6-4 所示。

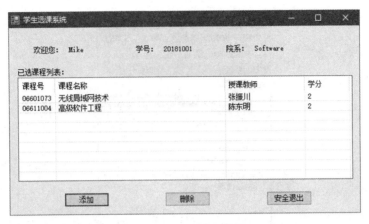

图 A6-2　查看选课界面

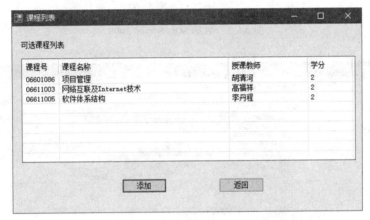

图 A6-3　添加选课界面

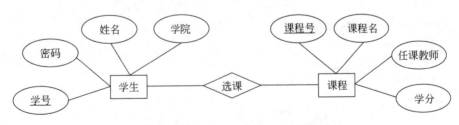

图 A6-4　学生选课的 E-R 图

(2) 通过 E-R 图分析并设计数据库表。首先启动 Microsoft SQL Server 2008 R2→SQL Server Management Studio 窗口,"服务器名称"使用默认名称,"身份验证"使用默认的"Windows 身份验证",单击"连接"即可,随后打开窗体左侧的"数据库"目录,如图 A6-5 所示。

(3) 在"数据库"目录上右击,选择"新建数据库"命令,创建名为 StuCourses 的数据库,其属性如图 A6-6 所示。

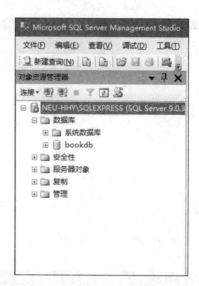

图 A6-5　启动 SQL Server 2008

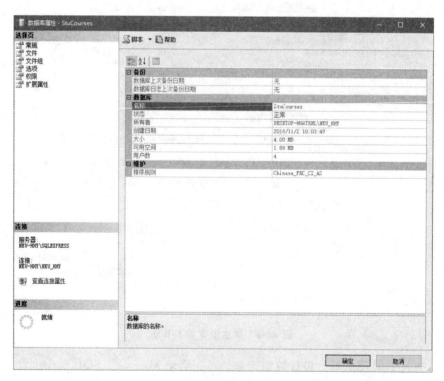

图 A6-6　创建数据库

(4) 在 StuCourses 数据库中新建 3 张表,属性定义参照表 A6-1。

(5) 下面设计程序界面。新建一个 Windows 应用项目,并命名为 Course Register。

(6) 新建项目时,默认建立一个窗体 Form1.vb,将其重命名为 frmLogin.vb。

表 A6-1 新建数据库表

表名	列名	数据类型	长度/B
Students	StudentID	nvarchar	10
	StudentName	nvarchar	20
	StudentPassword	nvarchar	20
	StudentCollege	nvarchar	20
Courses	CourseID	nvarchar	10
	CourseName	nvarchar	50
	CourseTeacher	nvarchar	20
	CourseMark	float	8
CourseRegist	StudentID	nvarchar	10
	CourseID	nvarchar	10

(7) 在项目中添加一个模块，用于保存数据库连接串和其他公共变量，并添加如下代码。

```
Public connstr As String = "server=NEU-HHY\SQLEXPRESS;database=StuCourses;user id=tuser;password=pwpw"
Public objConnection As SqlConnection =New SqlConnection(connstr)
Public userID As String
```

connstr 是指定数据库的连接串，并创建了一个该串的数据库连接。userID 用户保存当前登录的用户名。

(8) 打开窗体文件 frmLogin.vb 的设计器，设置窗体的 Text 属性为"学生选课系统"，StartPosition 设置为 CenterScreen，FormBorderStyle 设置为 FixedSingle，程序运行期间不允许改变窗体的大小。在窗体中加入几个 Label 控件，Text 属性分别设置为"欢迎登录""学生选课管理系统""学号"和"密码"，两个文本框用于接收用户输入的学号和密码登录系统，Name 属性分别为 txtID 和 txtPassword。"密码"文本框中的 PasswordChar 属性设置为"*"。窗体底部放置两个按钮，设置其 Name 属性分别为 btnLogin 和 btnExit，Text 属性分别设置为"登录"和"退出"。适当调整窗体及空间的大小，设计器如图 A6-7 所示。

(9) 为登录窗体添加事件处理代码。根据用户提供的学号和密码在数据库中验证，若数据合法，则允许登录，打开一个查看选课的窗体，自动以列表方式显示当前用户的所选课程，否则提示"用户名或密码不正确"。

```
Private Sub btnLogin_Click(ByVal sender As System.Object, ByVal e As_
System.EventArgs) Handles btnLogin.Click
    If objConnection.State =ConnectionState.Closed Then
        '打开数据库
```

图 A6-7　登录窗体的设计器

```
        objConnection.Open()
End If

userID = txtID.Text
Dim sqlstr As String = "select Count(* ) from Students where StudentID=" + _
userID + " and StudentPassword = " + txtPassword.Text
Dim myCommand As New SqlCommand(sqlstr, objConnection)

'合法性检验
If myCommand.ExecuteScalar <> 1 Then
    MessageBox.Show("用户名或密码不正确", "提示", MessageBoxButtons.OK, _
    MessageBoxIcon.Warning)
    txtPassword.Text = ""
    objConnection.Close()
    Return
Else
    objConnection.Close()
    Me.Hide()

    Dim frmShow As New frmShowCourses()
    Dim result As New DialogResult

    result = frmShow.ShowDialog()
    If result = Windows.Forms.DialogResult.Cancel Then
        '回到登录界面
```

```
            Me.Show()
            txtPassword.Text =""
        Else            '以安全退出的模式关闭程序
            Me.Close()
        End If
    End If
End Sub
```

单击"退出"按钮退出程序。

```
Private Sub btnExit_Click(ByVal sender As System.Object, ByVal e As_
System.EventArgs) Handles btnExit.Click
    Me.Close()
End Sub
```

(10) 查看选课的窗体命名为 frmShowCourses.vb。窗体 Text 属性设置为"学生选课系统",StartPosition 设置为 CenterScreen,FormBorderStyle 设置为 FixedSingle,程序运行期间不允许改变窗体的大小。

在窗体中加入几个 Label 控件,用于提示当前登录用户的姓名、学号和学院。Name 属性分别设置为 lblStudentName、lblStudentID 和 lblStudentCollege。

在窗体中拖入一个 ListView 控件,以列表形式显示当前学生的所有选课信息。Name 属性设置为 lvwCourses,View 设置为 Details,GridLines 设置为 True,添加 Columns 属性 ColumnCourseID、ColumnCourseName、ColumnCourseTeacher、ColumnCourseMark,分别显示文本"课程号""课程名称""授课教师"和"学分"。

在窗体底部放置 3 个按钮,设置其 Name 属性分别为 btnAdd、btnDelete 和 btnExit,Text 属性分别设置为"添加""删除"和"安全退出"。适当调整窗体及空间的大小,设计器如图 A6-8 所示。

(11) 为窗体 frmShowCourses.vb 添加加载窗体事件处理代码。加载窗体时,首先检查数据库的连接状态,确保与数据库处于连接状态,根据用户提供的 userID,在数据库中获得该学生的姓名和所在学院,显示在窗体上方,并查询该学生的所有选课记录,逐项添加到课程列表中。由于每次用户对选课记录进行编辑之后,选课记录的显示都要及时刷新,这里我们把选课记录的查询与显示抽象为一个私有方法,便于在程序中调用。加载窗体的代码如下。

```
Private Sub frmShowCourses_Load(ByVal sender As System.Object, ByVal e As_
System.EventArgs) Handles MyBase.Load
    If objConnection.State =ConnectionState.Closed Then
        objConnection.Open()
    End If

    Dim sqlstr As String
    sqlstr ="select * from Students where StudentID='" _
        +userID +"'"
```

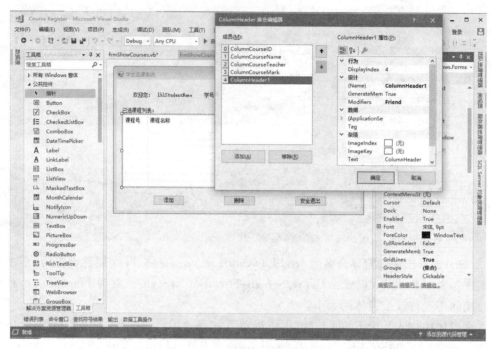

图 A6-8 查看选课窗体设计器

```
        Dim myCommand As New SqlCommand(sqlstr, objConnection)
        Dim myDataReader As SqlDataReader =myCommand.ExecuteReader
        While myDataReader.Read
            If userID =myDataReader("StudentID") Then
                lblStudentID.Text =myDataReader("StudentID")
                lblStudentName.Text =myDataReader("StudentName")
                lblStudentCollege.Text =myDataReader("StudentCollege")
            End If
        End While
        myDataReader.Close()
        objConnection.Close()

        FillData()                '查询并显示选课记录
End Sub
```

在 FillData() 方法中,由于要重新加载选课信息,所以首先将 ListView 的内容清空。

```
lvwCourses.Items.Clear()
```

打开数据库连接,定义一个 DataSet 对象 objDataSet,构造数据库查询语句,查询学号等于 userID 的学生的所有选课信息。将查询结果填充到 objDataSet 对象中。

```
If objConnection.State =ConnectionState.Closed Then
    objConnection.Open()
End If
```

```
Dim objDataSet As New DataSet
objDataSet.Clear()
Dim sqlstr As String
sqlstr ="select *  from Courses where CourseID in" _
    +" (select CourseID from CourseRegist where StudentID='" _
    +userID +"')"
Dim objDataAdapter As New SqlDataAdapter(sqlstr, objConnection)
objDataAdapter.Fill(objDataSet, "Courses")
```

之后将结果逐条取出,再按照课程号、课程名、授课教师和学分逐项显示在 ListView 控件中。最后关闭数据库连接。代码如下。

```
Dim i As Integer
Dim item As ListViewItem
Dim subItem2, subItem3, subItem4 As ListViewItem.ListViewSubItem

Try
    For i =0 To objDataSet.Tables("Courses").Rows.Count -1
        With objDataSet.Tables("Courses").Rows(i)
        item =New ListViewItem
        subItem2 =New ListViewItem.ListViewSubItem
        subItem3 =New ListViewItem.ListViewSubItem
        subItem4 =New ListViewItem.ListViewSubItem

        item.Text = .Item("CourseID") & ""
        subItem2.Text =.Item("CourseName") & ""
        subItem3.Text =.Item("CourseTeacher") & ""
        subItem4.Text =.Item("CourseMark") & ""
        item.SubItems.Add(subItem2)
        item.SubItems.Add(subItem3)
        item.SubItems.Add(subItem4)
        lvwCourses.Items.Add(item)
        End With
    Next
Catch ex As Exception
    MessageBox.Show(ex.Message)
Finally
    objConnection.Close()
End Try
```

(12) 为按钮 btnAdd 添加 Click 事件处理代码。单击"添加"按钮,打开添加选课的窗体,添加选课窗体的设计及代码后面会详细介绍。添加完毕更新本窗体中的选课记录,再次调用 FillData()方法。代码如下。

```
Private Sub btnAdd_Click(ByVal sender As System.Object, ByVal e As_
System.EventArgs) Handles btnAdd.Click
    Dim frmAdd As New frmCourseAdd()
```

```
    Dim result = frmAdd.ShowDialog()
    If frmAdd.DialogResult = Windows.Forms.DialogResult.OK Then
        FillData()
    End If
End Sub
```

(13) 为按钮 btnDelete 添加 Click 事件处理代码。

首先定义一个私有方法 OneIsChosen(),用于判断是否已经选中了某一课程号。

```
Private Function OneIsChosen() As Boolean
    Dim checkFlag As Boolean = False

    For i As Integer = 0 To lvwCourses.Items.Count - 1
        If lvwCourses.Items(i).Selected = True Then
            checkFlag = True
            Exit For
        End If
    Next
    Return checkFlag
End Function
```

如果获得其返回值为 False,则提示用户先选中要删除的课程,否则不予删除。

```
If OneIsChosen() = False Then
    MessageBox.Show("请选中要删除的课程", "提醒", MessageBoxButtons.OK, _
        MessageBoxIcon.Warning)
    Return
End If
```

获得要删除的课程号 deleteCourseID,在数据库中删除学生的这一选课记录,并更新界面显示。删除操作代码如下。

```
Try
    Dim currentIndex As Integer
    currentIndex = lvwCourses.SelectedIndices(0)           '获得选中项
    Dim deleteCourseID As String
    deleteCourseID = lvwCourses.Items(currentIndex).SubItems(0).Text
    Dim sqlstr As String = "delete from CourseRegist where StudentID='"
    sqlstr += userID + "' and CourseID='"
    sqlstr += deleteCourseID + "'"

    Dim myCommand As New SqlCommand(sqlstr, objConnection)
    myCommand.ExecuteNonQuery()

    MessageBox.Show("删除成功", "提醒", MessageBoxButtons.OK, _
        MessageBoxIcon.Information)
```

```
            objConnection.Close()
            FillData()

        Catch ex As Exception
            MessageBox.Show(ex.Message)
        End Try
```

(14) 单击"添加"按钮时,显示添加选课的窗体 frmCourseAdd.vb。窗体的 Text 属性设置为"课程列表",StartPosition 设置为 CenterScreen,FormBorderStyle 设置为 FixedSingle,程序运行期间不允许改变窗体的大小。

在窗体中拖入一个 ListView 控件,以列表形式显示所有的可选课程信息。各属性设置与界面上一个界面中的 ListView 控件相同,也可以将上一个 ListView 控件直接复制到此处。

在窗体底部放置两个按钮,设置其 Name 属性分别为 btnAdd 和 btnReturn,Text 属性分别设置为"添加"和"返回"。适当调整窗体及空间的大小,设计器如图 A6-9 所示。

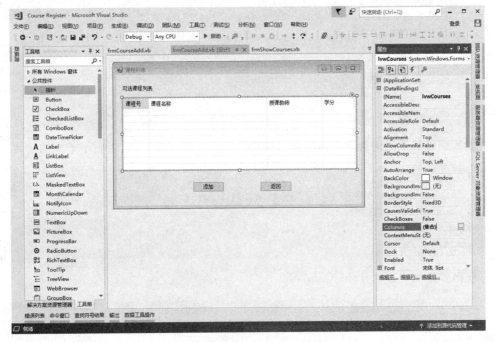

图 A6-9 添加选课窗体设计器

(15) 为窗体 frmCourseAdd.vb 添加加载窗体事件处理代码。

加载窗体时,直接调用 FillData()方法加载所有可选课程。

```
Private Sub frmCourseAdd_Load(ByVal sender As System.Object, ByVal e As_
System.EventArgs) Handles MyBase.Load
    FillData()
End Sub
```

这个类中的 FillData() 方法看起来与上面介绍的 FillData() 方法类似，需要注意的是，它们的 SQL 查询语句是不同的。此处要找出学号等于 userID 的学生的所有未选课程，查询语句如下。

```
Dim sqlstr As String
sqlstr = "select * from Courses where CourseID not in" _
    +" (select CourseID from CourseRegist where StudentID='" _
    +userID +"')"
```

其他代码不再详细解释。

(16) 为按钮 btnAdd 添加 Click 事件处理代码。

首先定义一个私有方法 OneIsChosen()，用于判断是否已经选中了某一课程号。

```
Private Function OneIsChosen() As Boolean
    Dim checkFlag As Boolean = False
    For i As Integer = 0 To lvwCourses.Items.Count - 1
        If lvwCourses.Items(i).Selected = True Then
            checkFlag = True
            Exit For
        End If
    Next
    Return checkFlag
End Function
```

如果获得其返回值为 False，则提示用户先选中要添加的课程，否则不予添加。

```
If OneIsChosen() = False Then
    MessageBox.Show("请选中要删除的课程", "提醒", MessageBoxButtons.OK, _
    MessageBoxIcon.Warning)
    Return
End If
```

获得要添加的课程号 addCourseID：

```
Dim currentIndex As Integer
currentIndex = lvwCourses.SelectedIndices(0)         '获得选中项
Dim addCourseID As String
addCourseID = lvwCourses.Items(currentIndex).SubItems(0).Text
```

打开数据库，并添加学生的这一选课记录，添加操作代码如下。

```
If objConnection.State = ConnectionState.Closed Then
    objConnection.Open()
End If
```

```
Dim sqlstr As String ="insert into CourseRegist(StudentID,CourseID) values ('"
sqlstr +=userID +"','"
sqlstr +=addCourseID +"')"

Dim myCommand As New SqlCommand(sqlstr, objConnection)
myCommand.ExecuteNonQuery()
objConnection.Close()
```

添加成功之后有消息提示,并且设置本窗体的 DialogResult 属性,这样,打开本窗体的父窗体可以通过设置 DialogResult 的不同属性值继续不同的操作。

```
MessageBox.Show("添加成功", "提醒", MessageBoxButtons.OK,_
MessageBoxIcon.Information)
Me.DialogResult =Windows.Forms.DialogResult.OK
```

在窗体 frmShowCourses 的"添加"按钮 Click 事件的处理代码中,若 frmAdd 窗体返回 DialogResult 属性值为 OK,则更新选课列表。

(17) 为按钮 btnReturn 添加 Click 事件的处理代码,在此处设置本窗体的 DialogResult 属性为 Cancel。

```
Private Sub btnReturn_Click(ByVal sender As System.Object, ByVal e As_
System.EventArgs) Handles btnReturn.Click
    Me.DialogResult =Windows.Forms.DialogResult.Cancel
End Sub
```

4. 思考题

(1) 如何在 SQL Server 2008 平台上创建并使用数据库?

(2) Visual Basic.NET 2017 的数据访问控件是如何使用的?

(3) 窗体的 DialogResult 属性有什么用途?

实验 7

Web 编 程

1. 实验目的

（1）了解 Web 窗体控件的种类及基本特征。
（2）了解 Web 窗体的结构和特点，掌握 Web 窗体的创建及事件处理。
（3）掌握服务器控件的种类及常用控件的使用方法。
（4）掌握 Web 编程中的数据绑定与访问技术。

2. 实验任务

设计并实现一个简单的图书管理的网站，有用户登录、图书信息显示、增加、修改和删除的功能。图书信息包括索引号、书名、作者、出版社、数量和单价的相关信息。登录的用户可以对书籍信息进行编辑，否则只能浏览。所有的图书和注册用户的信息都保存在数据库中，底层数据库选用 SQL Server 2008。界面风格自定义，要求有较友好的用户界面。

3. 实验内容

（1）新建一个 ASP.NET 网站，并命名为 BookManager，如图 A7-1 所示。
（2）新建项目时，默认包含 Web.config 文件，如图 A7-2 所示。
（3）删除 Default.aspx 页面，首先为 Web 应用创建主页面。选择"项目"→"添加新项"命令添加一个母版页，将其命名为 Books.master，如图 A7-3 所示。

> **相关提示：**
> 大多数 Web 应用都有多个页面，相互链接，相互协作实现不同的功能。它们之间总是或多或少地存在一些相似之处，如标题、导航栏和页脚等。这就要求网站的多个页面有一致的风格。Microsoft .NET 2017 中提供了网站的通用模板——一个扩展名为 .master 的模板文件（主页面）。它与扩展名为 .aspx 的内容页面联系起来，ASP.NET 自动把这两个文件合并为一个能够在浏览器中显示的 Web 页面。

（4）主页面类似于标准的 .aspx 页面。设计母版页的布局可以应用到任意指定的网站页面。为母版页添加如下代码。

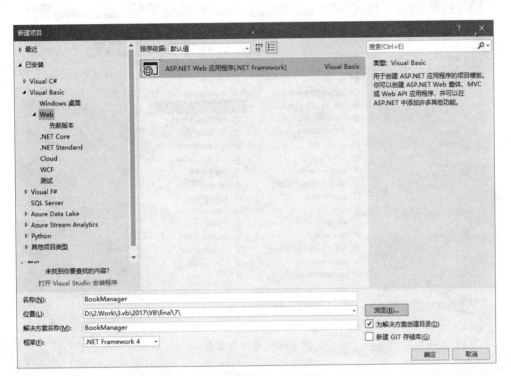

图 A7-1 创建 ASP.NET 网站

图 A7-2 网站默认包含文件

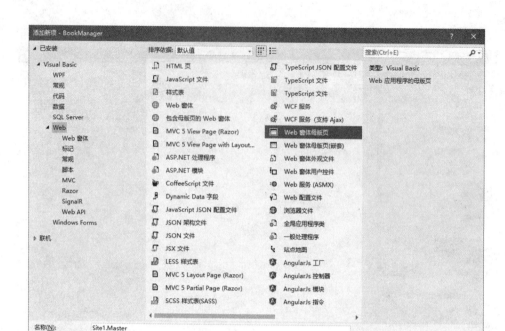

图 A7-3　添加母版页

```
<%@Master Language="VB" CodeFile="Books.master.vb" Inherits="Books" %>

<!DOCTYPE html PUBLIC "-//W3C//DTD XHTML 1.0 Transitional//EN" "http://www.w3.org/TR/xhtml1/DTD/xhtml1-transitional.dtd">

<html xmlns="http://www.w3.org/1999/xhtml" >
<head runat="server">
    <title>Book Manager</title>
</head>
<body>
    <form id="form1" runat="server">
    <div>
        <table cellpadding="3" border="1" style="width: 930px; height: 32px">
        <tr bgcolor="# 2461BF" >
            <td colspan="2" style="height: 65px" ><h1>图书管理系统</h1></td>
        </tr>
        <tr>
            <td style="width: 190px">
                <asp:contentplaceholder id="ContentPlaceHolder1" runat="server">
                </asp:contentplaceholder>
            </td>
            <td style="width: 712px">
```

```
                <asp:contentplaceholder id="ContentPlaceHolder2" runat=
                "server">
                </asp:contentplaceholder>
            </td>
        </tr>
        <tr bgcolor="# ccccff">
            < td colspan="2" style="height: 27px"> Copyright 2008 - NEU
            Software College
            </td>
        </tr>
    </table>
  </div>
  </form>
</body>
</html>
```

(5) 切换到主页面的设计视图,可以看到如图 A7-4 所示的母版页。

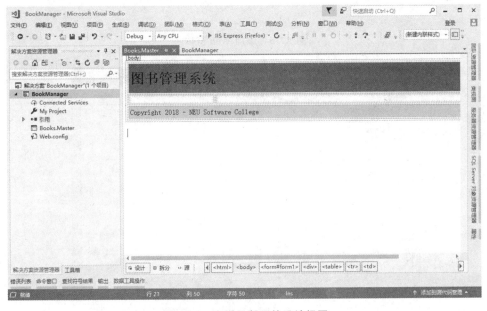

图 A7-4　查看母版页的设计视图

(6) 选择"项目"→"添加新项"命令添加一个"包含母板页的 Web 窗体",将其命名为 frmMain.aspx,作为 Web 应用的起始页,同时选择 Books.master 母版,如图 A7-5 和图 A7-6 所示。

(7) 同样选择"项目"→"添加新项"命令再添加一个"包含母版页的 Web 窗体",将其命名为 AddBook.aspx,作为新书的添加页面。

(8) 此时的内容页面不包含默认的 HTML 代码、脚本代码以及 DOCTYPE 声明,Page 命令中加入了 masterPageFile 属性,指明该页面使用的模板。

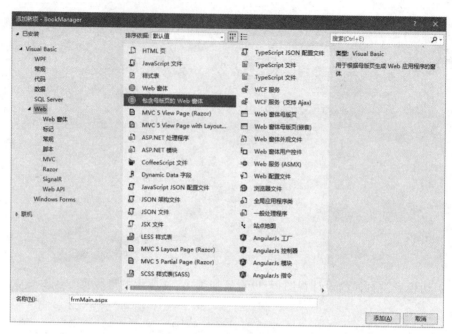

图 A7-5　添加 Web 窗体

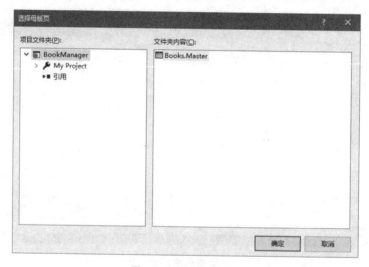

图 A7-6　选择母版页

> 相关提示：
> 　　此时的内容页面不包含默认的 HTML 代码、脚本代码以及 DOCTYPE 声明，Page 命令中加入了 masterPageFile 属性，指明该页面使用的模板。
> 　　除了在每一个内容页面中使用这个属性进行模板的声明，也可以通过配置文件 web.config 进行主页面声明。

（9）为 Web 应用添加页面导航。选择"项目"→"添加新项"命令添加一个站点地图，如图 A7-7 所示。

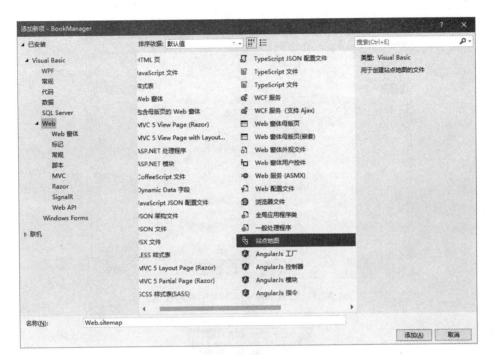

图 A7-7 添加站点地图

（10）改写描述站点结构的 Web.sitemap 文件。

```
<?xml version="1.0" encoding="utf-8" ?>
<siteMap xmlns="http://schemas.microsoft.com/AspNet/SiteMap-File-1.0" >
    <siteMapNode url="frmMain.aspx" title="首页" description="">
        <siteMapNode url="AddBook.aspx" title="添加新书" description="" />
    </siteMapNode>
</siteMap>
```

（11）打开 frmMain.aspx 页面和 AddBook.aspx 的设计视图，在 Content1 中分别拖入一个 SiteMapPath 控件进行页面导航。右击，选择"自动套用格式"命令，选择一个合适的外观。无须编写任何代码，页面导航就完成了，如图 A7-8 所示。

（12）为 frmMain.aspx 页面添加其他控件。在 Content1 中拖入一个 Login 控件，右击，选择"自动套用格式"命令，选择一个合适的外观，如图 A7-9 所示。

（13）双击登录控件，编写如下代码。

```
Protected Sub Login1_Authenticate(ByVal sender As Object, ByVal e As_System.Web.
UI.WebControls.AuthenticateEventArgs) Handles Login1.Authenticate
    Dim Authenticated As Boolean =False
    Authenticated =SiteLevelCustomAuthenticationMethod(Login1.UserName,_
    Login1.Password)
    e.Authenticated =Authenticated
    If (Authenticated =True) Then
```

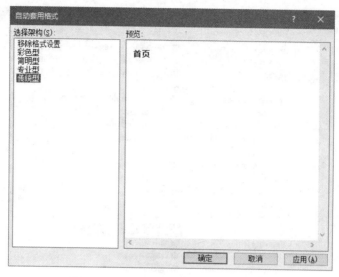

图 A7-8　设置 SiteMapPath 控件的外观

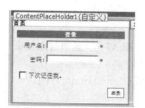

图 A7-9　登录控件

```
        Response.Redirect("frmMain.aspx")
    End If
End Sub
```

SiteLevelCustomAuthenticationMethod 是一个自定义的方法，用于在数据库中验证用户名和密码的合法性。代码如下。

```
Private Function SiteLevelCustomAuthenticationMethod(ByVal UserName As String, _
ByVal Password As String) As Boolean
Dim boolReturnValue As Boolean = False
    Dim strConnection As String = "server=(local);database=Books;user id=sa; _
    password=;"
    Dim objConnection As SqlConnection = New SqlConnection(strConnection)
    Dim sqlstr As String = "select Count(*) from Managers where UserID='" + _
    Login1.UserName +"' and UserPassword = '" +Login1.Password +"'"
    Dim myCommand As New SqlCommand(sqlstr, objConnection)
    If objConnection.State = Data.ConnectionState.Closed Then          '打开数据库
        objConnection.Open()
```

```
            End If
            '合法性检验
            If myCommand.ExecuteScalar =1 Then
                boolReturnValue =True
            End If
            Return boolReturnValue
        End Function
```

(14) 在 frmMain.aspx 页面左侧的 Content1 中拖入一个 Button 控件,用于添加新书。按钮的 Name 属性设置为 btnAdd,Text 属性设置为"新书上架",PostBackUrl 选中 AddBook.aspx 页面,单击 btnAdd 按钮控件转到添加新书页面,如图 A7-10 所示。

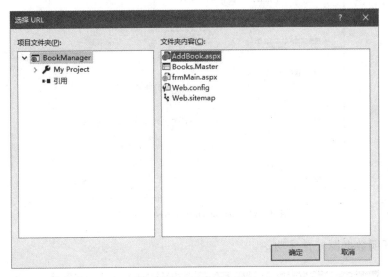

图 A7-10　设置按钮属性

(15) frmMain.aspx 页面右侧的 Content2 主要放置一个 GridView 控件,ID 属性设置为 gvwBooks,用于查看书籍列表。同时添加一个 SqlDataSource 控件,ID 属性设置为 SqlDataSourceBooks。

(16) 配置 SqlDataSource 控件的数据源。右键选择"配置数据源",按照步骤提示,"数据源"选择"Microsoft SQL Server(SqlClient)";"登录到服务器"选择"SQL Server 身份验证",提供合法的用户名和密码,单击"测试连接"按钮连接成功,如图 A7-11 所示。

相关提示:
　　由于篇幅有限,此处不再详细介绍本应用程序的数据库设计,具体的数据库设计参见实验 6 "数据库综合应用"。此处可将数据库备份文件导入本地 SQL Server 中,保持数据库名及表名不变,即可继续程序的开发。默认数据库名为 Books,包含两个用户表 Books 和 Managers。

(17) 建立连接之后,单击"下一步"按钮将连接字符串添加到配置文件中,配置 Select 语句选中所有列,打开"高级"选项,选中"生成 INSERT、UPDATE 和 DELETE 语句"(如果所选列中没有主键,则此项不能被选择)。单击"测试查询"按钮可看到

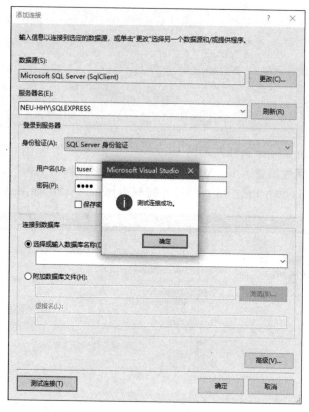

图 A7-11　为 SqlDataSource 添加连接

图 A7-12，证明数据源配置成功。

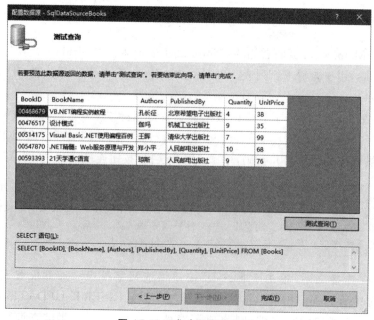

图 A7-12　成功配置数据源

(18) 设置 GridView 控件的属性。DataSourceID 选中 SqlDataSourceBooks，如图 A7-13 所示。

图 A7-13　设置 GridView 数据源

(19) 打开 GridView 控件的 Columns 字段编辑器，为各选定字段的 HeaderText 属性设置一个意义更加明确的中文列名。修改外观的 Width 属性，调整各列的宽度，如图 A7-14 所示。

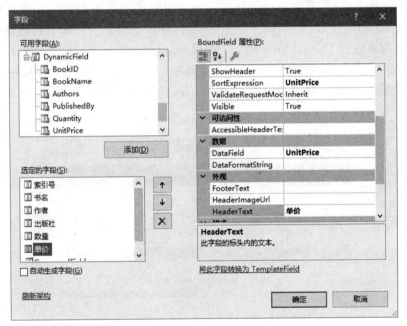

图 A7-14　设置 GridView 控件的 Columns 属性

(20) 在设计视图中右击 GridView 控件，单击"显示智能标记"，从弹出的菜单中勾选"启动分页""启动排序""启动编辑"和"启动删除"选项。可以在"编辑列"的选项中调整 CommandField 列的位置，并且在"自动套用格式"的选项中为控件设置一个漂亮的外观，例如，此处选择"传统型"，设置之后的控件如图 A7-15 所示。

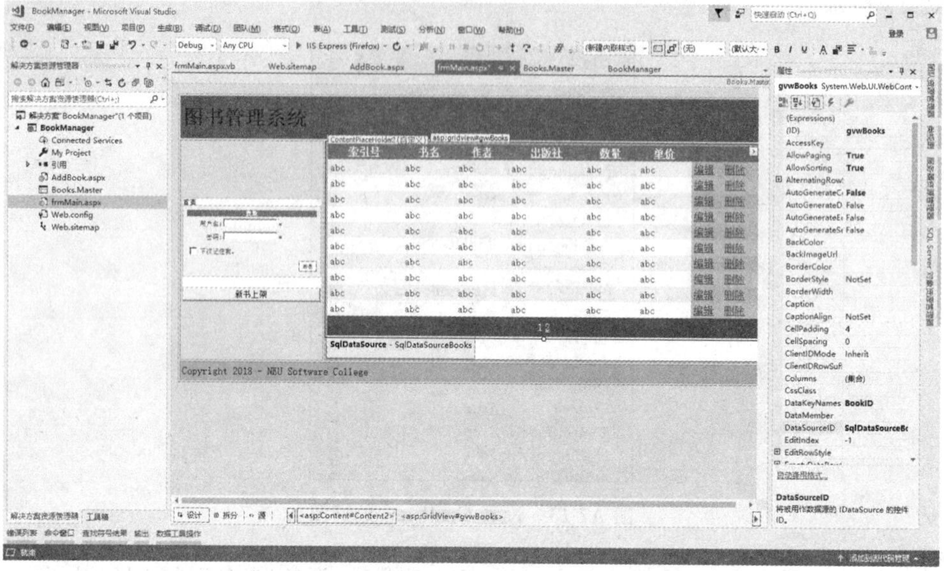

图 A7-15　主页面控件设计

（21）打开 AddBook.aspx 页面设置页面及控件属性。在 Content2 中拖入若干 Label 和 TextBox 控件，用于提示用户输入和获取要添加的书籍信息。由于数据库中 Books 表的 BookID 和 BookName 列不允许空值，所以要对索引号和书名的输入进行非空验证。这可以通过 Vistual Studio 2017 提供的 RequiredFieldValidator 控件实现（设置 ControlToValidate 属性为对应的 TextBox 控件名称）。在页面底部放置两个按钮，分别用于添加新书和返回主页面。完成设置的 AddBook.aspx 页面设计视图如图 A7-16 所示。

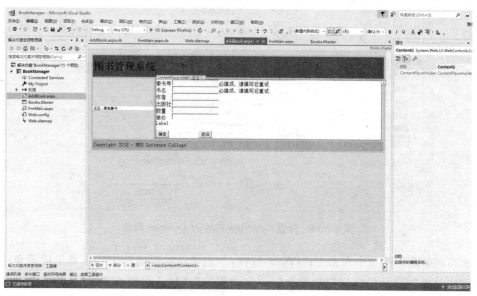

图 A7-16　完成设置的 AddBook.aspx 页面设计视图

(22) 单击"确定"按钮,并添加代码。首先定义数据库连接串与数据库连接。

```
Dim connstr As String ="server=(local);database=Books;user id=sa;password="
Dim objConnection As SqlConnection =New SqlConnection(connstr)
```

(23) 检查数据库连接状态,打开数据库连接。

```
If objConnection.State =ConnectionState.Closed Then
    objConnection.Open()
End If
```

(24) 获取页面的输入,构造一条 SQL 语句,并向数据库中添加一条数据,如果添加成功,则应给出提示。

```
Dim sqlstr As String ="insert into Books(BookID,BookName,Authors,PublishedBy,
Quantity,UnitPrice) values ('"
sqlstr +=txtBookID.Text +"','"
sqlstr +=txtBookName.Text +"','"
sqlstr +=txtAuthors.Text +"','"
sqlstr +=txtPublishedBy.Text +"','"
sqlstr +=txtQuantity.Text +"','"
sqlstr +=txtUnitPrice.Text +"')"

Dim myCommand As New SqlCommand(sqlstr, objConnection)
myCommand.ExecuteNonQuery()
objConnection.Close()

lblInformation.Text ="添加成功!"
lblInformation.ForeColor =Drawing.Color.Red
lblInformation.Visible =True
```

(25) 添加数据之后,清空页面上之前的输入数据。此处定义了一个 ClearContent 方法。

```
Private Sub ClearContent()
    txtBookID.Text =""
    txtBookName.Text =""
    txtAuthors.Text =""
    txtPublishedBy.Text =""
    txtQuantity.Text =""
    txtUnitPrice.Text =""
End Sub
```

(26) 调试并运行程序,运行的界面如图 A7-17 所示。可以对数据库中的书籍信息进行查看、编辑和删除。

图 A7-17　图书管理系统首页

4. 思考题

(1) 什么是服务器控件？

(2) 如何理解 Web 窗体中的事件？它与普通窗体的事件有什么区别？

(3) 如何实现 Web 窗体中数据的实时更新？